MARKET ENTITIES' PARTICIPATION IN THE RENOVATION OF OLD ──── NEIGHBORHOODS

U0223118

A Study of

Beijing

Based on

Cost-Benefit

Analysis

社会资本参与老旧小区改造

基于"成本－收益"的北京实证分析

唐　燕

刘思璐

刘泓显

李岚清
———
著

清华大学出版社

北京

图书在版编目 (CIP) 数据

社会资本参与老旧小区改造：基于"成本–收益"的北京实证分析 / 唐燕等著. -- 北京 : 清华大学出版社，2024. 11. -- ISBN 978–7–302–67661–4

Ⅰ . TU984.12

中国国家版本馆CIP数据核字第2024Z2U274号

责任编辑：张　阳
封面设计：吴丹娜
责任校对：欧　洋
责任印制：曹婉颖

出版发行：清华大学出版社
　　　　　网　　　址：https://www.tup.com.cn, https://www.wqxuetang.com
　　　　　地　　　址：北京清华大学学研大厦A座　　　邮　　编：100084
　　　　　社 总 机：010-83470000　　　　　　　　　邮　　购：010-62786544
　　　　　投稿与读者服务：010-62776969, c-service@tup.tsinghua.edu.cn
　　　　　质量反馈：010-62772015, zhiliang@tup.tsinghua.edu.cn
印 装 者：小森印刷（北京）有限公司
经　　销：全国新华书店
开　　本：170mm×240mm　　印　　张：17　　字　　数：266千字
版　　次：2024年12月第1版　　　　　　　　印　　次：2024年12月第1次印刷
定　　价：109.00元

产品编号：099136-01

■ 序 一

　　随着城镇化进程进入"下半场"，我国城市从大规模增量建设迈入存量提质改造和增量结构调整阶段，实施城市更新行动在未来很长一个时期都将是城市发展的主要方式。城镇老旧小区改造是城市更新的重要组成部分，亦是一项重大的民生工程，对满足人民美好生活需要、推动"惠民生，扩内需"、促进经济循环都具有非常重要的意义。城镇老旧小区改造自 2018 年首次写入政府工作报告以来，在全国全面推进，并取得明显的成效，但同时也面临资金来源单一、意愿协调困难、空间利用复杂、持续维护艰难等多方挑战。2020 年，《国务院办公厅关于全面推进城镇老旧小区改造工作的指导意见》（国办发〔2020〕23 号）发布，确定了我国老旧小区改造的近期、中期和长期目标，进一步为老旧小区改造按下加速键，相关体制机制建设持续推进。

　　在我国，住房从过去计划经济体制下的"福利"产品，逐步转变为市场经济体制下的"商品"，同时政府保障性住房也不断完善，形成多元化住房体系。近年来，住区更新主要经历了棚户区与危旧房改造、落实节能改造与维修养护、建立综合整治体系、试点与全面推进老旧小区改造等发展阶段，更新目标日益综合、内容体系不断完善，改造方式也由以拆建为主转向更加以人为本、注重文化保护与社会生活延续的有机更新。"十四五"期间，我国计划将基本完成 2000 年年底前建成的、约 21.9 万个城镇老旧小区的改造任务，这一过程充满挑战。根据住房城乡建设部的估算，全国城镇老旧小区改造总投资需求可达 4 万亿元[①]，而中央自 2019 年到 2024 年年初安排的补助资金累计仅 4000 多亿元[②]——这意味着

---

① 参见：https://www.gov.cn/zhengce/2020-04/15/content_5502627.htm。
② 参见：http://lianghui.people.com.cn/2024/n1/2024/0308/c458561-40191272.html#:~:text=%
E8%87%AA2019%E5%B9%B4%E8%B5%B7%EF%BC%8C,4000%E5%A4%9A%E4%BA%
BF%E5%85%83%E3%80%82。

若由政府持续承担老旧小区改造的所有资金供给，会给中央和地方带来巨大财政压力。尽快形成改造资金由多方主体"合理共担"的新机制迫在眉睫。

"社会资本"，即除政府之外的各类企业、组织、机构等市场主体，可以成为健全老旧小区改造资金运作、提升老旧小区改造项目"造血"功能的重要力量。对此，中央和地方探索出台了多项政策，倡导和支持社会资本参与老旧小区改造。国办发〔2020〕23 号文件提出，要推动产权单位、专业机构和各类企业参与设计、改造、运营、服务等环节。北京市 2021 年印发《关于引入社会资本参与老旧小区改造的意见》(京建发〔2021〕121 号)，提出社会资本可以多种角色参与改造，并在财税金融、存量资源统筹利用、简化审批等方面，加大对社会资本参与的政策支持。然而在老旧小区改造项目中，普遍面临牵涉主体多、项目周期长、协商风险高、资金平衡难、政策落地情况复杂等困境，实现"成本－收益"平衡的路径并不明确，所以社会资本参与改造的意愿不足。特别是在有些城市或城市区域的"减量发展"要求下，社会资本难以在老旧小区改造中通过增加建筑面积（提高容积率）获取经济收益。如何构建可行的资金平衡与运作机制成为关键问题所在。

在现阶段社会资本参与老旧小区改造的堵点十分突出的背景下，唐燕教授的这本专著的出版无疑是及时和重要的。该书围绕老旧小区改造"资金难"的问题，展开了理论和实践的深入探索，系统梳理了城市更新实践中主要的资金来源构成与金融运作模式。研究以北京 7 个社会资本参与的老旧小区改造项目为例，综合分析了老旧小区改造中"钱从哪来"等关键问题。唐燕教授团队长期深耕于城市更新的制度建构和政策研究，她已经出版的著作《城市更新制度建设：广州、深圳、上海的比较》和《城市更新制度与北京探索：主体—资金—空间—运维》，从城市宏观角度分析了体系化的更新制度建设；而这本新作《社会资本参与老旧小区改造：基于"成本－收益"的北京实证分析》的研究更为精细和具体。本书从需求紧迫、量大面广的老旧小区改造工作切入，以实证调查为基础，详尽剖析了社会资本参与的相关案例，对机制建设进行了具有启发意义的思考，体现出团队对城市更新社会现实问题的精准捕捉和对民生发展的深度关切。

研究运用微观经济学概念，构建起基于"成本端－收益端"的项目分析框架，并将之应用于北京典型案例的分析之中，讨论了"国企"和"民企"等不同类型的社会资本通过"综合整治"或"拆除重建"等方式参与老旧小区改造、探索资金平衡与实现收益的模式和途径。作者在对政府、实施主体、产权方、居民等进行的调研、座谈过程中，获得了大量珍贵且翔实的一手数据，这无疑成为本书最为重要的宝贵财富和实证贡献。同时，著作并没有停留在案例讨论之上，而是针对当前实践展现出的资金运作效率低、规划政策缺位、多元主体协调复杂等持续困境，深入探究了背后的制度堵点，并提出了具有针对性的政策建议。该书最后对国内正在涌现的居民自主出资、"原拆原建"案例的挖掘也颇具启发意义。居民出资能有效降低社会资本或政府投入的资金门槛，可能是未来发展的重要趋势。本书为城市更新的学者、专业人员和管理者提供了生动的案例、清晰的数据、务实的阐述和深刻的思考，值得一读。

老旧小区改造是群众身边事，与亿万居民的生活福祉息息相关。相信本书的出版能够引发社会各界对老旧小区改造的更多关注与讨论，共同推动我国美好人居事业的可持续发展。

全国工程勘察设计大师

清华大学建筑学院教授

张 杰

2024 年 10 月

■ 序 二

随着全球城市化进程的持续推进，老旧住区改造成为各国城市发展的重要议题。住区改造不仅是对城市物质性居住空间的更新与重塑，更是推动社会公平、促进经济发展、强化环境保护的综合性战略任务。欧美等发达国家自工业革命以来历经了多次住区改造的差异化浪潮，从清除贫民窟、兴建公共住房到社区复兴、可持续社区建设等，住区改造的理念和模式不断演进。这同时折射出改造任务的复杂性——老旧住区改造绝非单纯的房屋修缮或环境整治，而是一项需要深入洞察社会变迁、经济转型与居民需求，以科学决策引导社会组织和实现社会动员的复杂过程。无论是新加坡的组屋维修翻新计划、日本的团地再生项目，抑或美国的公共住房改造和荷兰的社会住房更新，住区改造不是一蹴而就的工程项目，而是需要依循社会经济发展规律持续优化探索的过程。

将目光投向中国，我们不难发现，中国的城市更新道路独具特色，难以直接复制其他国家的经验。中国作为世界上人口最多的国家之一，城市化进程速度快且规模巨大，城市更新的需求广、任务重，并在当下承载着推动新型城镇化、实现高质量发展的历史使命。老旧小区改造作为中国城市更新的重要组成内容，任务紧迫性突出，难度系数高，亟需理论和实践的中国智慧来加以应答。可以说尽管中国面临着与很多发达国家相似的挑战，如人口老龄化、社区老化、社会分异等，但中国独特的制度环境和社会文化背景，如以公有制为基础的土地制度、强有力的政府角色、复杂多元的产权问题、安土重迁的居住观念等，都要求中国的城市更新走出一条自己独特的道路。

当前，我国老旧小区改造中理论体系不完善、制度配套不健全、技术方法不完备、管理运作不到位等约束日益凸显。受制于普遍存在的意愿复杂、产权混合、资金短缺、政策限制等现实困境，诸多"行动式"的老旧小区更新思路无法适应日益"常态化"的住区改造提质要求，影响了更新的落地实现和推进成效。探索符合我国国情与现阶段特点、能满足不同地区、不同类型住区改造需求的城市更新理论和实践方法势在必行。

2022 年以来，唐燕教授团队承担了我们的"中国特色城市更新趋势规律和理论研究"课题（隶属"十四五"国家重点研发计划"城镇可持续发展关键技术与装备"专项项目"城市更新设计理论与方法"）中的任务"城市更新理论基础与中国特色城市更新理论框架体系研究"。以此为支撑，她在已经出版的专著《城市更新制度与北京探索：主体—资金—空间—运维》中研究建构了"主体—资金—空间—运维"四位一体的城市更新理论认知框架，提供了简明有效的分析城市更新复杂现象的独特工具。这本新作《社会资本参与老旧小区改造：基于"成本－收益"的北京实证分析》，是她针对"资金"这一关键维度进一步开展的深度实证探索，通过聚焦老旧小区改造的实施运作过程，以核心问题资金的掣肘为切入点并兼顾主体协作、空间策略等分析，思考以北京为代表的我国老旧小区改造中关键实施难题的破解途径。

仔细读下来，本书有很多地方让人眼前一亮：一是系统盘点了我国城市更新的关键资金来源，包括政府资金支持渠道和市场化投融资路径，有助于推动社会各界了解城市更新项目实施的资金来源；二是细化并拓展了住区更新的"成本－收益"分析框架，将其应用于北京近年来 7 个老旧小区改造的典型案例解析之中，理论结合实践，揭示了"国企"和"民企"两类社会资本参与北京老旧小区改造的动力来源、决策逻辑和制约因素；三是在揭示问题的同时，研究也致力于解决问题，根据实践痛点，思考并提出了相关制度的建设、优化与完善方向。作为有关老旧小区改造的一本翔实分析手册，本书的出版将丰富我国老旧小区改造的实证探讨，有益于增进多方主体对改造工作的深度理解和交流合作，为我国城市更新事业的未来发展提供积极的经验借鉴、举措探索和思维启发。

城市更新的根本目标是为人民的美好生活服务和实现全社会的长远发展，老旧小区改造不能无条件地依靠政府的福利性供给，也不能变成不平等的空间生产和资本增值活动，而是需要逐步成为一个群策群力、多方共担、协同共进的社会动员过程。期待我国的老旧小区改造事业能够不断攻坚克难、行稳致远。

清华大学建筑学院教授

中国城市规划学会常务理事

2024 年 11 月

前　言

老旧小区改造是满足人民群众美好生活需求的重要民生工程，是城市更新的重点行动领域。老旧小区改造中的建筑加固、立面修缮、管网整治、道路翻修、设施增补等都离不开资金投入和经费保障。在公共资金支持之外，如何拓宽老旧小区改造的资金来源渠道，引导居民自主出资和社会资本参与，运用社会与市场的力量来提升社区环境品质与基层治理水平，是我国当前落实城市更新行动的重要一环。

现阶段，我国老旧小区改造面临着存量任务重、资金平衡难、政策堵点多等多重挑战，社会资本参与老旧小区改造的意愿整体偏弱。究其根本，"成本－收益"能否达成平衡是影响社会资本是否愿意参与老旧小区改造的关键所在，通过改革创新拓宽社会资本在老旧小区改造中的"盈利空间"是吸引其介入的重要路径。2017年，自《北京城市总体规划（2016年—2035年）》获批以来，首都规划建设转向"减量发展"，传统更新改造项目通过增加容积率来获取资金收益的做法越来越难以为继，亟需借助制度干预来调整老旧小区改造中的"成本－收益"关系，重塑老旧小区改造的"成本端"和"收益端"构成，以此激发社会资本参与老旧小区改造的积极性，帮助老旧小区走出改造资金不足的困境。

本书以北京典型老旧小区改造案例为实证对象，通过建立"成本－收益"视角下的理论分析框架，来辨析以"民企"和"国企"为代表的社会资本参与北京老旧小区改造的实践运作特点，涵盖愿景集团主导的劲松北社区、鲁谷六合园南社区、真武庙五里、通州玉桥南里老旧小区改造项目，以及首开集团主导的光华里5、6号楼重建项目，京诚集团主导的光明楼17号楼重建项目，丰台区城市更新集团主导的马家堡路68号院2号楼重建项目等。研究发现，在社会资本参与的这些北京老旧小区改造案例中，民企的资金平衡主要通过老旧小区综合整治后的"运营收益"来实现，国企的资金平衡则更加偏向依托老旧小区拆除重建中的"建设收益"来达成。基于此，本书在资金供给、规划引导、主体协同等方面提出了激励社会资本参与北京老旧小区改造的系列政策建议。

书中涉及的老旧小区改造案例信息，多来源于我们在 2019 年到 2024 年间先后承担或参与的"老旧小区改造案例分析及对石景山区启示"专题研究（全联房地产商会主持）、"社会资本参与路径及资源统筹"专题研究（北京市城市更新立法人大代表专题调研报告，首开集团委托）、"国有企业参与城市更新的主要模式及效率评价研究"专题研究（北京市国资委委托）等课题调研，以及刘思璐在北京市城市规划设计研究院城市更新所实习期间依托"实施北京市城市更新行动计划"专题研究参与的老旧小区实地调研。本书付梓之际，我们向为本书出版给予过无私帮助的各单位与机构表示诚挚感谢，向愿景集团、首开集团、京诚集团、丰台区城市更新集团等企业提供的深度调研和交流机会致谢！感谢北京城市更新联盟秘书处、丰台区住房和城乡建设委员会等为实践考察提供的大力支持；感谢清华大学出版社责任编辑等，他们探究事物的持续热情和专业素质是本书质量的重要保证。

中国城市更新和老旧小区改造的理论发展和实践推进日新月异，我们深知本书仅是基于北京特定时期老旧小区改造案例的"小切口"、短时段分析成果，并未顾全和反馈老旧小区改造事业的全局。对于研究存在的各种不足，期待读者的批评与指正。

唐燕

2024 年 3 月 1 日于清华园

本书应用到的英文缩写说明

TotalC：Total Cost，总成本

ProC：Production Cost，生产成本

ConsC：Construction Cost，建设成本

FinC：Financing Cost，融资成本

OperC：Operating Cost，运营成本

TranC：Transaction Cost，交易成本

TotalR：Total Revenue，总收益

ConsI：Construction Income，建设收益

SubI：Subsidy Income，外部资金补贴

PropI：Property Transaction Income，资产交易收入

OperI：Operating Income，运营收益

RentI：Rental Income，出租租金收入

ServI：Service Income，经营服务收入

EPC：Engineering Procurement Construction，工程建设项目总承包

BOT：Build-Operate-Transfer，建设—经营—转让

ROT：Renovate-Operate-Transfer，翻新—运营—转让

REITs：Real Estate Investment Trusts，不动产投资信托基金

PSL：Pledged Supplementary Lending，抵押补充贷款

LPR：Loan Prime Rate，贷款市场报价利率

AMC：Asset Management Companies，资产管理公司

SPV：Special Purpose Vehicle，特殊目的机构

BPs：Base Points，基点，100 BPs=1%

ABS：Asset Backed Securitization，资产支持证券

■ 目　录

图目录

表目录

第 1 章

绪论：新时期老旧小区改造的工作开展

城市更新是我国城市高质量发展和经济发展方式转变的重要抓手[1-4]。2020年，党的十九届五中全会通过的《中共中央关于制定国民经济和社会发展第十四个五年规划和二〇三五年远景目标的建议》明确提出要实施城市更新行动，对我国下一个阶段的城市建设工作作出了重要的方向指引和战略部署[5]。城市更新作为一项系统性、综合性工作，包含老旧小区改造、低效工业用地盘活、历史地区保护活化、城中村改造等多种类型，并日益强调政府、市场、市民、专家、社会组织等多元主体在治理中的分工协作。在城市更新系列行动中，城镇老旧小区改造是满足人民日益增长的美好生活需要、实现"惠民生，扩内需"目标的重要工程。

新时期，我国愈加重视老旧小区改造工作（表1.1）。2015年中央城市工作会议明确"以人民为中心"的城市发展思想，提出"深化城镇住房制度改革，加快老旧小区改造"；2016年，中共中央、国务院印发的《关于进一步加强城市规划建设管理工作的若干意见》提出"有序推进老旧住宅小区综合整治""完善城市公共服务"；2019年以来，国务院召开的多次重大会议均提出要大力推进老旧小区改造提升工作，例如2019年6月，国务院常务会议明确了"加快改造城镇老旧小区是重大民生工程和发展工程"；2020年，《国务院办公厅关于全面推进城镇老旧小区改造工作的指导意见》（国办发〔2020〕23号）印发，明确了城镇老旧小区改造的总体要求、目标任务以及政策机制，全国各地老旧小区改造加速推进。据住房和城乡建设部统计，2012年至2022年的十年间，"全国累计开工改造老旧小区16.3万个，惠及居民超2800万户"[6]。根据《中华人民共和国国民经济和社会发展第十四个五年规划和2035年远景目标纲要》和《"十四五"公共服务规划》，到2025年，我国要"完成2000年年底前建成的21.9万个城镇老旧小区改造"。2024年8月，住房城乡建设部相关司局负责人对建立房屋养老金制度进行权威解读，提出由个人账户（住宅专项维修资金）和公共账户（政府负责）共同构成房屋养老金来源，用于保障房屋全生命周期的安全。其中"个人账户资金按照住宅专项维修资金管理规定，专项用于住宅共用部位、共用设施设备保修期满后的维修和更新、改造。公共账户资金主要用于房屋体检和保险等支出"①。

表 1.1 2019 年以来党中央、国务院对老旧小区改造提出的主要工作引导

时间	名称	老旧小区改造相关内容
2019 年 6 月	国务院常务会议	部署推进城镇老旧小区改造工作，顺应民意改善居住条件，推动建立长效管理机制
2019 年 8 月	中共中央政治局会议	实施城镇老旧小区改造、建设城市停车场等补短板工程，将加强城市民生基建补短板作为经济的重要发力点
2019 年 12 月	中央经济工作会议	加强城市更新和存量住房改造提升，做好城镇老旧小区改造
2020 年 4 月	中共中央政治局会议	实施老旧小区改造，加强传统基础设施和新型基础设施投资
2020 年 7 月	《国务院办公厅关于全面推进城镇老旧小区改造工作的指导意见》（国办发〔2020〕23 号）	明确提出"十四五"老旧小区改造任务，要求"建立改造资金政府与居民、社会力量合理共担机制"，"加大政府支持力度"，标志着我国老旧小区改造工作进入全面加速期
2021 年 3 月	《中华人民共和国国民经济和社会发展第十四个五年规划和 2035 年远景目标纲要》	加快推进城市更新，改造提升老旧小区等存量片区功能，推进老旧楼宇改造，积极扩建新建停车场、充电桩
2021 年 12 月	国家发展改革委等《"十四五"公共服务规划》（发改社会〔2021〕1946 号）	"全面推进城镇老旧小区改造，重点改造完善小区配套和市政基础设施，提升社区养老、托育、医疗等公共服务水平，推动建设安全健康、设施完善、管理有序的完整居住社区。"
2021 年 12 月	《住房和城乡建设部办公厅 国家发展改革委办公厅 财政部办公厅关于进一步明确城镇老旧小区改造工作要求的通知》（建办城〔2021〕50 号）	"不少地方工作中仍存在改造重'面子'轻'里子'、政府干群众看、改造资金主要靠中央补助、施工组织粗放、改造实施单元偏小、社会力量进入困难、可持续机制建立难等问题。"提出要"把牢底线要求，坚决把民生工程做成群众满意工程"，并"发挥城镇老旧小区改造发展工程作用"
2022 年 7 月	住房和城乡建设部、国家发展改革委《"十四五"全国城市基础设施建设规划》（建城〔2022〕57 号）	"完善城镇老旧小区停车设施""统筹加快推进城市燃气管道等老化更新改造，做好与城镇老旧小区改造、汛期防洪排涝等工作的衔接，推进相关消防设施设备补短板。"
2023 年 7 月	住房和城乡建设部等《关于扎实推进 2023 年城镇老旧小区改造工作的通知》（建办城〔2023〕26 号）	"扎实抓好'楼道革命''环境革命''管理革命'等 3 个重点""着力消除安全隐患""加强'一老一小'等适老化及适儿化改造""开展'十四五'规划实施情况中期评估"

资料来源：作者根据相关政策整理。

_____

① 参见：https://www.mohurd.gov.cn/xinwen/gzdt/202408/20240827_779752.html.

1.1　我国老旧小区改造面临的痛点难点问题

据住建部统计，截至 2021 年，我国建成区面积约达 6.2 万 km²，城乡房屋建筑约达 6 亿栋——住区作为承载城市居住功能的基本空间要素，占城市空间的比重大，存量更新的潜力和挑战巨大[7]。由于 2000 年年底前建成的住宅普遍面临着建筑本体老化、基础设施薄弱、配套设施不完善等问题，老旧小区逐渐成为城市内部居住环境品质较差的区域，越来越难以承载老百姓的美好生活需要，因此城镇老旧小区改造成为我国城市更新的重要组成内容。

国家层面对城镇老旧小区的系统性定义源自 2020 年，《国务院办公厅关于全面推进城镇老旧小区改造工作的指导意见》（国办发〔2020〕23 号）指出："城镇老旧小区是指城市或县城（城关镇）建成年代较早、失养失修失管、市政配套设施不完善、社区服务设施不健全、居民改造意愿强烈的住宅小区（含单栋住宅楼）。"不同城市根据本地情况，也出台了一些细化界定和工作规定，如《北京市老旧小区综合整治工作实施意见》（京政发〔2012〕3 号）明确，老旧小区整治范围是"建设标准不高、设施设备落后、功能配套不全、没有建立长效管理机制的老旧小区（含单栋住宅楼）"。

从全国实践来看，当前的老旧小区改造方式主要可以分为"综合整治"和"拆除重建"两类。综合整治包括住宅楼本体综合整治和小区环境综合整治；拆除重建指经鉴定，建筑质量不具备维护价值或维护成本过高的住宅，可采取原拆原建、局部拆建、拆除后原地安置的改造方式加以更新。全国老旧小区改造的大力推进解决了不少群众的"急难愁盼"问题，但老旧小区改造仍然面临着以下多方面挑战。

（1）**存量更新任务重**。1981—2017 年期间，我国住宅竣工面积达 470 亿 m²，2000 年以前建成的，即楼龄 20 年以上的住宅面积总共约 230 亿 m²，近百亿平方米的老旧小区具有更新诉求。随着时间的推移，2000 年以后建成的近 200 亿 m²的住宅中，房屋结构安全隐患、性能落后及设备老化等问题也会逐步显现，将陆续形成新一批的"老旧"小区。大规模、常态化的住区更新成为未来城市发展的重大挑战[8]。从北京全市的存量资源与更新任务看，北京存量建筑的地上建筑规模约 10.65 亿 m^2，其中以建于 2000 年之前的城镇老旧小区、危旧楼房等为主的老旧住房更新改造是北京城市更新的主要任务，涉及总用地规模约 178 km^2、总建筑规模约 1.28 亿 m^2[①]。

（2）**资金投入平衡难**。老旧小区改造是一项需要长期投入的民生保障性工程，资金需求量大。当前以公共资金投入为主的推进方式给政府带来了巨大的财政压力，并且一些项目在投入大量的财政和管理成本后，似乎依旧难以保障老旧小区的未来可持续维护。为了改变"政府干群众看"[②]、改造资金主要靠中央补助、施工组织粗放、改造实施单元偏小、社会力量进入困难、可持续机制建立难等一系列老旧小区改造问题，各地都在积极探索吸引社会资本投资、鼓励居民出资等新途径。但是老旧小区改造中资金投入的"成本－收益"难以平衡，以及无法获得必要的经济利润回报等客观现实，在极大程度上制约了社会资本的参与意愿。

（3）**政策机制堵点多**。老旧小区改造涉及主体多元、产权关系复杂、实施和审批障碍多样，诸如此类现象都表明相关制度（政策）设计亟待进一步完善。对此，住房和城乡建设部于 2021 年出台了《关于进一步明确城镇老旧小区改造工作要求的通知》（建办城〔2021〕50 号），指出要扎实推进城镇老旧小区改造，探索可持续改造方式，如创新金融支持方式、落实闲置土地利用和存量房屋用途调整等政策，加快形成推进城镇老旧小区改造的政策支持机制。2020 年 12 月至 2024 年 1 月，住房和城乡建设部先后发布了八批次的《城镇老旧小区改造可复制政策机制清单》和二批次的《实施城市更新行动可复制经验做法清单》，以帮助完善政策支持和制度建设，不过实际改造中的痛点难点问题依然长期存在。

1.2　社会资本参与老旧小区改造的重要意义

狭义的社会资本通常指企业出资；广义的社会资本则指在政府投资之外，包括各类企业、组织或个人在内的其他各类出资。国内政策提及"社会资本"时，

---

① 数据来源于北京市城市规划设计研究院城市更新行动计划课题组的"实施北京市城市更新行动计划专题研究"。
② 《住房和城乡建设部办公厅　国家发展改革委办公厅　财政部办公厅关于进一步明确城镇老旧小区改造工作要求的通知》（建办城〔2021〕50 号）。

往往会关联讨论政府和社会资本之间的合作（Public-Private Partnership，PPP）[①]，即政府公共部门与市场主体（企业、专业化机构等）在更新项目中缔结的协作关系。在政府与社会资本所建立的 PPP 模式中，社会资本承担的任务可贯穿于项目设计、建造、融资、运营及维护等各阶段[9]。本书将城市更新领域的社会资本定义为：由企业和产权人等提供的空间、资金、技术、服务等各类形式资本的总和。具体到老旧小区改造领域，本书讨论的重点聚焦于国企和民企的市场化参与。由于我国的老旧小区改造已经进入全面提速期，迫切需要吸引社会资本以市场化方式参与小区改造及其后期运营[10]，其关键意义在于以下几方面：

（1）**拓展老旧小区改造的资金来源**。老旧小区改造是民生工程，政府面临着巨大的资金投入压力，如北京 2020 年完工 50 个老旧小区综合整治项目，涉及固定资产投资 12.8 亿元。根据仇保兴、夏磊的分别测算，全国老旧小区改造投入或超 4 万亿元[11-12]，如此巨大的资金需求难以仅依靠政府财政资金支持。

（2）**提升社区服务能力**。老旧小区改造既包括"基础类"改造，也包括满足居民生活便利需要的"完善类"改造，还包括丰富社区服务供给的"提升类"改造——后两者与居民的生活质量持续提升紧密相关。社会资本由于具有较强的运营能力，其介入完善类、提升类改造项目，有利于丰富社区功能和业态，推进完整社区建设。

（3）**促进房地产行业转型发展**。传统经济增长模式下，开发商主要以高杠杆、高周转的地产开发模式获得利润。但当前房地产市场供求关系已经发生重大变化，各类企业更需要关注存量资产管理和空间更新改造，以精细化的运营来实现物业溢价。老旧小区改造中，市场参与方的利润获取逐渐从"前端开发"向"后端运营"转变，要求企业通过优化社区服务供给、获取居民认可等来提升空间价值，获得经营利润。

---

① 自 2014 年财政部发布《关于推广运用政府和社会资本合作模式有关问题的通知》（财金〔2014〕76 号）后，我国大规模开启 PPP 项目，在激发民间投资的同时也带来了大量政府负债，因为地方政府往往向社会资本承诺固定回报，锁定、固化了政府财政支出。2017 年以后，我国逐步清退、规范 PPP 项目。2022 年 11 月，财政部发布《关于进一步推动政府和社会资本合作（PPP）规范发展、阳光运行的通知》（财金〔2022〕119 号）。2023 年 11 月，国务院办公厅转发了国家发展改革委、财政部《关于规范实施政府和社会资本合作新机制的指导意见》的通知（国办函〔2023〕115 号），成为 PPP 项目新的指导性文件。

1.3　社会资本参与老旧小区改造的研究进展

社会资本参与老旧小区改造是实现社区可持续发展的重要途径, 近年来关于社会资本参与老旧小区改造的研究及实践快速涌现。相关研究自 2019 年开始显著增加, 主要侧重于实践经验梳理和政策机制完善两个方面, 提出应以合理的制度设计降低社会资本的参与门槛, 同时通过补偿性、优惠性政策拓展社会资本参与的利润空间。在实践方面, 既有研究总结了各地社会资本参与的模式, 一方面梳理现实案例中仍存在的项目实施障碍, 另一方面探讨如何因地制宜、因时制宜地推进主体合作、资金筹措、管理运营等。在制度构建上, 当前研究分析了老旧小区改造中部门分工不明确、配套政策不完善、社会资本介入的激励机制不足等问题, 提出要建立体系完备、类型清晰、多维度激励的政策支持机制, 减少社会资本参与老旧小区改造的制度障碍。

1.3.1　实践视角: 老旧小区改造的市场介入方式

如何确定改造资金的合理共担方式、探索多元资金筹措渠道、保障资金投入回报, 成为保障老旧小区改造成功的关键所在[13]。实践表明, 这需要积极引入社会资本, 形成产权主体与市场主体的共建共享和长效管理机制[14]。对此, 各省市已经开展相关探索: 山东省将老旧小区改造与外围相关区域或其他改造项目捆绑改造、统筹更新, 以此形成"政府引导、市场运作"的融资路径, 增强改造项目的经济可行性[15]; 厦门市通过"居民出资＋管线单位投资＋财政以奖代补"等方式筹集小区改造资金, 并通过"公共收益"等方式建立老旧小区维修资金管理制度, 鼓励形成项目改造的"自我造血"机制; 上海市静安区美丽家园试点小区引入万科物业, 采取相邻小区规模化管理的方式有效降低物业管理成本, 并引入智能物业、智慧养老、社区 O2O 等服务①, 通过对用户需求的深度开发拓展盈利空间, 并逐步渗透物流配售和金融理财服务, 以此提升社会资本资金的投入动力[16]。

---

① O2O 的全称为 online-to-offline。社区 O2O 又称智慧社区 O2O, 是指以社区为中心, 依托互联网将线上线下资源整合起来, 满足社区居民多样化生活需求的消费平台, 是一种电商模式与传统服务相结合的新型消费模式。

在各地老旧小区改造中，社会资本涌现出的多样化参与方式，可以从不同角度进行归纳和总结。从主体协作关系来看，建构政府、市场与社会等多主体的协同机制成为普遍探索趋势，刘贵文等将老旧小区改造分为"政府主导改造""业主自发组织、政府适度支持"和"政府引导、市场运作"三种模式[17]；姜洪庆等探讨了市场、社会团体、专业团队等不同社会力量的介入方式[18]。在改造模式上，徐峰针对上海老旧小区改造的社会资本参与，总结出"社会资本与小区业主利益捆绑""商业捆绑开发改造"和"旧区改造＋物业管理"三类新型老旧小区综合改造模式[16]；姜洪庆等结合广州永庆坊、上海新华路、南京莫愁湖微改造案例，将住区资本分为经济、社会、文化三类，提出多种"资本共享"的老旧小区改造模式[18]。在资金筹措上，李嘉珣分析了"政企合作模式"和"社会资本自主维育模式"两种资金筹措路径[19]；徐文舸提出政府与居民合理共担改造资金、社会力量以市场化方式参与、金融机构以可持续方式支持等三种投融资机制[20]；夏冰洁以杭州为例，细化分析了中央/省级财政资金支持、发行地方债券、市级财政投入、专营单位出资，以及居民和社会资本投入等五种资金筹措举措[21]。

1.3.2 制度视角：老旧小区改造的配套政策机制

制度一词起源于经济学中对规则的探讨。制度是一种行为规则，规范着社会、政治及经济等各种行为[22]。制度之所以重要，是因为在社会生活中，所有人际交往都需要一定程度的确定性和可预见性，而制度和规则对于形成稳定预期和维系社会的行为秩序起到了至关重要的作用[23]。良好的制度设计可以对参与老旧小区改造的社会资本起到激励作用[24]。吸引社会资本参与老旧小区改造的制度设计，重在找到一种政府、居民与社会资本合作的风险和责任共担机制，通过制度供给实现政府财政压力缓解、居民生活品质提升、市场主体利润获取。

政策机制设计对于老旧小区改造具有重要的推动作用。老旧小区改造工作涉及政府部门多，当前各部门间的责任分工和衔接合作尚不够明确，这一方面带来相关部门的利益协调问题，另一方面也容易导致不同部门的举措成为"政策孤岛"，无法形成管控合力。王彬武从中央、地方两个层级梳理了现存政策法规中有关老旧小区改造的规定和指引，指出我国相关的整体法规体系的可操作性不足、缺乏高层次、专项独立的法律法规，且地方立法层次低、差异大[25]。结合老旧小区改造的具体流程需求，学者探讨了政策法规、建设标准、实施程序、运行管理等方面的可能突破点[26]，梳理提出"摸底评估、设立专项、明确主体、程序指引、协商机制、监督管理"等政策流程方法[27]。徐晓明认为，为社会资本参与老旧小区改造破除政策障碍，需要从规划调整、组织协调、物业改革及长效治理四方面入手[28]。李志、张若竹以广州微改造为例，提出改造内容的增值潜力清单，详细分析在项目实施、资金筹措及后续管理中社会资本介入的具体途径[29]；王书评、郭菲提出，要区分项目的"营利性"和"非营利性"，进行分类施策[30]。针对北京的老旧小区改造相关政策，冉奥博等构建出"干预点—政策类型—干预环节"的分析框架，发现既有政策多为环境型和引导型，由此建议加大供给型和需求型政策配比，增强对社区公共空间和社区服务的关注，并建立老旧小区改造前后的"双评估"机制[31]。

由上可见，学者们普遍认为激励性的政策供给能够提升社会资本参与老旧小区改造的积极性。为了给社会资本提供稳定的经济效益预期，一方面，可以适度放宽老旧小区改造的规划限制，如允许低效用地功能转换或功能兼容、增加运营收益贴补更新改造成本、提升实际产权面积的总效用等来构建补偿机制[32]；另一方面，支持老旧小区改造项目以银行贷款、资产证券化、REITs、担保、改造基金等多元方式融资，或通过财政补贴、税收优惠、风险补偿等措施给予直接金融支持[20-21]。

总体上，现有研究在社会资本参与老旧小区改造的模式经验和政策支持方面已有一定探索，初步构建了对不同主体、不同改造内容实践的系统化认知，揭示了已有政策在体系层次、可操作性、流程精简程度与完整性等方面的待完善之处。然而，现有研究对实践案例的分析也还存在大多缺少理论解释或理论与案例讨论相脱节等情况；同时，对于不同类型社会资本如何参与，以及不同更新模式下的具体资金筹措、使用及回收机制等的讨论仍较为有限。因此，本书尝试将"成本–收益"理论应用到老旧小区改造的案例分析、制度困境剖析和政策探寻之中，在既有研究基础上进一步寻找吸引社会资本参与的制度激励路径。

1.4 成本－收益：社会资本参与北京老旧小区改造的实证分析

本书围绕"如何激励社会资本参与老旧小区改造"这一问题，从社会资本参与的需求和问题出发，立足经济视角辨析社会资本不愿参与老旧小区改造的关键原因——"成本－收益"平衡难以达成，以此构建分析社会资本参与老旧小区改造的动力模型。聚焦北京老旧小区改造领域的社会资本参与行为，本书着重探讨"国有企业"和"民营企业"两类主体在老旧小区改造中的参与情况及盈利方式。通过对北京老旧小区改造的实证研究，本书将具体剖析代表性案例中社会资本参与老旧小区改造的"成本－收益"构成，揭示影响社会资本参与积极性的关键制度因素，据此形成"成本－收益"视角下的政策激励措施体系并给出相应的制度设计建议。

北京作为我国首都，正在以"首善"标准推进城市高质量发展，这在全国具有重要示范意义。2017 年，《北京城市总体规划（2016 年—2035 年）》获中共中央、国务院批复，首都规划事业迈入存量提质和精细化治理的新阶段。相比其他城市，北京城市更新既面临超大、特大城市转型发展的共性挑战，亦有首都城市建设的独特诉求，是千年古都的保护更新，是践行新发展理念、响应国家战略的首都更新，是建设规模自我约束下的减量更新，是满足人民对美好生活的向往的治理更新。

老旧小区改造是北京市城市更新工作推进的重点类型之一[①]。自 2012 年《北京市老旧小区综合整治工作实施意见》出台以来，北京老旧小区改造工作已经由试点探索进入全面推进阶段。但由于北京老旧小区存在存量物业产权格局分散、物业管理水平较低、失管弃管现象严重等问题，居民和产权单位的更新意

---

① 《北京市城市更新条例》于 2023 年 3 月 1 日起施行，该条例将城市更新分为以下几类：（一）以保障老旧平房院落、危旧楼房、老旧小区等房屋安全，提升居住品质为主的居住类城市更新；（二）以推动老旧厂房、低效产业园区、老旧低效楼宇、传统商业设施等存量空间资源提质增效为主的产业类城市更新；（三）以更新改造老旧市政基础设施、公共服务设施、公共安全设施，保障安全、补足短板为主的设施类城市更新；（四）以提升绿色空间、滨水空间、慢行系统等环境品质为主的公共空间类城市更新；（五）以统筹存量资源配置、优化功能布局，实现片区可持续发展的区域综合性城市更新；（六）市人民政府确定的其他城市更新活动。

愿时常难以达成，且由于央产、军产老旧小区量大面广，产权关系复杂，老旧小区改造实施过程中存在出资责任不清、实施主体不明、沟通协调困难等诸多难点[33]。探索如何引入社会资本和多元力量，培育老旧小区改造中的自我"造血"能力与资金平衡模式，是北京城市更新研究的重中之重。

1.5　研究内容与框架

本书的理论和实践探索重在：①构建社会资本参与老旧小区改造的动力机制模型。研究聚焦北京城市更新中"引入社会资本参与老旧小区改造"这一特殊趋势，尝试从经济学视角提出基于"成本端"的"生产成本（ProC）+ 交易成本（TranC）"和基于"收益端"的"建设收益（ConsI）+ 运营收益（OperI）"关系，通过"TotalR–TotalC > 0"的基本逻辑构建揭示社会资本参与老旧小区改造的基础动力模型。②通过案例研究对社会资本参与北京老旧小区改造的机制进行详细分析，揭示国有企业、民营企业等社会资本在老旧小区改造中的"成本端"和"收益端"表现。案例分析表明，民营企业多参与老旧小区综合整治项目，偏向采取"基层路径"，即通过与街道、社区和居民建立良好的社会网络来促成各项合作的达成，在收益机制的设计上注重对于经营服务收入（ServI）和出租租金收入（RentI）的获取。而国企参与的拆除重建项目，与区政府合作更多，多采取"顶层路径"，即通过争取前期建设环节的外部资金补贴（SubI）和资产交易收入（PropI）等，实现在项目重建过程获取更多的建设容量指标支持。③研究在实证分析基础上，总结提出社会资本参与老旧小区改造的"资金 – 规划 – 主体"三大制度困境，形成涵盖优化生产成本、降低交易成本、稳定建设收益、扩大运营收益的主要干预措施。针对北京老旧小区改造中的具体问题，研究进一步结合个案调研、制度分析、最新政策等，指明未来政策建设在资金供给、规划引导、主体协同方面的优化方向，为社会资本参与北京老旧小区改造的困境破解提供思路。

综上所述，本书内容主要包括五大部分，共 8 章，重点在于社会资本参与老旧小区改造的"成本 – 收益"分析模型，并将其应用于北京实证分析之中。五部分内容按照以下基本逻辑展开：

　　第一部分重在阐述研究背景、研究问题与既有研究基础（第 1 章），明确老旧小区改造的概念与议题，指出社会资本参与老旧小区改造的核心在于"成本－收益"基础上的资金平衡，并将本书研究的结论重心锁定在社会资本参与模式及其制度设计上。

　　第二部分梳理了我国城市更新和老旧小区改造的资金支持方式（第 2 章）。研究给出了有关城市更新资金支持路径的基本分析框架，将产权方／居民、市场资本金等投入之外的资金来源归结为"财税支持"和"金融支持"两类渠道，以此分析我国老旧小区改造的资金支持和运用状况。

　　第三部分概述了国内外老旧小区改造的相关实践、经验及政策进展（第 3、4 章）。其中，第 3 章主要从实践角度剖析西方国家在公共住房更新、市场参与方面的主要做法；第 4 章聚焦国内城市吸引社会资本参与老旧小区改造的实践探索，总结我国城镇老旧小区改造的历程和演进特征，并重点阐述上海、广州、成都、深圳等地的老旧小区改造特点。

　　第四部分为"成本－收益"分析模型的搭建与应用（第 5 章）。聚焦"资金"难题，该部分挖掘了社会资本不愿介入老旧小区改造的具体原因，从"成本－收益"视角剖析社会资本参与老旧小区改造的基本动力逻辑。进而从制度干预社会资本参与老旧小区改造的"成本端"和"收益端"作用出发，研究分析北京老旧小区改造中政策演进对社会资本参与的激励作用。

　　第五部分为"成本－收益"分析模型下的制度分析与改进建议（第 6、7、8 章）。第 6 章应用"成本－收益"框架分析了愿景集团、首开集团、京诚集团、丰台区城市更新集团等企业参与老旧小区改造的具体案例，梳理不同改造类型、实施模式下的"成本端"及"收益端"构成，并总结提炼能够"降成本"和"提收益"的相关机制做法。第 7 章在总结案例经验的基础上，针对当前社会资本参与北京老旧小区改造存在的"成本端"和"收益端"问题，从"资金－规划－主体"三方面揭示当前的主要制度困境。第 8 章基于"成本－收益"视角下的制度探讨，归纳了优化生产成本、降低交易成本、稳定建设收益、扩大运营收益等潜在激励措施，并基于北京特有的制度挑战提出资金供给、规划引导、主体协同三类政策工具，以推动社会资本参与下的北京老旧小区"微利可持续"改造实践。

第 2 章

我国老旧小区改造的资金支持路径

  "资金"不仅是老旧小区改造的关键议题，也是更加广泛的城市更新项目运作的要点所在。在社会资本参与的城市更新项目中，由于投入的资金需求普遍较大，市场主体通常难以全部依靠"自有资金"来启动和完成改造项目，需要借助融资来放大资金杠杆。在实际业务中，项目的开展需要资本金，其占比一般不低于项目总资金需求的 20%～30%[①]，大部分来源于产权方／居民、市场主体投入的自有资金[②]。剩余的资金缺口该如何应对？这就涉及在产权方／居民、市场主体自有资金投入之外的城市更新资金支持路径建构，其中政府和金融机构往往是最重要的两类资金来源主体。本章聚焦讨论市场主体在老旧小区改造中能够获得相关资金支持的不同路径与方式，研究先通过梳理广泛的城市更新资金支持方式来建立"面"上的整体概念，然后聚焦具体的老旧小区资金支持政策和实践，进行"点"上的细分探讨。

2.1　城市更新资金支持的分析框架

  城市更新项目的主要资金来源方包括市场主体、产权方／居民、政府、金融机构等。其中市场主体和产权方成为更新资金越来越重要的投入者。市场主体一

[①] 投资项目资本金，是指在项目总投资中由投资者认缴的出资额，对投资项目来说是非债务性资金，项目法人不承担这部分资金的任何利息和债务；投资者可按其出资的比例依法享有所有者权益，也可转让其出资，但不得以任何方式抽回。我国对固定资产投资项目实行资本金制度，约定了资本金所占比例。城市更新作为一个大的投资类别，相关的发改委立项的可研报告和银行贷款审批条件都会对不同类型项目的资本金比例作出要求。《国务院关于加强固定资产投资项目资本金管理的通知》（国发〔2019〕26 号）对房地产开发、保障房建设、部分基础设施建设项目等的资本金比例作出了基础规定。

[②] 少量的城市更新项目，政府也会采用资本金注入的形式进行投资，作为全部或部分项目资本金，投资于经营性固定资产投资项目。一般做法是政府出资注入项目法人，某国有企业代持股份。

般倾向于投资具有明显收益回报的城市更新项目，而产权方自己持有资产（土地、房屋等）资源，可以通过联合投资或资源作价入股等方式与市场主体开展合作更新。例如在老旧工业区、老旧商办等空间改造中，若原产权方缺乏经营能力，则可以通过与专业市场主体合作来盘活存量资产、提升空间价值，最后以空间持有、出租或直接出售等方式实现资金回流。

在市场主体与产权方之外，政府和金融机构成为向城市更新项目提供资金支持的主要力量[①]。来自股权投资机构的"权益类"资金、银行贷款提供的"债权类"资金、政府提供的公共财政支持等，都可能和企业 / 产权方的自有资金一起，共同构成更新项目运作的重要资金来源。需要注意的是，我国并没有关于金融机构认定的明确统一标准，金融机构的含义随着部门监管、涉及业务领域的变化而有所区别[②]。总体上，金融机构是指主要从事银行、证券、保险等金融业务的机构[③]，这一特征在《金融机构编码规范》《金融业企业划型标准规定》（银发〔2015〕309 号）等文件中均有所体现。

在城市更新的项目投融资领域，资金的重要供给方主要是银行、信托公司、资产管理公司、保险机构等，本书将这些机构纳入了研究范畴。此外，具有"私

[①] 广义上，很多金融机构也可以称作市场主体，它们也可能参与城市更新项目的操盘，例如在房地产开发领域中很多活跃的信托公司等。但一般而言，实操类的市场主体介入城市更新的环节更加深入和细致，而金融机构的特点在于对资金的运作，例如资金募集、投放等，在项目落地层面一般需要与实操类企业合作，因此本书将金融机构单独归类来进行分析。

[②] 国务院、国务院办公厅、国家税务总局、中国人民银行、原中国银行保险监督管理委员会、中国证券监督管理委员会等部门分别主导制定的政策文件，对金融机构的含义有不同阐述，具体可参见《国务院关于实施金融控股公司准入管理的决定》（国发〔2020〕12 号）、《国有金融资本出资人职责暂行规定》（国办发〔2019〕49 号）、《非居民金融账户涉税信息尽职调查管理办法》（国家税务总局公告 2017 年第 14 号）、《金融机构大额交易和可疑交易报告管理办法》（中国人民银行令〔2016〕第 3 号）、《金融机构债权人委员会工作规程》（银保监发〔2020〕57 号）、《监管规则适用指引——发行类第 7 号》等。

[③] 相对权威的标准是中国人民银行、原中国银行业监督管理委员会等出台的《金融机构编码规范》，指出除各类监管机构和交易所外，金融机构主要包括银行业存款类金融机构（主要是银行等）、银行业非存款类金融机构（如信托公司、金融资产管理公司等）、证券业金融机构（如证券公司、证券投资基金管理公司等）、保险业金融机构等。

募股权基金管理人"资格的私募股权基金（公司或者合伙企业）[①]也被纳入本书研究范畴，其原因在于：①私募股权基金在城市更新领域从事的股权投资业务与信托公司、金融资产管理公司、保险机构基本相同。②私募股权基金是城市更新领域非常活跃的资方。特别是在 2023 年，证监会启动不动产私募投资基金试点[②]，基金业协会发布《不动产私募投资基金试点备案指引（试行）》，6 个机构获得首批"不动产私募投资基金管理人"资格[③]。③实务中，私募股权基金与银行业、证券业、保险业等金融机构受到相似的政策影响，如《关于规范金融机构资产管理业务的指导意见》（银发〔2018〕106 号）[④]明确提出"私募投资基金专门法律、行政法规中没有明确规定的适用本意见"。

综上，本章讨论的"资金支持"路径，既关注政府或金融机构如何为城市更新项目"注资"，又会讨论市场等参与主体如何利用政策工具或金融工具来获得更多更新项目资金支持。例如，市场主体和产权方可以依托某个城市更新项目资产，通过权益融资工具（如 REITs）或债权融资工具（如发行信用债）在二级市场实现更新项目的"融资"。研究采用的资金支持分析框架如图 2.1 所示，其中政府和金融机构是资金来源的重要投入方，为了便于"条分缕析"地展开讨论，这里将与政府和金融机构相关的资金支持举措相对简化地归纳为"财税支持渠道"和"金融支持渠道"两类进行分析。

[①] 私募基金管理人分为两类资格。一是"私募股权、创业投资基金管理人"，根据《私募投资基金备案指引第 2 号——私募股权、创业投资基金》，私募股权基金可以投资不动产领域，这一类基金和城市更新最为相关，而创业基金则不可以。基金业协会（Asset Management Business Electronic Registration System, AMBERS）系统中的《有关私募投资基金"基金类型"和"产品类型"的说明》指出，私募股权投资基金对应的产品类型包括并购基金产品、房地产基金产品、基础设施基金产品、上市公司定增基金产品、其他类基金产品。2023 年试点的"不动产私募投资基金管理人"资格以"私募股权基金管理人"资格为基础。二是"私募证券投资基金管理人"，主要业务是在二级资本市场投资。两类资格需要在证监会基金业协会登记备案。

[②] 试点开展的重要原因是，不动产私募投资基金的投资范围、投资方式、资产收益特征等与传统股权投资存在较大差异。《不动产试点指引》允许符合要求的私募股权基金管理人在具备初步募资和展业计划的基础上设立不动产私募投资基金，引入机构资金，投资特定居住用房、商业经营用房和基础设施项目等，促进房地产企业盘活经营性不动产并探索新的发展模式。

[③] 6 个机构是鼎晖投资、深创投不动产基金、高和资本、中联前源不动产基金、鼎信长城投资集团、建信（北京）投资基金管理有限责任公司。当前，不动产私募投资基金管理人试点范围正逐步扩大。

[④] 该文件也被称为"资管新规"，是金融业领域非常重要的文件，对金融机构资产管理业务进行了全面规范。在 2018 年 3 月由中国共产党中央全面深化改革委员会审议通过。

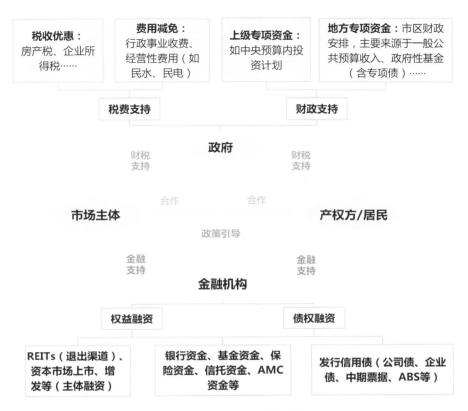

图 2.1　城市更新资金支持的分析框架

资料来源：作者自绘。

2.2　城市更新的财税支持渠道

为激励市场主体积极投入城市更新业务，政府在资金方面最直接的支持方式就是提供"财税支持"。简单来看，这种财税举措一方面可以通过"政府多给钱"，即将公共财政资金通过直接投资、补助等方式下达给更新项目使用来进行资金支持；另一方面可以通过"政府少收钱"，即借助税费优惠政策，通过税收、行政事业性收费、土地出让金等的减免来实现对更新项目的支持。

2.2.1　财政支持

财政资金支持是政府撬动社会资本参与城市更新的重要方式，包括来自中央和地方的多级财政支持。2023 年 7 月，住房和城乡建设部印发《关于扎实有序推进城市更新工作的通知》（建科〔2023〕30 号），明确提出要加大财政支持力度，完善财政、投融资等政策体系；地方政府也进一步提出要加强相关财政资金的统筹利用，由政府安排资金对涉及公共利益、产业提升的城市更新项目予以支持。由此，中央资金与地方资金（省、自治区、直辖市和各级城镇等）共同构成了城市更新的财政支持体系（图 2.2）。

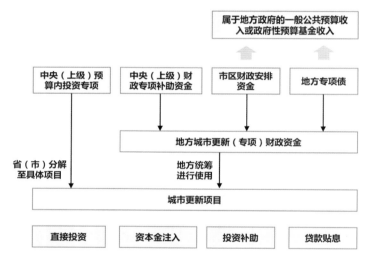

图 2.2　中央和地方的城市更新财政支持体系
资料来源：作者自绘。

（1）中央财政支持

用于城市更新的财政专项资金可以来自于"中央财政专项补助资金"，地方也可以申请"中央预算内投资专项"等直接用于城市更新项目投资[①]。中央预算内投资专项是用于固定资产投资的中央财政性建设资金，由国家发展改革委主管负责，主要依据《政府投资条例》等法律法规文件和中央预算内投资管理的相关规

[①] 也可以申请省级的预算内投资专项、省级财政专项补助资金，与中央资金的逻辑相同，此处不再赘述。

定，重点投向农林水利、市政基础设施、社会事业、仓储物流、重大区域发展战略建设、生态环境保护等领域。中央财政专项补助资金是中央财政安排用于支持地方公共事业发展的转移支付资金，由财政部主管负责，主要依据《中华人民共和国预算法》及其实施条例、《中央对地方专项转移支付管理办法》等法律法规文件进行管理。中央预算内投资专项和中央财政补助资金都会随着新形势的需要，调整支持领域、补助额度等。此外，自 2024 年开始，我国拟连续几年发行超长期特别国债，专项用于国家重大战略实施和重点领域安全能力建设。这也是地方政府城市建设能够争取中央财政支持的新渠道。

表 2.1 简要总结了能够用于城市更新项目的中央预算内投资专项和中央财政专项补助资金情况。无论是地方财政支持还是中央财政支持，支持方式主要为直接投资、资本金注入、投资补助、贷款贴息四类。

表 2.1　可用于城市更新项目的中央投资专项和补助专项

中央财政支持类型	名称	日期	城市更新相关内容
中央预算内投资专项	城市燃气管道等老化更新改造和保障性安居工程中央预算内投资专项	2022 年 6 月	①城市、县城（城关镇）老旧小区改造配套基础设施建设。新建、改建保障性租赁住房及其配套基础设施建设。②更新改造老化和有隐患的城市燃气、供水、排水、供热等老化管道和设施
	城乡冷链和国家物流枢纽建设中央预算内投资专项	2021 年 6 月	物流基础设施、冷链物流设施项目的改扩建、智能化改造等
	灾后恢复重建和综合防灾减灾能力建设中央预算内投资专项	2021 年 5 月	①主要用于遭受重大自然灾害受灾地区的基础设施和公益性设施的灾后恢复重建。②支持提升灾害风险防范能力、减灾和应急救灾保障能力方面的项目建设
	污染治理和节能减碳中央预算内投资专项	2021 年 5 月	用于支持污水处理、生活垃圾分类处理等环境基础设施项目建设
	排水设施建设中央预算内投资专项	2021 年 5 月	用于支持各级有关城市和县城排水设施建设项目，推动市政基础设施建设和完善
	社会服务设施兜底线工程中央预算内投资专项	2021 年 4 月	用于支持社会福利服务设施、残疾人服务设施、退役军人服务设施等建设

续表

中央财政 支持类型	名称	日期	城市更新相关内容
中央预算内 投资专项	文化保护传承利用工程中央预算内投资专项	2021年4月	用于支持重大旅游基础设施、重点公共文化设施建设
	全民健身设施补短板工程中央预算内投资专项	2021年4月	用于支持体育公园、小型体育综合体、社会足球场地、健身步道、户外运动公共服务设施建设
	积极应对人口老龄化工程和托育建设中央预算内投资专项	2021年4月	用于支持公办养老、托育设施等建设
	国有存量资产中央预算内投资示范专项	2021年2月	用于支持盘活存量难度大、对形成投资良性循环示范性强的交通、市政、环保、水利、仓储物流等基础设施补短板行业
中央财政专 项补助资金	中央财政农村危房改造补助资金	2023年6月	用于支持农村危房改造、7度及以上抗震设防地区农房抗震改造以及其他农村困难群众基本住房安全保障支出
	中央财政城镇保障性安居工程补助资金	2022年2月	①公租房、保障性租赁住房等租赁住房建设资金的筹集。②小区内水、电、路、气等配套设施和公共服务设施建设改造，房屋公共区域修缮、建筑节能改造、加装电梯等。③城市棚户区改造
	中央财政城市管网及污水处理补助资金	2021年6月	支持城市管网建设、城市地下空间集约利用、城市污水收集处理设施建设、城市排水防涝设施建设等
	中央财政支持居家和社区养老服务改革试点补助资金	2017年2月	支持老城区和已建成居住（小）区通过购置、置换、租赁等方式开辟养老服务设施

资料来源：作者根据相关政策整理。

（2）地方财政支持

地方政府大多也会安排"专项财政资金"对城市更新项目进行支持。专项财政资金一般指政府明确了具体项目、指定了专门用途的财政性资金（不包括维持行政单位运转的资金）。例如成都市设立城市更新专项资金，对政府投资的城市更新项目以直接投资方式予以支持——尤其是对城市发展重要且难以实现平衡的城市更新项目，经政府认定后采取资本金注入、投资补助、贷款贴息等方式给予支持。具体来看，政府在天府文化公园等城市重大功能性片区更新中，由市级财政向市属国有企业注资作为资本金；在历史建筑保护修缮中，市、区（县）两级财政按照 7∶3 的比例给予 70%～80% 的投资补助；在老旧小区改造中，对已投放政策性开发性金融贷款且开工建设的部分项目，分类别、分标准给予贷款贴息。

地方城市更新财政专项资金主要来自"一般公共预算收入"和"政府性基金预算收入"①。一般公共预算收入主要用于机关事业单位运转支出（如工资支出）和民生支出（如医疗补助、教育补助、就业保障），所以一些涉及民生的城市更新项目有可能获得来自一般公共预算收入的资金支持。

政府性基金预算收入是城市更新公共资金投入的主要筹措渠道，除国有土地使用权出让的相关收入外，近年来多地政府还通过发行地方专项债②来筹措城市更新资金。地方专项债是地方政府为了建设某专项具体工程而发行的债券（主要投向具有一定收益的项目），以对应的政府性基金或项目专项收入作为偿还来源，发行领域主要包括交通、能源等 10 个领域，其中社会事业（如文化街区建设、养老服务设施建设）、市政基础设施（如给排水设施建设、建成区燃气管网改造）、保障性安居工程（如城镇老旧小区改造、保障性住房建设、城中村改造）等领域与城市更新密切相关③。

地方专项债在城市更新领域已经有广泛应用，山东省烟台市于 2023 年将城镇老旧小区改造、地下管网改造、重大基础设施建设等更新项目分类打包、整体策划，通过形成稳定收益渠道，对 12 个城市更新项目发行政府专项债，发债

---

① 我国财政的"四本账"是一般公共预算、政府性基金预算、国有资本经营预算和社保基金预算，后两者与城市更新项目关系相对不强。国有资本经营预算收入来源于国企经营利润等，占比相对小（约 1%），支出主要用于国企经营；社会保险基金预算收入来源于居民缴纳的养老、医疗保险费用等，支出主要用于社会保险待遇支出。

② 根据财政部 2016 年发布的《地方政府专项债务预算管理办法》（财预〔2016〕155 号），地方政府专项债纳入政府性基金预算管理。发行主体一般是省级人民政府、直辖市、计划单列市等，所以大多数城市需要通过省级平台发行专项债后，再通过省级政府转贷，形成"债务转贷收入"。

③ 除了专项债，地方政府也可以发行一般债。二者的不同点在于投资项目类型、还款来源、发行期限和管理模式等。一般债券主要投资于没有收益的公益性项目，而专项债券投向有一定收益的公益性项目。近年来，一般债券的发行额度逐步减少。2023 年，全国发行新增债券 46 571 亿元，其中一般债券 7016 亿元、专项债券 39 555 亿元。

总额 21.8 亿元、期限 15 ~ 30 年、年利率 2.68% ~ 3.3%（发债后每半年还一次利息，债券到期后再还本金）[①]。厦门市于 2023 年发行"湖里区后坑社等城市更新改造项目专项债券（一期）"，发行规模 2.2 亿元，以片区更新后的土地出让收入和停车费用作为还款来源，设定固定利率、每年还息，最后一年并本还息[②]。

2.2.2 税费支持

政府的税费支持能够降低市场主体的投入和经营成本，包括留抵退税、加计扣除、减税降费等方式，有助于缓解市场主体的现金流压力。税费一般指税收和行政事业性费用，但由于政府性基金和经营服务性费用（政府定价或指导）也属于涉企收费——这些均构成了市场主体的财务负担，在实务中行政事业性费用、政府性基金和经营服务性费用也经常由相关部门整合一并向社会公示，所以本部分将政府性基金和经营服务性费用（政府定价或指导）也纳入讨论。

（1）城市更新涉及税种

税收计算的核心为应纳税种和应纳税额，后者又由计税依据和税率决定。一般税收优惠政策是对应纳税种的减免或对应纳税额的减少。城市更新实施主体的适用税项如表 2.2 所示，主要包括增值税、企业所得税、契税、土地增值税、城镇土地使用税、印花税、附加税费等。城市维护建设税、教育费附加、地方教育附加为附加税费，在城市更新中一般与增值税同时缴纳，称为增值税附加。表 2.3 列出了涉及城市更新的主要税种及计税依据，并对应市场主体参与城市更新的土地（不动产）获取阶段、建设阶段和运营阶段，列出了各阶段需要缴纳的税种。

表 2.2　城市更新涉及的主要税种

应纳税种	税种含义	计税依据与税率
增值税	增值税是以商品（含应税劳务）在流转过程中产生的增值额作为计税依据而征收的一种流转税。有增值才征税，没增值不征税	《中华人民共和国增值税暂行条例》（2017 修订）规定纳税人销售建筑服务，销售不动产，转让土地使用权，税率为 11%。《房地产开发企业销售自行开发的房地产项目增值税征收管理暂行办法》规定了房地产项目销售的相关增值税缴纳要求

① 来源于住建部办公厅《实施城市更新行动可复制经验做法清单（第二批）》。
② 来源于《2023 年厦门市湖里区后坑社等城市更新改造项目专项债券（一期）——2023 年厦门市政府专项债券（二十三期）实施方案》。

续表

应纳税种	税种含义	计税依据与税率
企业所得税	企业所得税是对我国境内的企业和其他取得收入的组织的生产经营所得和其他所得征收的一种所得税	《中华人民共和国企业所得税法》规定，企业所得税的税率为25%。企业每一纳税年度的收入总额，减除不征税收入、免税收入、各项扣除以及允许弥补的以前年度亏损后的余额，为应纳税所得额。关于税收优惠的规定减免和抵免的税额具体按照《中华人民共和国企业所得税法》和《中华人民共和国企业所得税法实施条例》（国务院令第512号）等规定执行
契税	契税是指不动产（土地、房屋）产权发生转移变动时，就当事人所订契约按产价的一定比例向新业主（产权承受人）征收的一次性税收	《中华人民共和国契税法》规定，契税税率为3%~5%，具体由省、自治区、直辖市提出。契税的计税依据为土地使用权出让、房屋权属合同转移确定的成交价格等
土地增值税	土地增值税是对在我国境内转让国有土地使用权、地上建筑物及其附着物的单位和个人，以其转让房地产所取得的增值额为课税对象而征收的一种税	《中华人民共和国土地增值税暂行条例》规定，以纳税人转让房地产所取得的增值额为计税依据，计算增值额扣除项目包括取得土地所支付的出让金、开发成本等。实行四级超率累进税率
城镇土地使用税	城镇土地使用税是指国家在城市、县城、建制镇、工矿区范围内，对使用土地的单位和个人，以其实际占用的土地面积为计税依据，按照规定的税额计算征收的一种税	《中华人民共和国城镇土地使用税暂行条例》规定，土地使用税计税依据为纳税人实际占用的土地面积，每平方米年税额如下：大城市1.5至30元；中等城市1.2元至24元；小城市0.9元至18元；县城、建制镇、工矿区0.6元至12元
房产税	房产税是以房屋为征税对象，按房屋的计税余值或租赁收入为计税依据，向产权所有人征收的一种财产税	《中华人民共和国房产税暂行条例》规定，纳税人为产权所有人、经营管理单位、承典人、房产代管人或者使用人。"房产税的税率，依照房产余值计算缴纳的，税率为1.2%；依照房产租金收入计算缴纳的，税率为12%。"
印花税	印花税是对在经济活动和经济交往中书立、领受具有法律效力的凭证的行为征收的一种税	《中华人民共和国印花税法》附件《印花税税目税率表》规定，产权转移书据（包括土地使用权出让书据，土地使用权、房屋等建筑物和构筑物所有权转让书据，不包括土地承包经营权和土地经营权转移）按所载金额万分之五贴花。合同（包括建设工程合同）按价款的万分之三贴花

续表

应纳税种	税种含义	计税依据与税率
增值税附加	主要包括城市维护建设税、教育费附加、地方教育附加	增值税附加税是附加税的一种，对应于增值税的，按照增值税税额的一定比例征收的税。其纳税义务人与独立税相同，但是税率另有规定，以增值税的存在和征收为前提和依据

资料来源：作者根据相关政策整理。

表2.3　城市更新各阶段市场主体应纳税种

城市更新阶段	应纳税种	需缴纳税种的情形	城市更新适用情形举例
土地（不动产）获取阶段	契税	市场主体购置土地、不动产或补缴土地出让金，应当缴纳契税	①城中村拆除重建，开发商A购置政府招标、拍卖、挂牌的土地需要缴纳三类税款；
	土地增值税	市场主体购置土地、不动产或补缴土地出让金，应当缴纳土地增值税	②市场主体B购置闲置楼宇，转变建筑功能和土地性质，需补缴土地出让金，并缴纳三类税款
	印花税	土地使用权出让或不动产转移以"产权移交书"所列金额征收	
建设阶段	增值税及附加	工程施工企业提供平整土地、建筑物修缮拆除等服务，按建筑服务缴纳增值税	涉及文化建筑保护的城市更新项目中，施工企业提供建筑物修缮等服务，需缴纳增值税及附加。建筑服务业务的收入扣除施工成本费用，作为计税依据缴纳企业所得税。施工企业签订的建筑修缮服务合同需缴纳印花税
	企业所得税	施工企业从事建设、安装等业务的各项收入计入企业所得税收入总额，征收企业所得税	
	城镇土地使用税	市场主体通过招标、拍卖、挂牌方式取得的建设用地，从合同签订次月起缴纳城镇土地使用税	
	印花税	施工企业签订建筑安装工程合同，需缴纳印花税	
运营阶段	增值税及附加	开发商企业出售自建建筑物缴纳增值税。运营城市更新项目的主体在经营过程中缴纳增值税	产业类（商业、文创、工业）城市更新，市场主体以招标、拍卖、挂牌方式取得建设用地后，需缴纳城镇土地使用税。市场主体自持运营的园区或楼宇，获得经营收入需缴纳增值税、企业所得税。经

续表

城市更新阶段	应纳税种	需缴纳税种的情形	城市更新适用情形举例
运营阶段	企业所得税	开发商企业出售自建建筑物等各项收入应缴纳企业所得税。 运营城市更新项目的主体在经营过程中的各项收入应缴纳企业所得税	营的房产需缴纳房产税（自持经营与出租经营缴税计价依据不同）。 经营过程中产生的服务合同缴纳印花税
	城镇土地使用税	市场主体通过招标、拍卖、挂牌方式取得的建设用地，从合同签订次月起缴纳城镇土地使用税	
	房产税	市场主体运营城市更新项目，经营过程中需缴纳房产税	
	印花税	市场主体运营城市更新项目，经营过程中产生的服务合同需缴纳印花税	

资料来源：作者根据相关政策整理。

（2）城市更新涉及的行政事业性收费、政府性基金、经营服务性收费等

根据《行政事业性收费标准管理办法》（发改价格规〔2018〕988号），行政事业性收费"是指国家机关、事业单位、代行政府职能的社会团体及其他组织根据法律法规等有关规定，依照国务院规定程序批准，在实施社会公共管理，以及在向公民、法人和其他组织提供特定公共服务过程中，向特定对象收取的费用"。城市更新中的行政事业性收费主要包括：不动产登记费、村镇基础设施配套费（仅对乡镇规划区收取）、城镇垃圾处理费、绿化补偿费、恢复绿化补偿费、城市道路占用挖掘修复费、污水处理费、防空地下室易地建设费等。

城市更新涉及的政府性基金主要是土地出让金，此外还有城市基础设施配套费——指政府向城镇规划建设用地范围内的新建、扩建和改建工程项目征收的，用于城市道路、桥梁、绿化、环卫、供水、供气、供暖等基础设施建设的资金。政府性基金中的教育费附加、地方教育附加均随增值税征收，不单独征收。

经营服务性收费指向社会提供场所、设施或技术、知识、信息、体力劳动等经营服务的收费。政府对部分经营服务性收费进行定价或指导，城市更新涉及的经营服务性收费主要指市场主体在项目经营过程中的支出，如水电费、污水处理费、垃圾处理费等。

（3）城市更新的税费支持政策

表2.4总结了中央和地方的部分相关税费支持政策。2023年11月，自然资

源部办公厅印发《支持城市更新的规划与土地政策指引（2023 版）》（自然资办发〔2023〕47 号），明确提出以"无收益、不缴税"为原则，城市更新项目可依法享受行政事业性收费减免和税收优惠政策。各地方为推进城市更新项目，激发市场主体的投资意愿，也明确提出城市更新实施主体可依法享受行政事业性收费减免，相关纳税人依法享受税收优惠政策。

表 2.4　中央和地方的税费支持政策

相关文件	支持内容
自然资源部《支持城市更新的规划与土地政策指引（2023 版）》（自然资办发〔2023〕47 号）	对在城市更新项目中提供公益性建设、实施产业转型升级的，鼓励相应土地在流转中适度减免土地增值税或降低所得税税率
财政部、税务总局、国家发展改革委、民政部、商务部、卫生健康委《关于养老、托育、家政等社区家庭服务业税费优惠政策的公告》（财政部公告 2019 年第 76 号）	对为社区提供养老、托育、家政等服务的机构，在所得税、契税、房产税、城镇土地使用税方面给予优惠。对不动产登记费、耕地开垦费、土地复垦费、土地闲置费、防空地下室易地建设费给予减免
住房和城乡建设部、国家发展改革委《关于进一步明确城市燃气管道等老化更新改造工作要求的通知》（建办城函〔2022〕336 号）	应对燃气等城市管道老化更新改造涉及的占道施工等行政事业性收费和城市基础设施配套费等政府性基金予以减免
《国务院办公厅关于加快发展保障性租赁住房的意见》（国办发〔2021〕22 号）	利用非居住存量土地和非居住存量房屋建设保障性租赁住房，用水、用电、用气价格按照居民标准执行。非居住存量房屋用作保障性租赁住房期间，不变更土地使用性质，不补缴土地价款
《北京市城市更新条例》	纳入城市更新计划的项目，依法享受行政事业性收费减免，相关纳税人依法享受税收优惠政策。
《上海市城市更新条例》《上海市城市更新指引》	城市更新项目可以依法享受行政事业性收费减免和税收优惠政策。具体细化措施由发展改革和税务部门另行制定
《广州市城中村改造条例（草案修改稿·征求意见稿）》	城中村改造项目按规定享受行政事业性收费和政府性基金减免，相关纳税人按规定享受税收优惠政策。市住房城乡建设行政主管部门应当会同财政、税务等政府部门编制城中村改造项目按规定享受的减免等优惠政策清单，定期更新并向社会公布
重庆市城市建设配套费综合事务中心《关于进一步做好配套费征收服务工作的通知》	既有建筑改建、扩建工程，不超过原权属登记证书建筑面积，不缴纳配套费。对不涉及建筑面积的安装工程、管道工程、装饰装修等建设项目免于办理配套费手续。棚户区改造、保障房建设、保障性租赁住房免缴相关环节配套费

资料来源：作者根据相关政策整理。

此外，我国经常性出台针对小规模纳税人、小型微利企业和个体工商户的普遍性税费优惠政策，如降低所得税税率，相关文件可参见《关于实施小微企业普惠性税收减免政策的通知》（财税〔2019〕13号）、《财政部　税务总局关于进一步实施小微企业"六税两费"减免政策的公告》（2022年第10号）、《关于进一步实施小微企业所得税优惠政策的公告》（财政部　税务总局公告2022年第13号）、《国家税务总局关于增值税小规模纳税人减免增值税等政策有关征管事项的公告》（国家税务总局公告2023年第1号）等。部分城市更新项目的商业模式的重要特点之一是"微利可持续"，相关小型微利企业可依法享受相关支持政策。

2.3　城市更新的金融支持渠道

2.3.1　金融工具介入城市更新的分析框架

本节旨在建立金融工具介入城市更新市场的阶段分析框架：市场主体参与城市更新的资金运作过程可以归纳为投资、融资、退出三个阶段，不同阶段对应了不同的金融工具的运作，如图2.3所示。

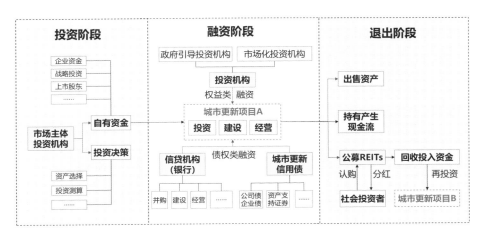

图 2.3　金融工具介入城市更新的阶段分析框架

资料来源：作者自绘。

在投资阶段，市场主体根据资产标的状况和资金测算结果进行投资决策。资产标的状况包括更新类型、项目区位、土地年限、产权情况等。在资金测算方面，不同于拿地、建安、出售的传统房地产业务，城市更新商业模式的底层逻辑发生了变化，测算对象变化为长期（甚至超长期）现金流和复杂利益主体下的改造成本，且需更加关注风险管控。城市更新项目的实施主体一般享有改造空间的一定年限的经营权，需要用长期现金流收益来覆盖改造成本，资金回正之后剩余的经营年限才能够产生净收益，所以与资金时间价值相关的指标极为重要，市场主体由此更加关注资金回正周期、资金峰值等指标[1]。

在筛选完成资产标的后，市场主体可以利用自有资金进行投资，自有资金包括股本、企业经营利润等。需要指出的是，随着城市更新类型日益复杂，进行投资的市场主体不仅包括房地产、社区运营、住房租赁等相关企业，金融机构也可能成为城市更新项目的主要投资方。

在融资阶段，市场主体可以依托城市更新项目获得"债权类"或"权益类"融资支持。债权融资方面，银行（政策性银行和商业银行等）为市场主体提供资金支持以满足投资、建设、经营的需求。信托机构、资产管理公司等金融机构也可以提供贷款支持。贷款可以用于城市更新项目的投资、建设、经营等，不同类型、不同项目的贷款发放，对应着不同的资本金、利率、期限、担保措施、放款条件。市场主体也可以通过发行信用债的方式融资。

权益型融资主要依托于市场化和政府引导的投资机构。市场化投资机构包括各类私募股权基金、信托机构、保险机构、资产管理公司等。政府引导的投资主要是地方政府牵头成立的城市更新基金等——当前，多地成立城市更新基金，以拓展资金来源、实现资金统筹、放大资金杠杆。在实务中，一些私募投资基金和特定的市场主体建立合作关系，跟投市场主体投资的项目，为市场主体补充资本金，成为城市更新项目权益融资的长期合作方。同时，一些市场主体可能因为达不到资本金投入的最低比例要求（通常为20%～30%），也会向私募股权基金、信托机构寻求股权合作。

---

[1] 资金回正周期即累计的经济效益达到最初投资费用所需的时间，资金回正之后才会出现净盈利的现金流。资金峰值即项目累计投资的最大值，体现了项目的现实成本，与回正周期密切相关。

在退出阶段，市场主体的退出方式包括三类：一是通过自持物业获取现金流退出；二是联系买方，出售城市更新后的增值资产实现并购退出；三是发行 REITs 等退出。REITs 作为不动产和基础设施领域新的资金退出渠道，与城市更新运作的结合越来越密切。市场主体可以将城市更新的项目收益作为底层资产，通过发行 REITs 向社会投资者出售项目股权，以回收前期投入的资金，并将回收资金用于新的城市更新项目[①]。当前，我国支持发行公募 REITs 的领域包括交通、能源、市政、生态环保、物流仓储、园区、文旅、消费等领域基础设施、新型基础设施、租赁住房、水利设施等，与城市更新的资产标的具有较高契合性。

2.3.2　城市更新相关金融工具的特点

城市更新的金融工具应用需要匹配城市更新项目的自身特点。在增量时代，传统地产主营业务为商办、商业、住宅等开发，投资和实施主体一般是房地产企业，依靠资产出售回款，商业模式具有高杠杆、快周转的特点，因此尽管在多年实践中形成了较为定型的金融配套模式，但也容易累积较高的金融风险[34]。城市更新与传统城市房地产开发的特征迥异，在资产标的、投资主体、商业模式、利益相关方、法律合规性、审批过程等方面都存在显著不同，这对构建与之匹配的金融支持模式和服务体系提出了新的要求。本部分主要介绍当前市场主体参与城市更新运用的债权类和权益类金融工具，并归纳其应用方式、适用场景等特点。

（1）债权类金融工具：城市更新类贷款

城市更新类贷款的提供机构主要是政策性银行或商业银行。信托机构、保险机构、金融资产管理公司等也可以提供贷款。银行信贷是最常见和重要的融资方式，在增量时代形成了土地储备贷款、并购贷、开发贷、经营性物业贷款等一

---

① 《国家发展改革委关于规范高效做好基础设施领域不动产投资信托基金（REITs）项目申报推荐工作的通知》（发改投资〔2023〕236 号）指出，基础设施 REITs 净回收资金 "应主要用于在建项目、前期工作成熟的新项目（含新建项目、改扩建项目）"。《中国证监会办公厅 国家发展改革委办公厅关于规范做好保障性租赁住房试点发行基础设施领域不动产投资信托基金（REITs）有关工作的通知》（证监办发〔2022〕53 号）提出："发起人（原始权益人）发行保障性租赁住房基础设施 REITs 的净回收资金，应当优先用于保障性租赁住房项目建设，如确无可投资的保障性租赁住房项目也可用于其他基础设施补短板重点领域项目建设。"2024 年 7 月，《国家发展改革委关于全面推动基础设施领域不动产投资信托基金（REITs）项目常态化发行的通知》（发改投资〔2024〕1014 号）发布，全面推动我国基础设施 REITs 常态化发行。

系列产品；进入城市更新时期，银行的相关贷款也有了新的特点。

图 2.4 以银行机构为例，描述了金融机构向城市更新项目发放贷款的重要环节：①银行（团）[①] 对借款主体和项目进行评估和调查，评估市场主体的建设、运营能力，也评估城市更新项目的合规性和市场前景等。②银行选择和设计贷款产品，确定贷款的用途、期限、利率、资本金比例、担保方式、还款来源等。③市场主体提供增信措施。担保是最普遍的增信措施，主要包括信用担保（如凭借是银行重要客户的信用）、保证担保（如关联公司保证）和抵押担保（如土地使用权及地上不动产所有权抵押等）。④银行放款。达到放款条件后，银行即可向市场主体放款，市场主体可得到的贷款额与资本金能够同比例到达。⑤实施主体使用贷款资金，应当确保资金应用于城市更新项目且符合规定的资金用途。⑥银行贷后管理。对市场主体信用、项目建设运营、贷款担保变动进行检查分析，防范不良贷款和风险。⑦还款。银行重点关注"第一还款来源"，即通过贷款项目的现金流实现还款。如果城市更新项目本身难以实现资金自平衡，实施主体可以通过在授信项目之外的企业利润来还款，这种还款来源被称为"综合还款来源"。

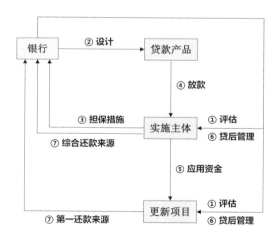

图 2.4　银行等金融机构的放贷环节构成

资料来源：作者自绘。

[①] 银团贷款是指由一家或数家银行牵头，两家或两家以上银行参与组成的银行集团，基于约定的贷款条件，依据同一贷款协议，按约定时间和比例，通过同一代理行向借款人提供的贷款或授信业务。主要用于满足企业大金额、长期限的资金需求。银团参加行各自按所承担的比例承担发放贷款的义务，并独立承担贷款风险。

城市更新类贷款银行主要是商业银行（如中国建设银行）和政策性银行（如国家开发银行），值得一提的是，后者的放贷资金可以来源于 PSL（Pledged Supplementary Lending，抵押补充贷款），这是央行定向投放基础货币的金融工具。在 2014 年之后的棚改及基础设施建设、2023 年年底支持"三大工程"的过程中，PSL 都起到了重要的资金供给作用。

城市更新类贷款的主要特点在于：①用途更广。各银行开发出适用于老旧小区改造、租赁住房、平房腾退等用途的贷款产品，例如中国建设银行关于居住类城市更新的贷款包括城市升级贷款、城镇化建设贷款、固定资产贷款、公司住房租赁贷款、老旧小区改造贷款、流动资金贷款等，品种丰富，可满足全部细分小类的融资需求。②期限更长。例如中国建设银行为了适应项目资金需要长周期覆盖成本的特征，提供的城市升级贷、城镇老旧小区改造贷的最长贷款期限分别为 40 年和 25 年。在北京，城市升级贷 40 年的期限匹配平房院落腾退的经营权年限，国家开发银行同样提供了匹配 40 年周期的贷款品种。③利率优惠。当前，偏向公益类的城市更新类贷款利率已经能够接近当期 LPR[①] 水平，相关政策还提出可对部分公益性更强的项目实施内部转移定价优惠。地方政府亦可以有贴息政策，这在财政支持部分已经叙述过[②]。例如中国建设银行对于当年亏损的城市更新项目，制定了 1 ~ 5 年期补贴 50 bp，5 年以上补贴 80 bp 的相关政策[③]。④放款条件更宽松。例如原本进行老旧小区改造的行政手续较为烦琐，得到相关合法性批件难度较大，改革后放款可能只需提供权力决策主体（市区政府、街道、委办等）对企业的相关实施授权证明（如会议纪要、立项文件等）。⑤资本金更低。贷款项目资本金比例最低可达到 20%，与国务院固定资产投资项目相关规定中项目最低资本金比例要求相同。⑥担保形式多样。传统的商品房开发能够以土地使用权

---

① 贷款市场报价利率（Loan Prime Rate，简称 LPR）是指由各报价行根据其对最优质客户执行的贷款利率，按照公开市场操作利率加点形成的方式报价，由中国人民银行授权全国银行间同业拆借中心计算得出并发布的利率。各银行实际发放的贷款利率可根据借款人的信用情况，考虑抵押、期限、利率浮动方式和类型等要素，在贷款市场报价利率基础上加减点确定。

② 《中国银保监会关于银行业保险业支持城市建设和治理的指导意见》（银保监发〔2022〕10 号）提出"实施内部转移定价优惠"。在实际工作中，银行给予城市更新项目的利率补贴标准和项目本身的年限、盈利状况等有关，也和政府财政支持有关，例如《上海市历史风貌保护及城市有机更新专项资金管理办法》（沪财发〔2018〕7 号）规定，对社会资本参与成片历史风貌保护地块改造项目贷款给予一定期限的利息补贴，补贴时间不超过 5 年。

③ BPs 指基点（basepoints），在金融业中，100 bp=1%。

作为抵押，城市更新项目的实施主体很多具有的是空间经营权（非所有权），缺少抵押品，担保一般为母公司信用或租金收益等。近年来，一些商业银行创新了城市更新的经营权质押产品，运营能力强的市场主体凭借经营权即可实现借款。⑦以"综合还款来源"作为还款方式的情形增加。城市更新项目的微利特征意味着项目收益很难覆盖成本，银行大多允许通过企业的综合经营收益来还款。

（2）债权类金融工具：城市更新信用债

城市更新债券也是债权融资的重要方式。我国债券总体上可以分为利率债和信用债，前者主要由政府发行或提供偿债支持，如国债、央行票据等。城市更新市场主体（法人企业主体）发行的信用债包括企业债、公司债、中期票据、资产支持证券（ABS）等。当前，城市更新信用债多以地方国企为发行主体，项目收益主要由物业资产出售出租和运营收入构成。城市更新类信用债的募集资金需符合国家产业政策，不得违规流入房地产领域或增加地方政府债务。

信用债发行的相关要求可参见《中华人民共和国证券法》及相关管理办法，对发行主体、发行规模、期限和利率、资金用途、担保措施、信用级别等均有所规定。城市更新类债券主要指资金用途为城中村拆除重建、文化保护区修缮、城区基础设施翻新等的债券。相关主管部门对保障性住房、绿色发展、城市停车场建设、地下综合管廊等特定领域的发债政策支持也涉及城市更新，相关政策可参见《国家发展改革委办公厅关于利用债券融资支持保障性住房建设有关问题的通知》（发改办财金〔2011〕1388号）、《绿色债券发行指引》（发改办财金〔2015〕3504号）、《国家发展改革委办公厅关于印发城市停车场建设专项债券发行指引的通知》（发改办财金〔2015〕818号）、《国家发展改革委办公厅关于印发城市地下综合管廊建设专项债券发行指引的通知》（发改办财金〔2015〕755号）等。

下文以《2020年第二期上海地产（集团）有限公司公司债券募集说明书》《2021年第一期上海地产（集团）有限公司公司债券募集说明书》（以下简称"20沪地02"和"21沪地01"）和《2021年第一期长兴城市建设投资集团有限公司绿色债券募集说明书》（以下简称"21长兴绿色债01"）为例，简要说明城市更新债券的发行内容特点①。

---

① 相关资料来源于《2020年第二期上海地产（集团）有限公司公司债券募集说明书》《2021年第一期上海地产（集团）有限公司公司债券募集说明书》《2021年第一期长兴城市建设投资集团有限公司绿色债券募集说明书》。

上海市虹口区的"石库门"里弄建筑具有典型的海派建筑风貌，是文化保护和城市更新的重点地区。2020 年，上海地产集团和上海虹房（集团）有限公司，按照 60% 和 40% 比例分别出资，成立虹口城市更新建设发展有限公司，负责编制虹口区旧改地区的实施方案。为筹措改造资金，上海地产（集团）有限公司于 2020 年和 2021 年发行了两期公司债券，期限分别为 3 年和 5 年，向机构投资者公开发行，发行人主体信用 AAA 级，债券信用 AAA 级。

"20 沪地 02"和"21 沪地 01"分别募集资金 25 亿元和 30 亿元。其中"20 沪地 02"债券的 15 亿元用于虹口区 17 街坊改造，2.5 亿元用于虹口区 35、36、37、38、39、43、44 街坊旧区改造（城市更新）项目投资，7.5 亿元用于补充企业流动性资金。"21 沪地 01"的 15 亿元用于虹口区 17 街坊改造，2.5 亿元用于虹口区 35、36、37、38、39、43、44 街坊旧区改造（城市更新）项目投资，12.5 亿元用于补充企业流动性资金。虹口区 17 街坊改造（城市更新）项目投资 153.9 亿元，资本金占比 20%，债券融资 30 亿元，其余靠银行贷款。虹口区 35、36、37、38、39、43、44 街坊旧区改造（城市更新）项目计划投资 193.2 亿元，资本金占比 20%，债券融资 5 亿元，其余靠银行贷款。

长兴城市建设投资集团有限公司是浙江省湖州市长兴县的地方国企，主营业务为市政设施管理和工程建设等。2019 年，该企业承担了长兴县水环境综合治理项目，项目已具备长兴县发改局《投资项目备案通知书》、自然资源局《选址意见书》、生态部门《审查意见》、自然资源局《用地意见》等审批材料。为筹措资金，2020 年，该企业发行了一笔绿色债券，发行规模 5 亿元，其中 3.2 亿元用于水环境综合治理项目，1.8 亿元用于补充企业运营资金。发行期 7 年。发行人主体信用 AA+ 级，债券信用 AA+ 级。具体而言，该项目工作主要包括两大部分：一是污水系统提升项目，包括改造、新建中心城区和乡镇雨水管网，居民小区雨污分流管道，第二污水厂提升改造等；二是供水安全项目，包括原水网提升改造、给水加压泵站建设等。偿债资金来源由募集资金投资项目收益及发行人经营收益构成，主要包括水厂自来水水费和污水处理费收入，项目总投入约 20.89 亿元，预计 2021—2027 年共计净收入 18.96 亿元，能够覆盖建设部分的债券本息。项目运营总周期为 15 年，净收益 39.44 亿元，能够覆盖项目建设投入。

（3）权益类金融支持：机构股权投资

一方面，金融机构本身就可能主导投资，单独或和市场主体联合寻找投资标的，在投资阶段就介入城市更新；另一方面，金融机构也可能在城市更新的融资阶段介入，市场主体出让部分项目股权以获得金融机构的投资资金。城市更新的金融投资机构主要包括政府引导基金、私募股权基金、信托机构、保险机构、金融资产管理公司等，一般的权益类金融支持方式为：金融机构作为管理人设立有限合伙基金产品、资管计划产品或信托计划产品，以自有资金和募集资金入股城市更新项目公司。表2.5总结了参与城市更新的机构投资者的特点和区别。

表 2.5　参与城市更新股权投资的金融机构特点

机构类型	参与城市更新的主要特点	资金来源	典型代表
地方政府引导城市更新基金	主要由地方政府引导设立，主要作用是统筹资金在不同类型项目中投入，平衡资金利用，放大资金杠杆，引导撬动社会资本介入城市更新	一般由地方国企出资，吸引其他各行业的社会资本参与	上海市城市更新基金（包括商业自持子基金和一级土地整备子基金）、北京市城市更新基金（涵盖了商业物业、居住类城市更新投资）
私募股权基金	是在城市更新业务开展较为活跃的股权投资。股权收购的资产标的包括商业物业、办公楼、酒店、物流园区等。以黑石集团为代表，形成了"买入—修复—卖出"的典型策略	募集的资金来源于社会投资者或发行基金证券（公募或私募）	高和资本（商业地产基金）、光大安石（私募地产基金）、翰同资本（城市更新投资基金）、建信住房租赁基金（住房租赁基金）、黑石集团、铁狮门基金（均为全球知名地产投资基金）
保险机构	资金量大，周期长。既能够直接收购不动产，也能够入股各类资产计划、信托计划等进行间接股权投资	人身险、财产险等各类保费	人保资本、中国平安保险集团
信托机构	通过成立项目资金信托计划等进行股权投资（不动产收购），还通过ToT（Trust of Trust，信托中的信托）、ToF（Trust of Fund，基金投资类信托）等方式进行间接股权投资。资金成本高，要求资金回报较高，近年来，纾解存量不动产资产、发展住房租赁业务逐渐增多	多来源于机构投资者或高净值投资人委托	建信信托（银行系信托）、平安信托（金融集团系信托）、中信信托（金融集团系信托）

续表

机构类型	参与城市更新的主要特点	资金来源	典型代表
金融资产管理公司	主营业务为不良资产处置。在股权支持方面，通过收购不动产等方式盘活城市存量资产、纾困地产项目	央行再贷款、金融债券等	中国华融、中国信达、东方资产、长城资产、北京市国通资产

资料来源：作者整理。

一是政府引导城市更新基金。多由国有企业发起投资，社会资本参与，采用母子基金的运作架构。城市更新基金的特点在于：①拓展资金来源。母基金一般由多行业多家的市场主体共同出资，形成较庞大的资金池。②实现资金统筹。一般在子基金范畴内实现资金的盈利或平衡，子基金投资的项目不需要全部为高收益项目，有利于实现肥瘦搭配。③放大资金杠杆。一则在子基金层面允许吸纳更多社会资本参与，二则在项目层面与其他开发主体共同持有项目公司股权。我国最大的城市更新基金于 2021 年 6 月在上海成立，出资达 800 亿元。上海地产集团作为普通合伙人（GP）并负责组建基金管理公司，其他房地产、保险等行业的参与企业为有限合伙人（LP）。基金主要投向上海城区的旧城改造、历史风貌保护、租赁住房等城市更新项目[35]，原则上基金存续期为 10 年左右，投资期内基金管理人可将投资收益用于循环投资。2021 年 12 月，该基金的 100.02 亿元引导基金注册成立，其股权结构和运作模式如图 2.5 所示。

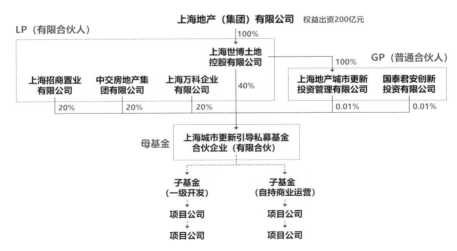

图 2.5　上海城市更新基金架构示意图

资料来源：作者根据参考文献 [35] 整理。

在城市更新领域，中央政府也能够设立引导基金。2022 年，央行支持国家开发银行、中国农业发展银行、中国进出口银行分别设立基础设施基金公司，发行金融债券等筹资 3000 亿元。国家发展改革委牵头审核确定备选项目清单，按市场化原则依法合规、自主投资，通过股权投资、股东借款等方式投放基金，资金投资领域包括城市基础设施、城市排水系统建设、保障性安居工程等与城市更新相关的各类项目。该资金的最大特点是可以作为项目资本金，能够以权益融资形式进入项目，为专项债等项目资本金搭桥。

二是私募股权基金。国内较为知名的城市更新类投资基金包括高和资本、光大安石、翰同资本等，主要从事对商业、商办类地产的投资。例如，由高和资本联合其他市场主体投资的北京新街高和项目，将老旧儿童商场转变为金融和科技公司的办公商务楼宇，重塑地区业态和活力，租金由原先的 4.5 元 /（$m^2 \cdot d$）提高为 10.2 元 /（$m^2 \cdot d$）。以黑石集团为代表的国际知名基金同样是城市更新的重要投资者，形成了"买入—修复—卖出"的典型策略。2023 年财报显示，黑石集团的 5000 多亿美元资产管理规模（Asset Under Management，AUM）中，占比最大的是房地产投资业务，超过 40%[①]。住房租赁类基金公司也成为城市更新重要的投资机构，2022 年，中国建设银行集团设立建信住房租赁基金，以股权投资等方式收购闲置不动产资源，改建为租赁住房，盘活存量资产。建设银行财报显示，截至 2023 年第三季度，建信住房租赁基金投资项目 22 个，资产规模 92.10 亿元，投资规模 57.64 亿元[②]。

三是保险机构。保险资金具有长期性和稳定性特点，第一大投向为银行存款、债券等固定收益类金融产品。2010 年，原保监会发布的《保险资金投资不动产暂行办法》进一步放开保险不动产投资，在城市更新领域，保险公司主要通过"债权投资计划"金融产品进行债权支持，支持领域包括市政设施、长租公寓、棚改项目、文保项目等。例如光大永明人寿发行"光大永明—北京什刹海历史文化保护项目债权投资计划"，偿债主体为北京天恒正宇投资发展有限公司，担保

[①] 另外三项业务为私人股权投资、信贷保险、对冲基金。参见 *Blackstone Reports Fourth Quarter and Full Year 2023 Results*。

[②] 参见《中国建设银行股份有限公司 2023 年第三季度报告》。

主体为北京天恒置业集团有限公司 ^①。2022 年 5 月，银保监会发布《关于银行业保险业支持城市建设和治理的指导意见》，指出："引导银行保险机构依法依规支持城市更新项目，鼓励试点先行。"保险机构对城市更新项目的直接股权投资较少，多是通过入股城市更新基金等，进行间接投资。不过近年来，险资也开始逐步重视不动产股权投资布局，其代表是平安保险 ^②。截至 2023 年 6 月底，其保险资金投资组合中不动产投资余额为 2093.93 亿元，在总投资资产中占比 4.5%。该类投资以物权投资（包含直接投资及以项目公司股权形式投资的持有型物业）为主，在不动产投资中占比 75.6%，主要投向商业办公、长租公寓等，收益为租金分红和资产增值 [36]。

四是信托机构。当前，我国共有 68 家信托公司，据中国信托业协会不完全统计，截至 2021 年，至少有 24 家信托公司参与了城市更新项目。以往信托机构主要以贷款的方式向房地产企业融资，2019 年《中国银保监会关于开展"巩固治乱象成果 促进合规建设"工作的通知》（银保监发〔2019〕23 号）发布后，信托机构的房地产贷款业务减少，在城市更新领域的股权投资增多，主要方式是：信托机构成立集合资金信托计划，将资金直接用于城市更新项目企业（或上层 SPV 公司）的股权投资，或通过投资有限合伙制基金的方式进行间接投资，通过股权转让或清算投资收益实现资金退出 [37]。例如，"东莞信托·鼎信－武汉菱角湖城市更新一期集合资金信托计划"募集资金 10.2 亿元，用于认购东莞市长凯宏拓企业管理合伙企业（有限合伙）有限合伙份额，合伙企业受让并增资武汉中京瑞达地产开发有限公司 99% 股权，用于武汉新长江菱角湖项目建设。武汉新长江菱角湖城市更新项目一期总投资 25.69 亿元，办公 65 690 m²、住宅 42 681 m²、商业 7000 m² ^③。

五是金融资产管理机构（AMC）。其主营业务是处置化解不良资产，如城市低效烂尾楼宇等待盘活的空间资产。在当前房地产企业债务压力大，"保交楼"

---

① 参见《关于光大永明资产管理股份有限公司与中国光大银行股份有限公司开展关联交易的信息披露公告》。
② 参见《中国平安保险（集团）股份有限公司 2023 年中期报告》。
③ 综合新浪财经文章《银保监会发文降热降温 房地产信托仍然火爆》，东莞信托有限公司官网关于"东莞信托·鼎信－武汉菱角湖城市更新一期集合资金信托计划"的介绍，https://www.dgxt.com/xtdxxl/20190508/18116.html。

任务重的情形下，金融资产管理公司对房地产行业的纾困作用极为重要。在城市更新方面，金融资产管理公司能够以股权并购的方式盘活存量空间资产。例如，信达资产管理集团成功盘活北京市东直门的"东外 39 号"烂尾楼项目。其依靠境内外牌照和债务重组的业务优势，以"收购＋投资＋债务重组＋开发运营"的方式，历时近 8 年在政府支持下逐步解决了规划调整、土地确权、地价款补缴等遗留问题。2022 年，信达资产管理集团推动康桥集团及存量核心项目纾困化险，以"股权收购＋股权隔离＋增量资金投入＋联合建设"方式开展实质性重组，推动郑州市管城回族区柴郭城中村改造等项目顺利实施。

（4）权益类金融支持：城市更新 REITs

当前，城市更新项目的投资退出方式主要是三类：一是自持运营，以长期运营收入覆盖成本，如北京劲松老旧小区改造通过微利可持续的物业收入（40%）和租金收益（60%），预计在 8 年内实现回本；二是并购退出，实施主体通过一次性出租或出售城市更新项目产权来覆盖前期投入的沉淀资金。这种方式适用于沉淀资金过多，自持运营实现回款的年限过长的项目；三是通过 REITs 实现资金回收。由于部分更新项目自持经营实现资金回正的周期过长，也不适合一次性出租或出售，市场主体缺乏有效的存量资产盘活手段。REITs 能够通过资产证券化的方式，将具有稳定收益的不动产资产或权益转化为在资本市场公开交易的公募基金（图 2.6）。原始权益人通过发行 REITs 能够交易出资产份额，实现资金回笼。2021 年 6 月至 2024 年 5 月，我国已发行 36 单 REITs 产品。

REITs 与城市更新具有极强的契合性，REITs 在未来可成为城市更新可期待的退出方式：城市更新项目会产生大量资金沉淀，而 REITs 有利于沉淀资金盘活，能提升市场主体投资意愿。在目前鼓励的 REITs 发行领域中，各类基础设施及租赁住房与城市更新高度契合。部分城市更新项目正在进行 REITs 发行的实践，由天坛家具城改建的北京金隅智造工场正在进行 REITs 申请，2024 年 3 月，证监会和上交所接受了金隅集团的申请。由于 REITs 的估值和分红派息受项目基本面、财务表现、市场因素等影响，这对城市更新的项目定位、空间设计、运营维护提出了更高的要求。

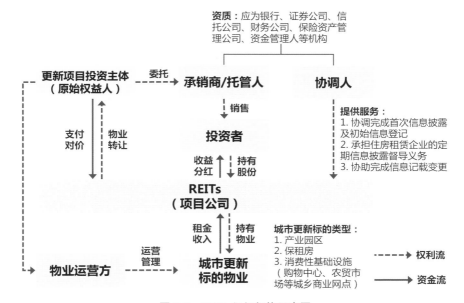

资质：应为银行、证券公司、信托公司、财务公司、保险资产管理公司、资金管理人等机构

更新项目投资主体（原始权益人）　委托　承销商/托管人　　协调人

支付对价　物业转让

销售

投资者

收益分红　持有股份

提供服务：
1. 协调完成首次信息披露及初始信息登记
2. 承担住房租赁企业的定期信息披露督导义务
3. 协助完成信息记载变更

REITs（项目公司）

租金收入　持有物业

运营管理

物业运营方　　城市更新标的物业

城市更新标的类型：
1. 产业园区
2. 保租房
3. 消费性基础设施（购物中心、农贸市场等城乡商业网点）

- - - ▶ 权利流
——▶ 资金流

图 2.6　REITs 组织架构示意图

资料来源：作者自绘。

2.4　老旧小区改造的资金支持模式

老旧小区中，产权方通常是业主（居民），也存在失管脱管或者老旧小区为公产、由产权单位或房管所管理等其他情况。由于老旧小区改造资金需求大，沉淀周期长，且项目多具有民生保障和公益属性，因此要吸引社会资本参与，离不开政府和金融机构的资金支持。

2.4.1　老旧小区改造的财税支持渠道

老旧小区改造涉及的财税支持同样包括中央和地方两个层面。2020 年 7 月，国务院办公厅发布《关于全面推进城镇老旧小区改造工作的指导意见》（国办发〔2020〕23 号），确立了老旧小区改造"建立改造资金政府与居民社会力量合理共担机制"的实施方向，对政府资金支持方式、对象、内容和税费减免政策等作出了规定。在直接财政支持上，中央财政资金重点支持改造 2000 年年底前建成的老旧小区，对 2000 年后建成的老旧小区给予限定年限和比例的适当支持。市／县人民政府可将老旧小区改造纳入国有住房出售收入存量资金使用范围，鼓励发行地方政府专项债券筹措资金，但在市场化融资过程中需杜绝新增地方政府隐性债务。在税费减免支持上，对参与改造的专业经营单位以及为社区提供养老、托育、家政等服务的机构等可提供税费优惠。

（1）中央层面的财税支持。中央层面的资金来源主要为：城市燃气管道等老化更新改造和保障性安居工程的中央预算内投资，以及中央财政城镇保障性安居工程补助资金。两类资金在管理主体、分配模式、用途范围等方面均有一定差异，同一项目不得重复申领两类资金。表 2.6 简要总结了近年来两类资金的用途和额度情况。

表 2.6　老旧小区改造的中央资金支持来源

资金类型	年份和文件名	主要内容
财政部中央补助资金	2023 年，财政部、住房城乡建设部《关于下达 2023 年中央财政城镇保障性安居工程补助资金预算的通知》	财政部网站未公示该文件，根据财政部官网转载的媒体报道，共计 708 亿元
	2022 年，财政部、住房城乡建设部《关于下达 2022 年中央财政城镇保障性安居工程补助资金预算的通知》	租赁住房保障分配金额 224.1 亿元；老旧小区改造分配金额 307 亿元；棚户区改造分配金额 100 亿元
	2021 年，财政部、住房城乡建设部《关于下达 2021 年中央财政城镇保障性安居工程补助资金预算的通知》	公租房保障和城市棚户区改造分配金额 196.2 亿元；老旧小区改造分配金额 305.3 亿元
	2020 年，财政部、住房城乡建设部《关于下达 2020 年中央财政城镇保障性安居工程补助资金预算的通知》	公租房保障和城市棚户区改造分配金额 200 亿元；老旧小区改造分配金额 303 亿元
国家发展改革委专项投资资金	2023 年，国家发展改革委《关于下达 2023 年城市燃气管道等老化更新改造和保障性安居工程专项（城市燃气管道等老化更新改造方向）中央基建投资预算的通知》（发改投资〔2023〕643 号）	400 亿元
	2023 年，国家发展改革委《关于下达城市燃气管道等老化更新改造和保障性安居工程专项（城市燃气管道等老化更新改造方向）2023 年中央预算内投资计划的通知》（发改投资〔2023〕555 号）	464.7 亿元

资金类型	年份和文件名	主要内容
国家发展改革委专项投资资金	2022 年，国家发展改革委、住房城乡建设部发布了三个批次的关于下达保障性安居工程中央预算内投资计划的通知	2022 年共计三批次：第一批次 150 亿元；第二批次 240 亿元；第三批次 400 亿元
	2021 年，国家发展改革委、住房城乡建设部发布了三个批次的关于下达保障性安居工程中央预算内投资计划的通知	2021 年共计三批次：第一批次 296.9 亿元，其中老旧小区改造 194.98 亿元，棚户区改造 101.95 亿元；第二批次 422.3 亿元；第三批次 240.6 亿元

资料来源：作者根据相关政策整理。

一是城市燃气管道等老化更新改造和保障性安居工程中央预算内投资。该资金是由国家发展改革委负责管理和安排的中央财政性投资资金，由各省发展改革部门汇总项目需求并报送年度投资计划请示文件，中央采用切块方式确定各省的年度规模，由各省发展改革部门在规定时限内将切块资金分解下达到具体项目。根据最新出台的《城市燃气管道等老化更新改造和保障性安居工程中央预算内投资专项管理暂行办法》（发改投资规〔2022〕910 号），该资金支持范围包括城市燃气管道等老化更新改造、老旧小区改造、新建改建保障性租赁住房、棚户区改造、新筹建集中片区公租房等保障性安居工程的配套基础设施建设等，并根据地区、项目类型、投资主体进行差异化的补助比例上限限制。

二是中央财政城镇保障性安居工程补助资金。该资金是中央财政安排用于支持符合条件的城镇居民保障基本居住需求、改善居住条件的共同财政事权转移支付资金，由财政部、住房城乡建设部按职责分工管理。财政部负责编制补助资金年度预算、分配和下达补助资金、监督资金使用；住房城乡建设部负责住房保障计划编制和工作指导。该资金通过集中支付的方式进行支付，资金安排方式包括直接投资、资本金注入、投资补助、贷款贴息等。相较于中央预算内资金严格限定用途为基础设施建设，该补助资金可额外用于租赁补贴、住房租赁管理服务平台建设、老旧小区公共服务设施建设、公共区域修缮、建筑节能改造、加装电梯等更为广泛的行动中。根据《中央财政城镇保障性安居工程补助资金管理办法》（财综〔2022〕37 号），资金分配方式采取因素法进行公式计算，根据地方财政收支形势、年度城镇保障性安居工程任务状况、绩效评价结果等综合确定。

（2）地方层面的财税支持。一般而言，地方政府可以通过直接经济支持和奖补专业经营单位服务两种途径协助老旧小区改造。

在直接经济支持上，地方政府可统筹多渠道资金实施奖补政策。常见资金渠道包括一般公共预算收入、土地出让收益、住房公积金增值收益和专项债券等。例如，内蒙古自治区规定提取所有住宅用地、商服用地的土地出让收入的 1.5% 和一定国有住房出售收入存量资金用于城镇老旧小区改造。部分省、自治区、直辖市建立起城市更新专项资金，统筹汇总各级相关资金来源渠道，提升资金安排效率。同时，专项债券也是当前政府筹措资金的重要渠道之一。政府专项债券旨在支持有一定收益但难以商业化合规融资的重大公益性项目。老旧小区改造中的环境整治、基础设施建设具有一定公益性质，可发行专项债券筹措资金。老旧小区改造专项债券的发行期限品种有 7 年、10 年、15 年、20 年及 30 年，以 10 年期和 30 年期的居多。通过拉长产品发行周期，可以降低资金平衡难度并稳固老旧小区改造项目成效。资金偿还来源包括两方面，一是改造项目直接产生的收益，如物业费、广告费、停车费，充电收费等；二是可能纳入财政补贴、供水供气收入、项目改造范围内属于国有资产的门面出租租金收益、国有土地出让收入等，确保债券存续期间本息覆盖倍数达到 1.0 及以上 [38]。

以 2023 年厦门市思明区老旧小区改造项目专项债券为例，该债券发行规模为 0.4 亿元，债券期限 15 年，付息方式为半年一次，利率 3.14%，对应三个街道共四个老旧小区改造项目，由思明区属国企厦门思明城市开发建设有限公司作为全部项目的代理建设单位，负责对项目组织实施进行管理。该项目预计总投资约 1.4 亿元，其中财政资金投入 8133.86 万元，占比 57.55%；拟发行专项债约 6000 万元，占比 42.45%，于 2023 年发行第一期 4000 万元，后续将以停车位收入、广告位租赁收入作为偿债资金来源 [39]。

在间接经济支持上，政府财政可对专业经营单位进行奖补。如湖南省湘潭市对老旧小区燃气改造实施奖补政策，由政府负责统一采购，改造费用由燃气公司先行承担，各区政府按照经财政评审后改造费用的 30% 予以奖补，燃气户内改造应由居民出资的部分则按照成本价收取费用。福建省对老旧小区改造范围内电力、通信、有线电视管沟等设施制定了详细的出资规定，土建部分建设费用由地方财政承担；供水、燃气改造费用，由相关企业承担；通信、广电网络缆线的迁改、规整费用，相关企业承担 65%，地方财政承担 35%；供电线路及设备改造根据产权归属由供电企业、产权单位或政府承担或按比例分摊。

总体上，各地方政府对老旧小区改造的具体奖补方式和内容规定各不相同。例如，北京市为老旧小区综合整治类内容提供了财政补助清单，对抗震节能综合改造、节能综合改造、架空线入地、环境整治提升、电梯专项改造等改造类型提出了基于面积或数量的补助金额；湖北省宜昌市规定，建筑物本体的改造费用以居民出资为主，财政分类以奖代补 10% 或 20%，鼓励社会资本参与养老、托育、助餐等社区服务设施改造，财政对符合条件的项目按工程建设费用的 20% 实施以奖代补[40]。对于市、区两级政府财政的具体投入比例，各城市也涌现出基于金额或比例的不同规定，比如武汉市的老旧小区改造补助标准为中央资金补助 4300 元 / 户，市财政补助 3000 元 / 户，市、区财政按照 3∶7 比例分担[41]；北京市规定城六区、通州区区财政补助不高于市级补助单价的 1.2 倍，远郊区区财政补助不高于市级补助单价。

然而，依赖于政府财政的单一投入远不能支持老旧小区改造任务的按时完成，因此在中央和地方的财税支持基础上（表 2.7），老旧小区改造必须进一步拓展市场化的资金筹措渠道，创新并统筹应用多元金融工具。以北京为例，"十四五"期间，北京需完成老旧小区改造面积约 1.6 亿 m^2，其中市属老旧小区约 1 亿 m^2。财政资金按照 900 元 / m^2 进行补贴，需累计投资 1440 亿元，每年约投资 280 亿元①。而2020 年完工的 50 个老旧小区综合整治项目，政府财政投入共 12.8 亿元，与完成既定目标下的每年投入 280 亿元还"差之千里"。实践案例也表明，综合采用财政资金、专项债券、银行贷款等多类渠道融资的老旧小区改造项目更具可行性。

表 2.7　中央和地方（以北京为例）老旧小区改造的主要财税支持内容

支持类型		具体内容
税费支持	税收优惠和费用减免	《关于全面推进城镇老旧小区改造工作的指导意见》(国办发〔2020〕23 号)提出："专业经营单位参与政府统一组织的城镇老旧小区改造，对其取得所有权的设施设备等配套资产改造所发生的费用，可以作为该设施设备的计税基础，按规定计提折旧并在企业所得税前扣除；所发生的维护管理费用，可按规定计入企业当期费用税前扣除。"

① 数据来源：2021 城市更新论坛暨清华同衡城市更新学术专场之《"十四五"时期北京老旧小区改造提质政策创新》报告。

支持类型		具体内容
税费支持	税收优惠和费用减免	《关于全面推进城镇老旧小区改造工作的指导意见》（国办发〔2020〕23号）提出："在城镇老旧小区改造中，为社区提供养老、托育、家政等服务的机构，提供养老、托育、家政服务取得的收入免征增值税，并减按90%计入所得税应纳税所得额；用于提供社区养老、托育、家政服务的房产、土地，可按现行规定免征契税、房产税、城镇土地使用税和城市基础设施配套费、不动产登记费等。"
财政支持	中央专项资金	《关于全面推进城镇老旧小区改造工作的指导意见》（国办发〔2020〕23号）提出："中央财政资金重点支持改造2000年底前建成的老旧小区，可以适当支持2000年后建成的老旧小区，但需要限定年限和比例。"
		《关于加强城镇老旧小区改造配套设施建设的通知》（发改投资〔2021〕1275号）提出："中央预算内投资全部用于城镇老旧小区改造配套设施建设项目。"
	地方财政资金补贴	《关于实施城市更新行动的指导意见》（京政发〔2021〕10号）提出："2.对老旧小区改造、危旧楼房改建、首都功能核心区平房（院落）申请式退租和修缮等更新项目，市级财政按照有关政策给予支持。3.对老旧小区市政管线改造、老旧厂房改造等符合条件的更新项目，市政府固定资产投资可按照相应比例给予支持。"
		《关于老旧小区综合整治市区财政补助政策的函》（京财经二〔2019〕204号）提出："增设电梯项目市财政实施定额补贴每部64万元。"
		《北京市老旧小区改造工作改革方案》（京政办发〔2022〕28号）提出："建立引入社会资本贷款贴息机制，对符合条件的项目给予贴息率不超过2%、最长不超过5年的贷款贴息支持。"
		《加快推进自备井置换和老旧小区内部供水管网改造工作方案》（京政办发〔2017〕31号）提出："老旧小区内部供水管网改造所需资金，由市政府固定资产投资安排50%，市自来水集团自筹50%。……对于完成自备井置换的住宅小区和完成内部供水管网改造的老旧小区，市自来水集团对其内部供水管网实行专业化管理，所增加的运行费用计入供水成本；社会单位内部供水管网运行费用由产权单位承担。"
		《关于老旧小区综合整治市区财政补助政策的函》（京财经二〔2019〕204号）提出："市财政根据补助单价，按实际改造工程量实施定额补助。具体补助清单包括抗震节能综合改造、节能综合改造、架空线入地、不实施抗震节能综合改造和节能综合改造时的单项改造、环境整治提升、电梯专项改造、配电设施/供热管线/燃气管线/给排水管网等内容。"
	地方专项债券	《关于加快地方政府专项债券发行使用有关工作的通知》（财预〔2020〕94号）提出："依法合规调整新增专项债券用途。赋予地方一定的自主权，对因准备不足短期内难以建设实施的项目，允许省级政府及时按程序调整用途，优先用于党中央、国务院明确的'两新一重'、城镇老旧小区改造、公共卫生设施建设等领域符合条件的重大项目。"

支持类型		具体内容
财政支持	地方专项债券	《关于引入社会资本参与老旧小区改造的意见》（京建发〔2021〕121 号）提出："区政府对符合要求的项目，可以申请发行老旧小区改造专项债。"
		《北京市老旧小区改造工作改革方案》（京政办发〔2022〕28 号）提出："研究通过合理打包改造项目，将配套设施收费、存量资产收益、服务设施运营收益等作为还款来源，发行老旧小区改造专项债。"
		《北京市城市更新行动计划（2021—2025 年）》提出："充分利用棚改专项债，研究资金统筹平衡机制，推进项目分期供地，实现滚动开发。"
引导居民出资	公积金	《北京市老旧小区改造工作改革方案》（京政办发〔2022〕28 号）提出："允许提取本人及其配偶名下的住房公积金，用于楼本体改造、加装电梯、危旧楼改建和交存专项维修资金。支持居民申请公积金贷款用于危旧楼改建，明确提取和贷款操作流程。"
	住宅专项维修资金	《北京市老旧小区改造工作改革方案》（京政办发〔2022〕28 号）提出："推动在业主做出住宅专项维修资金补建、续筹承诺后，再将老旧小区纳入改造范围。落实专项维修资金余额不足首期应筹集金额 30% 的，小区公共收益的 50% 以上优先用于补充专项维修资金。"

资料来源：作者根据相关政策整理。

2.4.2　老旧小区改造的金融支持渠道

除了政府的财税支持渠道，目前老旧小区改造中已经应用债券、贷款、基金等金融工具来获得改造资金，包括债权融资和权益融资两类。

（1）债权融资。债权融资方面，银行信贷是老旧小区改造最常见和最重要的融资方式。其一是政策性金融信贷，预计"十四五"期间，国家开发银行将在城镇老旧小区改造领域投放 20 000 亿元，在贷款额度、利率定价，担保方式等方面有力地支持老旧小区改造[42]。2021 年，广东省与国家开发银行广东分行签订协议，对符合条件的广东省城镇老旧小区改造项目，国家开发银行将视项目运营周期、还款现金流、借款人能力等情况合理确定贷款期限，按照"保本微利"原则给予贷款利率优惠。一般情况下，贷款期限最长不超过 20 年，宽限期不超过 3 年；采用 PPP 模式的，贷款期限最长不超过 25 年，宽限期最长不超过 5 年。其二是商业银行的金融信贷，商业银行已开发出能更好地匹配老旧小区改造的专用贷款产品：例如，中国建设银行的城镇老旧小区改造贷款和城市升级贷款，最长贷款期限分别为 40 年和 25 年，项目资本金比例最低可达到 20%，能够支持微利与超长期限项目实施，同时对公益性较强的项目实施内部转移定价优惠；中国农业银行研发城镇老旧小区改造贷款专项信贷产品，持续推动老旧小区改造业务落地，截至 2023 年 3 月末，湖北、江西、江苏、安徽等 12 家分行共审批城镇老旧小区改造贷款 120 笔，金额超 180 亿元，涉及近 6500 个小区 [43]；中国银行针对加装电梯设计了"中银安梯宝"系列金融产品，包括面向居民个人的"中银梯分期"、面向企业的"中银加梯贷"、面向资金管理的"中银智管家"、包含电梯安全责任险和电梯安装工程险的"中银加梯保"等，并为国标小微企业提供普惠金融优惠利率贷款，推动解决老旧小区加梯难题。

总的来看，受限于老旧小区改造盈利水平低、回款周期长、行政手续烦琐、实施主体缺乏可抵押物等因素，面向老旧小区改造的贷款产品在利率、期限、放款条件、担保方式和还款方式等方面都在一定程度上放松了限制。

此外，债券也是重要的债权融资方式。除了政府可以发行专项债券外，其他主体也可以发行信用债进行融资。信用债中，公司债是由股份有限公司、有限责任公司发行的债券，资金用途限制较少，公开发行的债券利率可以通过市场询价确定，期限一般为 5 年，在证券交易所发行。企业债主要由国有独资企业或国有控股企业等大型企业发行，要求更为严格，利率通常不能高于银行同期限存款利率的 40%，期限以 5~10 年为主，可在证券交易所和银行间债券市场发行，对企业的规模、经济效益、偿债能力等均有更高要求，且其募集资金需投向符合国家宏观调控政策和产业政策的项目建设。目前，参与城市更新的企业大多采用的是公司债形式，比如北京首都开发控股有限公司（以下简称首开）在 2023 年就发行了两期公司债券，均为小公募品种（即面向合格投资者的公开发行），规模分别为 50 亿元和 41.5 亿元，期限分别为 7 年和 5 年。首开通过发行公司债，加速推动首开集团"集城市开发、城市更新、城市保护于一体的综合业务模式"建立，在其列出的主要在建重大工程项目清单中含有数个老旧小区综合整治项目。根据债券募集说明书数据，截至 2023 年 8 月，首开集团作为实施主体，已在北京市 8 个行政区推进了 65 个老旧小区综合整治，总建筑面积 282 万 m²，共涉及 4 万户居民。

（2）**权益融资**。老旧小区改造涉及的权益融资，主要依托城市更新基金的机构投资来实现，目前整体应用情况相较于债权融资偏少。2021 年 8 月，天津城投集团与 17 家大型企业集团组建天津城市更新基金，初始总规模 600 亿元，首期认缴规模 100 亿元，定向用于天津老旧小区改造提升和城市更新项目。该基金对于提升天津城投集团"城市综合运营服务商"角色实力、拓宽天津城市更新融资渠道具有重要意义。在 REITs 股权工具应用方面，老旧小区改造产权问题复杂、盈利水平尚难以达到发行标准，目前发行的成熟度并不高。

2.5　小结

本章讨论了市场主体在老旧小区改造中能够获得其他资金支持的不同路径与方式。城市更新项目的主要资金来源方包括市场主体、产权方/居民、政府、金融机构等，在市场主体和产权方/居民作为出资者之外，政府能够提供重要的财税支持，金融机构也可以通过多种途径给予融资支持。

政府财税支持城市更新主要包括财政支持和税费支持。其中，财政资金是政府吸引和撬动社会资本参与城市更新的重要路径，中央资金支持主要来自"中央财政专项补助资金"或"中央预算内投资专项"；地方政府通过安排"专项财政资金"来对城市更新项目进行投入，来自"一般公共预算收入"和"政府性基金预算收入"。其中，政府发行的专项债已成为当前城市更新领域的重要资金来源。同时，城市更新项目工程会涉及多类税种，包括增值税、企业所得税、契税、土地增值税、城镇土地使用税、印花税、附加税费等，也涉及行政事业性收费、政府性基金、经营服务性收费等，因此政府的税费政策支持能够降低市场主体的投入和经营成本。

金融工具介入城市更新市场的过程可归纳为投资、融资、退出三个阶段，不同阶段对应着不同的具体金融工具应用，主要方式包括：①城市更新类贷款。其相较其他贷款的特点在于用途更广、期限更长、利率优惠、放款条件更宽松、资本金更低、担保形式更多样，并增加以"综合还款来源"作为还款方式的情形。

②城市更新信用债，城市更新市场主体（法人企业主体）发行的信用债包括企业债、公司债、中期票据、资产支持证券（ABS）等。③机构股权投资。城市更新的金融投资机构主要包括政府引导城市更新基金、私募股权基金、信托机构、保险机构、金融资产管理公司等。一般的股权投资权益类金融支持方式为：金融机构作为管理人设立有限合伙基金产品、资管计划产品或信托计划产品，以自有资金和募集资金入股城市更新项目公司。④城市更新 REITs。REITs 能够通过资产证券化的方式，将具有稳定收益的不动产资产或权益转化为在资本市场公开交易的公募基金。原始权益人通过发行 REITs 能够交易出资产份额，实现资金回笼。

　　具体到老旧小区改造，中央层面的资金来源主要为城市燃气管道等老化更新改造和保障性安居工程的中央预算内投资，以及中央财政城镇保障性安居工程补助资金；地方政府可通过直接经济支持、奖补专业经营单位服务两种途径支持老旧小区改造。除政府财税支持渠道外，老旧小区改造也已经应用债券、贷款、基金等金融工具来获得改造资金：债权融资方面，政策性银行和商业银行形成了一系列适应于老旧小区改造特点的贷款产品；权益融资方面，相关实践还处于探索阶段。

第 3 章

发达国家的老旧小区改造实践

在发达国家，老旧小区改造同样是一项具有长期挑战性的社会保障工程。各国在第二次世界大战后兴起的城市更新探索中不断创新，形成了各具特色的老旧小区改造实践。本章围绕公共住房改造领域，剖析新加坡、日本、美国、荷兰等国的典型老旧小区改造做法，梳理其改造历程、政策体系、改造策略和资金来源，以及在公共住房更新和合作机制建构等方面的创新。

发达国家的国际经验表明：在组织架构上，各国都努力通过完善法律体系与设立专职管理机构来统筹推进老旧小区改造工作，同时注重培育基层社会机构、居民群体和私人资本参与的积极性；在改造方式上，仅关注小区内部环境提升的改造方式远远不够，需建立"城市—街区—社区"的多层级改造体系，配合公共服务的完善来提升社区整体活力；在资金保障与市场运作上，政府财政补助有助于激发市场参与潜力，多渠道混合融资与金融模式创新则有助于形成多元化的资金供给来源。

3.1 新加坡：公共住宅（组屋）维修与翻新

新加坡的土地管理制度与我国类似，以国有土地为主且约占据土地总量的90%。建设在国有土地上的"组屋"是新加坡保障房中最普遍的公共住宅类型，承载了新加坡约80%的居住人口，为实现"居者有其屋"的目标提供了有力保障。新加坡组屋更新模式的演进大致经历了清除贫民窟与大规模重建、自上而下的社区物质环境提升、自上而下与自下而上相结合的社区综合复兴三个阶段，目前已经形成了较为成熟稳定的更新做法，具体表现在运作的规范性、实施的计划性和空间改造的体系化等方面。

20 世纪 50 年代，新加坡 79% 的人口住在贫民窟，流浪者、失业者在市中心大量集聚，环境衰败、疾病流行 [44]。为应对 1959 年新加坡实现自治后面临的严重住房短缺问题，建屋发展局（Housing & Development Board，HDB）于 1960 年成立，负责在全国范围内推行大规模的公共住宅建设计划。根据 1966 年颁布的《土地征用法令》，新加坡政府推进了快速且低成本的土地国有化，建造公共组屋出售给无力购买私人住房的中低收入群体，同时配套公积金制度提供首付、月供等购买支持，这使得全国 80% 的居民拥有了自有产权公共住房。虽然开发的地价相对低廉，但组屋亏本出售仍然造成了建屋发展局的收支亏损，因此政府通过向建屋发展局发放财政补贴和低利率挂账贷款的形式，为组屋建设提供支撑。建屋发展局内部的"市区重建组"专门负责清除贫民窟、重建市中心区、改善市区环境及服务等工作，并在 1974 年发展成为独立法定机构——市区重建局。1985 年前后，新加坡基本消灭了贫民窟、种族村，还依据 1971 年的概念规划完成了市区更新——包括组屋市镇、裕廊工业园区、大型市政设施与交通系统的建设等 [44]。

20 世纪 90 年代，新加坡第一批大规模兴建的组屋楼龄已接近 30 年，逐渐出现硬件衰败、设计过时、面积不足等状况，叠加人口老龄化挑战，组屋相关的社会问题日益凸显。与此同时，社会经济的快速发展使得居民的居住环境品质提升诉求愈加强烈。政府开始在全国范围内针对社区物质空间环境改善实施一系列组屋翻新计划，以提升老旧组屋的质量并保障增值空间，吸引年轻家庭选择老旧社区，从而促进地区的均衡发展。此阶段的组屋更新同其建设过程一样，依然依靠政府自上而下主导，政府负担了半数以上的更新费用，居民通过投票等形式有限地参与更新决策。

进入 21 世纪，新加坡经济步入低增长时代。随着老龄化以及移民社会融合等问题的日益严重与人本主义思潮的不断涌现，自上而下与自下而上相结合的住宅更新、激发居民社区归属感的家园总体营造策略，成为新加坡推进公共住宅可持续更新的新方向。建屋发展局推行的组屋更新计划从关注单个组屋单元、楼栋或邻里，逐步走向多层次、整体性改造。同时，新加坡积极探索社区的参与式更新，包括 2007 年的邻里更新计划、2013 年的"构建我们的邻里之梦计划"和"你

好邻居"项目、数批"再创我们的家园"计划等，不断拓展居民参与更新规划的
工具与方法[45]。

3.1.1 组织架构：通过上下结合的管理运作体系统筹推进

新加坡的组屋更新由建屋发展局（Housing Development Board，HDB）和市
镇理事会（Town Counsils）两类机构上下协同推进。1960 年成立的建屋发展局
是全面负责新加坡公共住房规划建设工作的机构[46]，主要任务包括制订建屋计
划、实施土地征用、拆迁并建设新住宅、交由承建商进行出售和管理等。建屋发
展局在行政体制上设置有建筑研究中心、建设组、不动产组和组织组，各部门分
工明确（图 3.1）[47]。为了让组屋维持其房产价值和宜居属性，建屋发展局从 20
世纪 90 年代开始实行组屋翻新计划，特设 41 个公共住宅区办事处作为组屋维修
翻新的统筹者，以"政府主导，公众参与，企业承包"的形式推进组屋日常维修
和有计划的翻新。

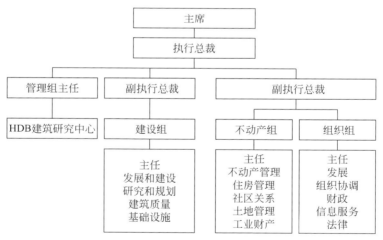

图 3.1　新加坡建屋发展局组织架构

资料来源：参考文献 [47]。

新加坡的市镇理事会于 1989 年伴随社区自治体系产生，是由公民组织组成
的组屋自治管理机构，成员主要包括国会议员和当地居民，下设多个委员会分别
负责社区内各类更新项目的日常管理、资金统筹等工作。市镇理事会的主要职责

是管理维护公共住宅小区和邻里中心范围内的公共物业及公共空间，包括电梯和水电维修、公共设施维护、绿化修剪、停车位管理等内容，定期搜集居民意见和建议并处理与物业管理公司的合作关系，其角色类似于我国老旧小区的居民委员会或物业管理单位，在新加坡组屋更新的精细化治理方面发挥着关键作用[48]。

3.1.2　改造方式：多层级更新体系与多样化维修方式

新加坡公共住宅更新推行多层级更新体系和多样化维修方式，强调更新的系统性与计划性：根据空间层次，分为"街区—社区—住宅"三级体系；根据实施主体差异，分为日常维修与有计划翻新；根据维护周期与内容，分为"大修"及"小修"等。

建屋发展局通过构筑"街区—社区—住宅"三级社区更新体系，实现老旧组屋改造与城市综合更新的融合推进（表3.1）[45,49]。新加坡自1990年以来推出一系列公共住宅翻新计划：街区层面的主要行动包括"选择性整体重建计划"与"再创我们的家园计划"，重点在于优化土地利用，整合存量资源，完善道路慢行系统、开放空间体系等；社区层面的主要行动包括"主要翻新计划""邻里更新计划"等，重点在于改善社区的邻里环境，如健身场地、门廊通道、遮阳棚、步行道、绿色化改造等；住宅层面的主要行动重点聚焦住宅本体改造，其中"家居改进计划"的"必选项目"主要解决公共卫生、安全问题及技术问题，"可选项目"和"适老化项目"可根据不同家庭需要进行有选择性地实施[50]。

表 3.1　新加坡公共住宅更新改造计划

更新层级	住宅更新策略	年份	具体内容	资金支持	实施机制
街区层面	选择性整体重建计划（SERS）	1995年	拆除旧住宅，重建为质量更好、拥有更高密度和容积率的新住宅，并新增社区服务设施	建屋发展局按照市场价收购旧屋并给予新房购买额外补偿	建屋发展局选择翻新地块和重建方案，居民参与
	再创我们的家园计划（ROH）	2007年	绿色社区、智慧社区、居民参与、多层级联合更新	住宅更新部分参照相关更新计划，其他涉及公共空间改造部分由建屋发展局承担	自下而上的居民参与

续表

更新层级	住宅更新策略	年份	具体内容	资金支持	实施机制
社区层面	主要翻新计划（MUP）	1989 年	从住宅区、建筑单体和住户单元三个层面进行翻新改造	大部分开支由建屋发展局承担，第一次享受该计划的公民只需付 7%～45% 的更新费用	75% 以上居民投票同意
	中期翻新计划（IUP）	1993 年	包括住宅区环境和建筑外立面的改造，不涉及住宅内部更新	开支全部由政府承担	
	中期翻新延伸计划	2002 年	包括"中期翻新计划"和"电梯翻新计划"两个项目，可以同时开展以节约时间和工程造价	涉及中期翻新的项目花费全部由政府承担，电梯翻新费用主要由镇理事会储备基金承担	
住宅层面	家居改进计划（HIP）	2007 年	包括基本工程（必须执行的翻新项目，如结构加固、水管更换、拆除户外晾衣架等）、选择工程（居民支付小笔费用，翻新厕所/浴室，更换大门等）和"乐龄易计划"（在卫生间安装扶手和做地砖防滑处理、在房门主入口处和室内高差处安装坡道等）	开支中政府出大头，居民出小头	基本工程是建屋发展局决定的必须执行项，其他工程由居民自主选择
	电梯翻新计划（LUP）	2001 年	采用无设备房的电梯和简便的轻质涂层以降低安装成本	由镇理事会储备基金承担大部分费用，居民承担小部分费用	75% 以上居民投票同意

资料来源：作者根据参考文献 [45，49，50] 整理。

　　根据实施主体差异，组屋更新分为"日常维修"与"有计划翻新"两种类型。组屋的"日常维修"养护包括公共部分与私人部分，建屋发展局会统一组织物业公司管理公共部分，也会为屋主自主维修室内部分提供具有专业资质的承办商列表参考。市镇理事会作为组屋售后维护管理的核心机构，成立了"管理公用物业"对公共住宅进行统一保养与定期维修，一般每 5 年进行一次检修。同时，市镇理事会还负责监督物业管理公司的运作，如果物业管理公司违反条例，将被建屋发展局处以吊销营业执照的处罚。"有计划翻新"是政府面向不同组屋推出的系列项目，不同项目计划之间有所补充和重叠，大致可分为空间与设施升级、空间新增和组屋整体重建三种形式。理论上，新加坡的所有组屋在 99 年屋契时间内均有两次翻新机会——翻新计划由社会公司承包实施，需要 75% 以上的居民表决票通过作为前提，并成立邻里工作委员会进行监督与反馈 [46]。

根据维护周期与内容，组屋更新手段分为"大修"及"小修"。建屋发展局和市镇理事会以"五年一小修，十年一大修"为基本原则落实组屋更新。其中，"小修"主要针对住宅的外立面、单元楼栋、公共区域等进行翻新，一般不需要居民搬出住宅，更新时间只需 1 ~ 3 天即可。入户更新项目（家居改进计划）开展时，一般会与居民事先沟通好施工时间，尽量缩短工期，以此降低施工对居民正常生活的影响。"大修"主要指需要居民搬出住宅的更新项目，如住宅格局改善、进行分户改造、增加厨卫面积或拆除重建等，改造完成后将居民原址回迁，一般改造后住宅的居住环境、配套设施等条件都将大幅提升 [50]。

3.1.3　资金来源：翻新改造资金与日常维护资金

新加坡通过多渠道筹措翻新改造资金，支出以政府承担为主。新加坡公共住宅的资金保障是决定改造项目能否落地的关键因素，针对不同的改造项目类型，资金来源渠道也有所不同，总体形成了以政府提供大额贷款和津贴为主，私人投资为辅，并结合少量居民个人承担的方式。对于居家改善类型的"小修"项目，一般以政府补贴为主，个人依据实际情况承担改造资金的 5% ~ 12.5%；对于改造公共环境与设施的项目，则全部由政府财政支持。针对以街区重建为主的"大修"项目，新加坡会在政府财政支持的基础上积极吸引社会资本的介入，如通过土地整合、拍卖、再开发等方式吸引市场主体参与投资 [50]。翻新改造项目中，政府是主要出资方，其资金来源主要是建屋发展局在售卖或出租组屋时留下的物业管理资金。此外，政府每年也会预留专项资金用于当年的更新改造计划，从而在翻新工程中能够为居民统一垫付费用，改造完成后再按月收取居民还款或通过公积金收缴。政府每年向建屋发展局提供的低息贷款和资金补贴，也是支撑改造工程落地的重要因素[46]。

对于组屋的日常维护，新加坡倡导居民出资，并进行分门别类的资金管理。居民自治管理机构市镇理事会负责公共住宅维护更新的资金运作，其资金来源包括三种：占比达九成的维修储备金、结余累积资金和少量镇区改善资金。其中，维修储备金的主要来源是服务与杂费转移资金（Service and Conservancy Charges，S&CC），其概念类似于中国商品房社区的物业管理费，由建屋管理局统一按照户型房间数量确定收费标准并向居民收取；维修储备金的其他来源包括资产投资收益和政府直接拨款。在用途约束上，服务与杂费转移资金主要用于日常维修管理，而转入维修储备金的部分则将用于更新改造工程，二者分工明确。总体上，在整个日常维护费用中，政府约承担40%，居民约承担60%[47]。

3.2 日本：团地再生计划

"团地再生计划"提供了日本推进老旧小区改造的相关更新经验。"团地"一词本意为"集团住宅地"，在日本《大辞泉》①中指住宅规划里集体建设的区域，可以理解为集合住宅小区[51]。日本的城市住宅建设经历了大规模建设、从新建转向改造的规划调整、团地再生以及都市再生四个主要阶段。

日本最早的大规模住宅建设是为了应对"二战"后的住房不足问题，当时由各种公有主体开发建设了大量被称为"公团""公营""公社"住宅（简称"三公住宅"）的公有租赁住宅，根据供给方及建造类型的不同分为多种类型（表3.2）[52]。到20世纪70年代，日本团地建设数量与面积的增量达到历史顶峰，但早期住区的居住环境品质下降、公共空间和配套设施不足等问题日益凸显。1981年，日本住宅公团和宅地开发公团合并形成"住宅·都市整备公团"，负责推动地区住宅更新，激发都市整体活力。步入20世纪90年代，随着泡沫经济的崩溃、人口

————————————

① 《大辞泉》是由日本小学馆发行的中型日语辞典。

老龄和少子化、住房空置、社会活力不足等问题的日渐严重，日本从新建住宅逐步转向改造住宅，开启以公团住区改造为主的"团地再生计划"。2004 年，都市基盘整备公团和地域振兴整备公团的地方都市开发整备部门合并为"UR 都市再生机构"（Urban Renaissance Agency），业务重点放在城市基础设施的整备、租赁住房的供给和管理、城市街道更新等方面，引导民间资本支持都市更新事业。这标志着以"都市再生计划"作为团地再生途径的出现，开创了日本老旧小区更新改造的新纪元[53]。

表 3.2　日本团地住宅类型划分及其主要特征

划分方式		住宅类型	主要特点
供给层	按权属划分	公团住宅	由都市再生机构负责开发、建设、租赁、出售的共有住宅
		公营住宅	由政府机构负责建设管理的公共住宅，通常作为本地区的廉租房
		公社住宅	归属公共事业单位，地方企业负责建设、管理、出售及租赁工作
建筑层	按建造类型划分	"一户建"住宅	独立式住宅，日本团地住宅的主要构成部分
		公寓住宅	包括 2 层的普通公寓和 3 层以上的高级公寓

资料来源：参考文献 [52]。

近 20 年来，日本都市再生的相关配套法律制度与政策不断完善。2002 年的《都市再生特别措施法》提出了一系列城市更新支持措施，标志着日本城市更新进入崭新阶段，之后日本又陆续确立了"都市再生整备推进制度""都市再生紧急整备地域制度"，奠定了城市综合更新的基础。此后，日本多次修订《都市再生特别措施法》，由 20 世纪 90 年代全面重建的思路转向综合改造与活力激发，赋予地方政府在都市更新中更高的自治权利，改造主体从政府主导向多方合作过渡，政府机构支持下的民间投资项目不断落地；改造内容的重心从住区拓展至城市基础设施、公共空间、生态环境等，强调住宅区综合功能的优化以及城市公共服务体系的完善；改造对象从住宅向周边地域乃至整个城市延伸，逐步形成关联密切、体系化的活性再生整体[52]。

3.2.1　组织架构：官方机构与民间组织共同推进社区更新

日本 UR 都市再生机构是都市再生事业的主要负责机构，由"住宅公团"发展演变而来，其工作内容与运营逻辑经历了多轮调整（表 3.3）。从"公团"到"机构"意味着身份的变化，UR 都市再生机构作为介于政府和民间团体之间的独立行政法人，需要在住宅建设决策中考虑自身盈亏。机构作为日本都市更新项目的重要组织者，负责搭建项目整体运作框架（图 3.2），通过"取得和持有土地、实施土地重划、协调民间都市再生中建筑物更新的方法"确保都市更新项目的顺利实施[54]，并在政府和产权人之间起到沟通协调作用[55-56]。

表 3.3　日本城市更新机构的演变

发展时间	机构名称	主要事务
1955—1980 年	日本住宅公团	配合国家政策的新城、公共设施及铁路沿线住宅开发
1981—1996 年	住宅、都市整备公团	推动整体都市机能更新
1997—2003 年	都市基盘整备公团	推动都市基础设施更新、土地重划
2004 年至今	UR 都市再生机构	协调推动都市更新事业，积极引导民间企业的资金、技术、经验投入都市更新中

资料来源：参考文献 [57]。

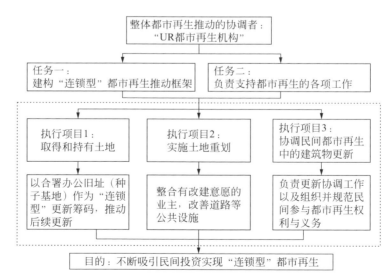

图 3.2　UR 都市机构主要负责的任务及执行项目

资料来源：根据参考文献 [54] 改绘。

在日本，地域中心与住区协议会相互配合来落实更新项目与基层管理。地域中心是由区政府根据人口密度和管理半径划分的一定区域的行政管理机构，受区政府领导，类似于我国"街道"的行政区划概念，是日本社区管理的重要组成部分。从工作职责看，其主要负责：收集市民对地域管理的意见、对辖区内的市民活动和民间公益团体提供支持和援助、管理地域内各项事业、为居民提供窗口服务和设施服务等。住区协议会是与地域中心并行的群众自治组织，也是居民参与住区公共事务管理的重要组织，其主要任务是与地域中心协作，讨论区政府的中、长期计划与任务并反馈居民意见。地域中心和住区协议会的双轮驱动，实现了相互制衡、富有弹性的社区管理。此外，日本的社区中还活跃着许多其他公益性协会、义务服务组织等[58]。自 2007 年开始，日本交通国土省针对郊区住宅地区积极推进"地域管理事业"（area management），依靠邻里、居民协会、地域中心等各类社会团体的支持和协助，通过制定居住区章程等方式实现对社区的长效运营管理（表 3.4）[59]。

表 3.4　"地域管理"的主要内容

与地区整体环境相关的活动	①地区未来规划的形成和共享	地区未来规划的形成 基于未来规划的新空间和功能引入
	②街道的管理和引导	街道相关规定的管理
共有物、公共物品等相关活动的管理	①共有物的维护管理	共有设施（集会场所）的维护管理 共有开敞空间／停车场的维护管理
	②公共物品（公园等）的维护管理	公园和河道的管理 道路、绿植的管理
居住环境和地方活化相关活动	①地区安全性的维持和增强	安全灯、摄像头装置 安保公司提供的安保系统、地区巡警
	②地区舒适性的维持和增强	促进地区美化和绿化活动 应对机动车、非机动车停放不当问题
	③地区公共关系和公共性	公共信息的传播途径 地区相关论坛活动的举办
	④地区经济的活化	新企业、经营者的孵化
	⑤促进空置建筑和空地的使用	将空置建筑用于经营事业和设施运营 农园经营
	⑥环境问题的考虑	提升硬件设备 节省资源的软性活动的开展

	①生活规则的制定	倒垃圾、宠物饲养方法等规定
	②地区便利性的维持和提高、生活支援服务的提供	向高龄老人提供配餐等服务
		提供医疗相关的紧急服务
		育儿设施的提供
服务提供、社区塑造等软性活动		为就业者提供服务
	③社区塑造	为塑造地区交流机会举办的活动
		社区传统活动的举办和参与
		俱乐部活动所需环境的营造与管理
		运用互联网促进社区交流
		地区内组织间的网络构建和协调
		企业社区的形成

资料来源：参考文献 [59]。

3.2.2　改造方式：住宅类型差异化，改造方式灵活化

日本的住区更新注重住宅类型的差异化，对公寓与"一户建"采取不同改造方式推进实施。按照住宅建造种类，团地再生可分为公寓区和户建区两类，公寓区有多户居民和多位业主，户建区指连片的独栋式住宅区，二者在改造主体合作模式与内容上有所不同[52]。

公寓区再生关注计划的经济性考量。常见的日本公寓可大致划分为结构坚固、3 层以上的高级公寓和两层木造或以轻型钢铁结构为主的普通公寓。高级公寓的改建与修缮工作推进相对便利，截至 2019 年 4 月，累计完成改造项目约 244 项，涉及大约 19 200 户人家，改造方式大多为拆除重建——通常会缩减住区用地规模，但会提升公寓建筑的高度与密度。改造工程已经形成了较稳定的官方支持与民间合作体制，超过半数项目为民间建设主体主导，例如京都市构建了一套以管理公司和公寓协会为主导的运作体制，在人员任期、施工项目、成本核算、计划制订等多方面进行了详细的安排。然而相较于高级公寓，普通公寓再生的进展较为缓慢，其原因包括近年普通公寓空置率高、管理难度大、改造成本高等，这使得大规模更新案例鲜见，多为业主自主申请的改造计划，改造内容以布局调整、设施完善和结构加固为主。由于规模较大的公寓区再生项目难以协调业主意见，所以此类再生案例通常规模较小，却充分彰显了个性化更新与精细化施工的

特点、设计者、管理者、所有者之间密切合作以真正实现"再生"的空间理念。

"一户建"住宅区再生注重服务与环境改善的社会效益。一户建住宅区是日本团地的主要构成类型，如果说公寓区更新主要以提升用地效率、强化管理、降低成本为目标，那么一户建住区更新则更加注重适老化改造与地区活力的重振。由于一户建住区普遍老化程度较高，所以一户建住区更新内容更加综合，除了对老旧住宅进行改建重建，还会带动民营社区改造、引入适老化服务、举办地区性活动和发展地区特色经济等，表现出广泛的多主体参与、交流互助特征。

日本住区的改造方式较为灵活，通过空间分割与时序安排提升再生计划可行性：一是注重统筹安排再生区域内的空间资源，对区域进行细化分类，以此开展针对性的改造和用途调整；二是通过合理安排更新时序实现居民就地搬迁腾挪，能够有效降低更新成本。

（1）团地再生通过敷地①分割与用途调整实现精细化更新。团地再生过程中，日本引入"敷地分割制度"分割用地区域并采取差异化的更新方式，可实现部分存置整修、部分改建出售，如东京市花田小区采取"按块划分，分块完成"的方式，将部分地块的建筑拆除重建并调整为教育用地或商业用地，部分建筑侧重舒适性与适老性改造，部分地块侧重公共空间改造，由此形成因地制宜、因房制宜的混合功能社区[53]。一般而言，质量较好的团地多采用改建和重建相结合的实施方式，改建部分以增加电梯、坡道等无障碍设施、提升公共环境品质等做法为主[51]。此外，再生过程中的用途转换有助于增强再生计划可行性、激活地区活力，如东京市中心部分质量和经济效益较差的小型公寓可在出售后改建为高级公寓或商业区[52]。

（2）团地再生采取连锁更新与阶段性重建方法实现渐进有序更新。日本对于商业区和住宅区均有统筹不同地块更新时序的相关探索。东京繁荣的大手町商业商务地区创造出一种"持续连锁更新"模式，由都市再生机构出面代替出资者买下 1.3 hm² 的国有土地作为"种子"基地，有意愿更新的楼宇业主可通过地权交换、支付租金的形式搬入"种子"基地，以此在保障业务不受影响的情况下进行自身楼宇的更新，最终种子基地撬动了约 40 hm² 再生区域的建筑更新[54]。类

---

① 敷地在日语中意为"用地"或"地块"。

似地，日本住宅区也可采用阶段性重建的更新模式，将旧建筑全部拆除并分为先后两个阶段实施改造。第一阶段，将一部分居民永久迁离改造区域，一部分居民暂时搬离，采取拆除重建的方式对区域实施"增容式"改造，建成后回迁部分居民；第二阶段，将后施工区域的居民迁入第一阶段改造好的房屋，第二阶段旧住宅拆除后的空地一部分出售给民间开发主体用于平衡改造资金，一部分用于引入公共服务设施[51]。

总的来看，日本团地再生计划重视多方合作下的地域团体自主更新与地区价值提升。通过资产价值盘活与复合功能的引入，日本的团地再生能够吸引多类民间力量参与更新，逐渐由政府主导转向多方合作[60]。在更新过程中，政府主要担任协调者角色，主持召开协议会或成立城市建设委员会来协调居民、企业、地权人、设计师等多方诉求，重视发挥 NPO（non-profit organization）等社会组织在改造工程和后期活动运营中的作用，从而提升空间利用效率与地区归属感。更新项目中地权人和投资方的权益分配按照"权利转换"方式进行，地权人根据不动产估价等值交换更新后的权利面积，其余"保留面积"则由投资者负担更新费用并取得，有利于减少信息不对等与合作纠纷。

3.2.3　资金来源：完善法律支持与补助政策，激发市场参与积极性

日本住区更新注重支持性法律体系的动态完善与细化。2002 年，日本为简化公寓住宅更新中烦琐的审批程序，创立了《公寓重建促进法》，规定业主可以作为重建委员会委员自主更新住宅。2015 年，日本基于《公寓重建促进法》创立"公寓土地一次性出让制度"，旨在针对抗震结构性能差的老旧住宅开展一次性的土地出让，简化了更新改造的程序。2016 年，日本政府改革《都市再开发法》，将开发条件由原有的土地所有者全体同意放宽为 2/3 以上的土地所有者同意，大大促进了街区的再开发进程。在容积率管控方面，在满足整备公共空地以提升周边环境的条件下，对项目实施容积优惠，同时，《建筑基本法》允许将一定区域

内符合特定条件 ① 的 2 个及以上的建筑物视为同一地块进行容积率计算，能够有效消化剩余容积，激发民间资本参与改造的积极性 [61]。

从住宅建设管理的全生命周期看，《公寓管理优化促进法》主要对住宅长期居住与维护管理过程中的大规模修缮工作进行规定，《公寓重建促进法》主要针对被判定需重建的住宅，是保障重建工程顺利推进的法律保障（图 3.3），这两部法律在《建筑物区分所有权法》的基础上，通过行政手续认定的方式提高了公寓修缮和重建工作在实施过程中的公平性，有效降低了实施过程中的不确定性 [62]。在较为完善的法律体系下，日本形成了多样化的改造模式，如土地出让模式、自主更新模式、资产活用模式、综合配套模式和修缮提升模式等。其中，前两类模式只适用于产权房，后三类模式适用于产权房和公租房；资产活用模式指出让部分土地或楼面来筹集更新资金，综合配套模式指通过土地用途调整引入新功能。

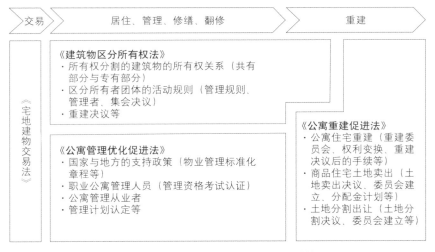

图 3.3   日本公寓管理与再生更新的法律体系

资料来源：参考文献 [62]。

日本住区更新的补助性政策较为清晰完善。《都市再开发法》明确规定了重建类城市更新的容积率奖励、税费减免和费用补助。经由都市计划核定的更新地区同时也是高度利用地区，容积率可以相对大幅放宽；在认定项目初期作业、整

---

① 由指定行政机构判定相关建筑物的位置、建筑物覆盖率、容积率、高度等从交通、安全、防火和卫生的角度不会造成损害，并且有助于改善城市地区时，才应给予许可。

地拆迁、更新方案规划等环节中，由中央政府补贴 1/3、地方政府补贴 1/3、实施者仅需自行负担 1/3。此外，为促进更加牢固、安全的住宅建设，政府设立"优良建筑物整备补助"津贴，分重建补助和修缮补助两类进行发放[61]。

日本住区更新注重探索面向居民的融资方式创新。一方面，日本鼓励金融机构优化债权融资，针对更新改造的主体需求打造针对性细分贷款产品，如长期低息房贷、老年贷、买房装修一体贷等，其中老年贷旨在向老年人提供住房贷款，每月只需还利息，在老人去世后银行卖出其抵押房屋或者由子女来偿还本金。另一方面，日本探索股权融资模式，由民间企业成立"特别目的公司"对外发售不动产证券并让民众认购，由此可大规模筹措开发资金，并促进后期运营管理水平的提升。

3.3 美国：关注公共住房改造的社区更新

美国的住区更新源于第二次世界大战后的郊区化与内城衰落现象，大致可以划分为政府主导的大规模重建与反贫困运动、市场主导的社区与城市中心区更新、社区自主综合治理三个发展阶段[63-65]。

1949 年，美国《住房法案》（The Housing Act）颁布，开启了美国大规模城市更新运动的序幕。联邦政府主导开展了以救济贫困为主要目标的城市更新计划、贫民窟清除运动和公共住房建造行动，依据《经济社会法案》发起社区行动并加强对社区的管理。这一阶段的更新高度依赖于政府购买服务，更新手段以拆除重建为主，对历史环境和原有社会网络造成了破坏，也并未根本性解决贫困人口聚集问题[63]。20 世纪 60 年代后期，历史保护在美国逐渐得到重视，1966 年的《国家历史保护法》为历史住区保护提供了法律依据，一批标志性历史建筑和中心城区的历史住区得到确立和重点保护[64]，在一定程度上遏制了大规模拆建的趋势。

进入 20 世纪 70 年代的经济滞涨时期，美国政府财政逐渐难以支撑联邦政府主导的大规模城市更新。社区更新的主体以及权责分配日益多元化，市场投资的崛起拉动了城市中心商业区的复兴。1974 年，《住房与社区发展法案》（The

Housing and Community Development Act）出台，要求一方面停止大规模兴建公共住房，制订存量住房计划，使住房保障方式从资助供给端向需求端转变，另一方面成立社区发展基金，支持公共设施与环境改善项目以及私人产权的历史住区修复项目。伴随着私人投资的兴起，以非营利性质的社区发展公司为代表的第三方力量在美国也快速壮大，其作为政府和市场的补充，协调推动着各类角色建立起密切的合作伙伴关系[63]。住区组织和历史保护社会团体产生的影响日益重要，它们通过发起各类运动和计划，推动历史住区原住民回迁以维持地区宜居性和社会稳定。1981 年，《经济复苏法案》在美国出台，进一步通过返税优惠等措施鼓励开发商投资历史保护项目[64]。

20 世纪 90 年代以来，自下而上的社区参与以及居民主体的多样化需求日益得到重视，重新赋予低收入群体话语权和抑制绅士化现象成为社区更新的目标。1992 年，"希望六号计划"（HOPE Ⅵ）创立，作为美国第一个大规模公共住房更新政策，该计划旨在以综合的方式实现公共住房环境改善与社会经济发展，通过混合居住、提高设计建造标准和社区服务等方式改善低收入群体生活品质。然而，外界对于"希望六号计划"的成效存在争议，拆除重建过程中居民的混合与迁出在一定程度上导致了新的绅士化和贫困转移问题，公共住房的存量也发生了减少[65]。在此基础上，2009 年的"选择性邻里计划"（Choice Neighborhoods Initiative）作为"希望六号计划"的深化与调整，按照"申请－授予"规则对不同社区进行分类资助，并将资助范围由公共住房扩展至其他私人住房。内容上，该计划突出跨部门协作与资助项目整合，更加注重住房更新和周边社区环境的一体化发展，并要求公众参与有效贯穿于社区更新的全过程。伴随政府逐步退出对社区更新的直接干预，社区发展公司、社区基金会等第三方组织的作用进一步增强，不断推动居民参与更新决策[63]。

总体上，美国的居住社区更新长期高度关注以早期贫民窟和后期公共住房为代表的低收入社区，其更新模式经历了主导权不断下放的过程，从全面依赖政府财政到吸引市场投资，再向鼓励多元社会主体自主申报更新转变，更新改造的方式也由大规模拆除重建逐步转向小规模、渐进式的社区复兴，在组织机制、资金来源、合作模式方面形成了具有特色的制度成果。

3.3.1　组织架构：复杂多元的合作伙伴关系

社区重建局（Community Redevelopment Agency）是美国负责统筹、协助和落实社区更新的公共机构。1974 年的《住房与社区发展法案》废止了政府无条件补贴和支持城市更新的机制，取代以提倡地方政府自主决策的"社区开发专项补贴"，倡导目标更为广泛、内容更为丰富的社区自愿式更新。社区重建局是市 /县层面落实社区更新的主要机构，作为独立于地方政府的土地经营部门直接向地方政府议会负责，负责整个区域内的社区重建工作，包括从征地到管理运作的重建行动、土地利用管理、提供就业岗位、完善基础设施、提供社会福利等。《社区重建法》赋予了社区重建局基于公共利益征收私人土地的权利，可在协商破裂时作为确保重建计划落实的手段。通过提供初始资金启动项目、吸引私人投资进入、获取部分地产增值税收入作为新一轮项目启动资金等，社区重建局能够实现资金的自主良性运作[66]。

存量土地资产管理机构协助进行土地与房产资源整合管理。在城市层面，地方政府建立土地银行（Land Bank）作为存量土地资源管理的准公共机构，地方经济发展组织通过土地银行整理、征收零星低效闲置土地，接管空置、欠税、被取消抵押品赎回权限的房屋所有权，并在接管后负责对房屋进行拆除或修缮工作，以此提升房产价值供重新交易拍卖。其运作资金源于政府通过土地租赁、出售获得的收入，主要用于土地的改良和运营[67-68]。在社区层面，由各界人士组成的非营利性社区土地信托机构（Community Land Trust）通过借贷购买、获取捐赠或向政府回购的方式获取闲置土地，并进一步以低于市场价的价格出售或出租给低收入家庭与年轻群体[68]。

社区发展公司作为协作枢纽带动居民参与更新。美国社区发展公司（Community Development Corporations，CDCs）是扎根于社区的第三方非营利组织，在地方政府、企业、社会等各方主体的共同支持下运作。得益于社区居民作为决策主体的组织结构，社区发展公司作为链接多方资源的关键枢纽，提供了政府主导与市场化运作之外的第三条更新路径，既能够获取政府政策优惠与资金技术，又能够进行商业运作并充分调动社会资源，制定基于社区特点的更新策略。目前，随着社区发展公司在社区公共事务上的影响力不断扩大，其在帮助居民全面参与规划、增强社区的凝聚力、维护地方利益与文化特征等多方面的优势越发凸显，在社区更新工作中逐步承担了"从社区综合规划到住房与公共设施改善、商业空间再开发、社会服务、社区组织与领导力建设"等多方面工作内容，由社区发展公司主导实施的社区更新已经成为一种专业化、规范化的模式，对于改善社区品质、创造经济价值与提升资产价值等方面都起到了显著促进作用[69]（图 3.4、图 3.5）。

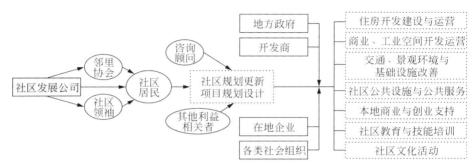

图 3.4　社区发展机构推动社区更新的综合规划与发展模式

资料来源：参考文献 [69]。

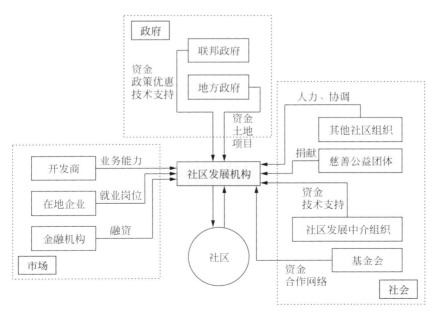

图 3.5　社区发展机构（社区发展公司）与各类机构的协作关系

资料来源：参考文献 [69]。

除了政府财政支持外，其他社会机构与组织也为社区更新提供了重要经济支持。各类基金会、财团、专业化的非营利机构等组织会直接或间接地参与援助社区更新，比如 1949 年成立的国家历史保护信托（The National Trust for Historic Preservation）作为一个国家性质的非营利性历史保护组织，致力于筹集社会资金以协助遗迹保护和住区复兴；私人资本，如 1979 年由福特基金会成立的非营利性地方激励支持公司，则通过贷款、补贴、投资等形式资助地方社区发展公司和基金会，帮助其确定社区发展需求，间接地推动住区发展[64]。

3.3.2　改造方式：从政府主导的环境改善到多方合作下的综合治理

美国公共住房更新政策的变化历程较具代表性地反映出美国社区更新主流方式的变迁。1992 年提出的"希望六号计划"（HOPE Ⅵ）主要对象为"严重破旧的公共住房振兴"（Revitalization of Severely Distressed Public Housing），起初被称为"城市复兴示范"（Urban Revitalization Demonstration），其目的在于消除贫困，建设可持续发展社区（表 3.5）。这一计划的实施极大地改变了公共住房的面貌，但大规模的居民搬迁也引发了外界质疑。2009 年，政府提出的"选择性邻里计划"进一步强调公共住房与周边社区的一体化更新，将"改变贫困社区"的目标转变为"建设可持续性的混合阶层社区"。从希望六号计划到选择性邻里计划，美国公共住房更新积累了多方面制度经验：政府资助的住房类型、主体、内容都进行了扩展；政府角色由主导转向引导，改造方式从侧重于物质环境更新转向关注社区综合性发展；在居民的外迁与回迁方面，不断完善人性化服务，保障居民权利[65]。

表 3.5　希望六号计划的主要目标及具体措施

主要目标	资金使用情况
改善陷入困境的公共住房及其周边环境	通过拆除、修缮、更新配置等方式来提高住房质量
振兴公共住房项目所在场地，为周边社区发展作出贡献	提供配套服务，包括教育培训项目、儿童保育服务、交通设施，并为居民提供工作咨询服务
避免不同阶层的居住隔离	通过各个收入阶层家庭混合居住来减少贫困家庭的聚集
建设可持续发展社区	建立多方合作关系，鼓励公共住房居民、地方政府官员、私人部门、非营利团体和社区共同参与社区规划建设工作

资料来源：作者根据参考文献 [67] 整理。

　　更新计划通过拓展资助对象与主体合作范畴增强实施可行性。在资助对象上，希望六号计划只资助公共住房，导致同一社区内的私人住房无法同步更新。计划的申请者限定为公共住房管理局，难以满足多元主体的更新需求。选择性邻里计划则将私人住房纳入计划范畴，并要求保障社区整体更新目标的实现。在拓展主体合作方面，选择性邻里计划放宽了申请主体限制，允许政府、非营利组织、与公共机构联合的营利组织申请；积极统筹政府相关部门，包括教育部、司法部、环境保护部、交通部等，整合各类资助计划并推动各部门与申请主体的对接，共同制定社区更新规划。资助对象与合作主体的拓展有利于住区更新的一体化推进与资金支持渠道拓宽，提高更新计划的可实施性。

　　更新计划内容从注重物质环境转向综合治理，审慎应用拆除重建方式。希望六号计划按照提出时间的先后，囊括了规划类、住区振兴类、拆迁类、邻里网络建设类和主街建设类（振兴老商业区并补充廉价住房）等项目类型，其中以建筑更新为主的住区振兴类和拆迁类拨款项目数量占据了总计划的 86%，拨款金额更是占到了 99% 以上。选择性邻里计划则分为规划类和实施类，分别侧重于培育社区能力与助推项目落地。规划类拨款旨在为不具备更新条件的社区增强更新实施能力，实施类拨款用于资助更新项目推进，并且要求项目必须满足住房、居民与社区更新三类核心目标以体现"综合更新规划"的包容性（表 3.6）。从资助申请的门槛条件来看，希望六号计划的界定标准为"严重破旧的公共住房"，定义较为模糊，导致该计划缺乏筛选能力，在后期甚至纳入了高收入家庭的住房重建。相比之下，选择性邻里计划提出了更全面的筛选标准体系，资助对象需至少满足以下任一条件：贫困人口集中；环境严重衰败；高犯罪率、高房屋闲置率或不合格率、缺少学校等。可见，选择性邻里计划已经超越公共住房环境改造范畴，更加注重社会性问题的解决与社区自主发展能力的培养 [65, 70]。

表 3.6　选择性邻里计划拨款的具体要求

住房	通过修复、保护或拆除、替换等方式将严重衰败的住宅项目更新为体现节能设计原理的住宅； 除经特殊许可，所有被拆除或转换用途的公共住房或资助住房都需符合"一对一"置换规则（"one-for-one" replacement rule）； 满足经济适用住房和住房可达性要求；

续表

居民	更新规划制定与实施中的公众参与； 提高更新后住宅及周边邻里居民的经济自给自足能力； 对每一位符合条件的居民，应满足其还迁意愿； 项目实施期间直至完全入住，跟踪迁移居民的情况； 对因更新而搬迁的居民适当地提供支持服务、迁移咨询与住房搜寻帮助
社区	与当地教育工作者合作，参与当地社区规划，结合有效的社区服务系统、家庭支持与综合性的教育改革，改善社区儿童与青少年的教育与生活状况； 确保建立在经济、教育和环境基础上的社区长期增长； 通过保护可支付住宅或采取其他必要行动，确保原住户共享社区更新成果

资料来源：参考文献 [65]。

重建式更新鼓励居民回迁并完善长期支持服务，体现以人为本的更新目标。希望六号计划通过发放住房优惠券将低收入家庭迁出并分散到贫困率较低的社区，虽然大多数原住户希望回迁，但只有少部分能够获得回迁资格，因为回迁标准十分严苛，涉及信用记录、犯罪记录、工作时长甚至家务管理水平等标准考核，导致弱势群体极易被排除在外。选择性邻里计划则特别强调保护居民回迁的权利，如果在重新安置期间没有违反租约规定的行为，每一位有回迁意愿的居民都可以实现回迁。对于被迫或主动外迁的家庭，选择性邻里计划补足了搬迁咨询、住房搜寻等支持服务并对其进行全程跟踪。此外，该计划还重新启用了被一度废止的"一对一"置换规则，即除经特殊许可外，更新项目实施者需还建与拆除数量一样多的公共住房。这有效保障了公共住房的数量稳定，并在一定程度上抑制了不必要的拆除重建行为，有助于社会环境维持稳定和社区文化维系[65]。

3.3.3 资金来源：多元化资金筹集渠道

美国社区更新项目经常涉及政府、业主、社区发展机构、第三方组织、市场资本等多元主体，多采用混合融资模式筹措资金。政府除了提供资金支持、通过土地征收直接向社区发展机构提供土地资源，还为社区更新提供了一系列激励性政策，包括住房部门、环境部门和经济发展部门的贷款、税收抵免、税收增额融资等。各类地方发展支持公司、企业基金会等私人资本，以及地方金融机构、企业和慈善机构也是社区更新重要的资金来源。美国社区更新常见的资金来源渠道，主要涵盖两类基金支持和两类税收融资方式。

社区更新的基金支持包括社区发展基金和城市发展行动基金。社区发展基金（Community Development Block Grant，CDBG）项目成立于 1974 年，将 7 个与社区发展相关的补贴项目并入单一财政补贴计划，有针对性地扶持中低收入群体，目标为"提供体面住房和舒适环境、发展经济、增加就业机会、打造切实可行的城市社区"。社区发展基金被允许用于取得房地产、土地前期整备、修复和保护现有房屋、提供社区服务设施及娱乐设施等相关活动，其突出特点是基金设立的灵活性以及对当地需求的主动适应性。城市发展行动基金（Urban Development Action Grant，UDAG）诞生于"新伙伴关系"，为鼓励撬动私人投资参与贫困社区更新，地方政府通过发放基金向私人开发商提供贷款，这些资金可以用于获取土地、拆除整理、施工建设及设备资助等环节，在一定程度上促进了私人资金在贫困社区更新中发挥杠杆作用 [67]。

社区更新的两类常见税收融资途径为税收增额和自行征税。地方经济发展组织通过提供一系列的公共融资工具来帮助城市更新主体减少开发费用、债务费用和运作费用，税收增额筹资（Tax Increment Financing，TIF）就是常用的基于地方房产税增值的融资方式，一般由政府在待开发地区划定 TIF 政策区，并在更新项目实施前对地区的物业税现状及收入来源进行评估。待政府通过公共投资改善地区的基础设施状况后，重新对该区域的物业增值情况进行评估，并将上涨的物业税部分反哺社区更新中的基础设施改善项目，以此实现地区价值的整体提升 [68, 71]。除了政府主导的征税外，还存在自行征税的弹性社区治理模式。商业改良区（Business Improvement District，BID）就是一种业主自愿联盟、以抵押方式开展的自行征税资金机制。基于物业价值评估以及社区在 BID 创建后的未来利润，业主们（以商户业主为主）按照一定算法分摊纳税，加上少量的地方政府拨款和公共资金共同支持 BID 的治理运作。BID 由业主代表作为董事会，负责在社区中提供卫生与安全保障、空间环境维护、小范围更新改造项目、区域升级与市场营销服务等 [68]，能够有效地协调业主利益并持续提升区域品质。

3.4　荷兰：社会住房更新

"二战"后，荷兰同其他西方国家一样面临着住房短缺的问题，在国家的主导干预下进行了快速的住区开发与老旧住区重建。然而不同于其他西欧国家在20世纪70年代早期便纷纷转向私有化改造，荷兰直到20世纪90年代才开始这一转变，因此很长一段时期内，荷兰的住区开发与城市更新都深受福利国家思想的影响，形成了多领域政策高度整合、基于片区的政府干预、注重促进混合居住与社会融合等实践特征[72]。

荷兰城市更新政策的演进历程可以大致分为迈向综合治理的早期探索、大城市政策和新自由主义三个时期，政府主导的色彩逐步减弱（表3.7）。从"二战"后聚焦于改善贫民住房条件的市区重建政策，到20世纪80年代重视经济增长的城市更新政策，再到推进社会更新政策以解决社会凝聚力问题，这一阶段政府主导的特征明显，更新的关注重点逐渐由物质空间转向经济发展与社会问题。20世纪90年代相继推出的大城市政策Ⅰ～Ⅲ，以建设综合、强大、安全宜居的城市为目标，通过资金支持寻求综合性、区域化的城市问题解决方案，包括推动社区职住平衡与居住混合等。然而在2010年，致力于解决社会欠账问题的大城市政策Ⅲ宣告失败，这直接导致荷兰城市更新进入新自由主义主导时期。事实上，1989年荷兰住房政策就开始由政府干预转向市场化，《20世纪90年代住房备忘录》强调在城市更新中放松管制、权力下放和自给自足，将责任和风险从国家转移到地方政府部门，并推动住房协会等相关机构的独立运营。近十多年间，新自由主义导向下的更新政策鼓励私人投资者和私人开发商参与城市更新，政府的社会性政策不断减少[73-76]。

表 3.7　荷兰的城市政策和行动内容

政策主旨	时间	社会议题	典型的政策行动
建造 CBD	1960—1970 年	无（加强城市经济）	拆除旧街区
市区重建	1970—1980 年	劣质住房	为社区居民提供新住房
城市更新	1980—1985 年	失业／经济实力	改善经济环境
多元问题地区	1985—1990 年	在几个方面处于劣势	温和的社会政策，没有物质提升

续表

政策主旨	时间	社会议题	典型的政策行动
社会更新	1990—1994 年	缺乏社会凝聚力	温和的社会政策，促进参与
大城市政策 I	1994—1998 年	同质贫民区（隔离）	社区重构，吸引富裕人群
大城市政策 II	1998—2004 年	社区内的居住与就业提供	在邻里创造机会
大城市政策 III	2004—2007 年	种族集中 / 融合	社区重构，社会融合
大城市政策 III +	2007—2010 年	种族与社会融合	社区重构、社会融合、住房协会参与
新自由主义（非城市）政策	2010 至今	种族融合、特质、供需匹配	为市场提供更多的空间、社会住房的减少和剩余化、社会融合

资料来源：参考文献 [74]。

荷兰作为"政策密集型"国家有着公共干预的传统，在政府对住房的长期影响下，荷兰形成了占比极高、独具一格的社会住房体系。荷兰的社会住房是指由住房协会或公立住房公司提供的非营利性住房，面向中低收入群体出租或出售，其占住房存量的比例从 1945 年的 12% 一度快速增加到 1975 年的 41%，直到 2003 年仍维持在 35% 的比例，而大多数西欧国家的份额很少，约占 20%[76]。虽然在近年来新自由主义政策的影响下，荷兰社会住房的比例有所下降并出现被边缘化的趋势，但社会住房仍是荷兰极具代表性的住宅类型之一。荷兰的社会住房起步早、体系成熟，早在 1901 年，荷兰便出台《住房法》，决定由政府向低收入家庭提供接受公共财政补贴的社会住房。在"二战"后的重建阶段，政府直接参与社会住房的建造和管理，直到 1962 年《住房法》明确住房协会拥有优先发展权后，政府才逐渐减少了干预，并在 20 世纪 90 年代后基本退出 [77]，荷兰住房协会也从依赖政府贷款转向独立自主的运营模式。住房协会作为社会住房的产权所有者，成为荷兰住宅更新的主要推动者之一，在住房建设、维修更新、资金平衡等方面积累了丰富的经验。

3.4.1　组织架构：基于片区的机构自主运作

荷兰住房协会是政府授权的独立的非营利性机构，负责统筹社会住房的建设和管理。据 2012 年统计，荷兰各地共有不同规模的住房协会 383 个，管理着约 240 万套社会住房。住房协会的管理架构因其规模而有所差异，就中等规模的住房协会而言，主要由监督理事会、经理团队和租户组织构成（图 3.6），其中监督理事会一般包含 7 ~ 9 名不同业务领域成员，负责对住房协会各项职能和业务进行监督；经理团队分为经理、副经理、地区经理三个层级，租户管理经理下设多名地区经理负责具体事务；租户组织由各楼栋租户委员会代表构成，拥有知情权、协商权和建议权，可提名其中 2 名代表加入监督理事会。自 20 世纪 90 年代住房协会民营化与独立经营以来，住房协会不断通过机构合并提升市场竞争力，总数有所减少但个体规模增大[78]。

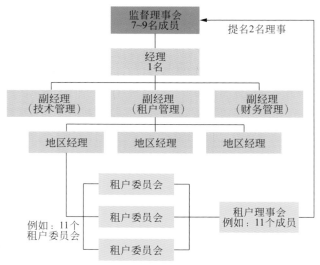

图 3.6　中等规模住房协会的管理架构

资料来源：参考文献 [78]。

　　社区办公室（Neighborhood Office）由政府和居民共同组建，作为一处沟通决策场所，负责城市更新片区内的更新规划实施。社区办公室受区市政委员会中城市更新指导小组的领导，由政府提供专项资金支持运作，人员由居民和政府双方代表构成。居民代表由各租户团体选出，同时由政府出资聘请专家顾问与社工人员；政府方面则从旧城更新相关部门派出代表，包括建设与住房监管部门、城市发展部门、交通部门、社会住宅管理部门、住房事务部门等。为了确保决策机制的公平性与居民参与的最大化，居民代表的席位比政府方面的席位多一名，且负责社区办公室协调组织工作的监管人及其助理不参与决策投票。具体工作内容上，社区办公室的首要任务是组织制定本地区改造更新的详细规划，该规划作为社区与市政府之间的法律契约，可约束区内所有建设行为并作为政府拨款的依据，同时任何与之相关的重要规划与决策必须由社区办公室投票通过。社区办公室在组织规划实施过程中，形成了分别负责制定社会住宅分配标准、房屋改建与新建、居民安置或小企业安置的工作小组。在日常工作安排上，社区办公室为了鼓励更充分的公民参与，一般将正式会议安排在晚间以满足大多数居民时间安排，白天各工作小组的会议也面向时间空闲的居民开放[79]。

3.4.2　改造方式：系统化维修与差异化更新

荷兰社会住房更新改造可分为维护维修、更新开发两类，前者由租户和住房协会负责，后者则涉及业主、政府和住房协会、开发商等多类主体。

维护维修方面，荷兰形成了完善的日常工作模式与购买服务程序。住房协会和租户之间明确划分了日常维护维修工作责任，小修，如室内粉刷、简单部件更换、清理疏通住宅对外管道等工作由租户负责；大修和设施更换，如外墙粉刷、固定装置更换、公共区域的设施维修更换、绿化铺装等公共环境维护由住房协会负责[78]。住房协会的工作内容又可以按照周期频率分为故障性维修（应对突发损坏）、转租性维修（租户交替时进行全面维护）、计划性维修（正常情况下的周期性、预防性维护），其中计划性维修的支出约占总体的六成[80]，有效保障了住房性能与使用期限。由于住房协会管理规模不断扩大，其议价能力有所提升，实际操作中维修工作更多地转交给外部供应商和服务商完成，住房协会仅直接承担少量的非计划性维修工作。为了保证服务质量，住房协会采用投标采购方式购买外部服务，有严格的程序要求，且维修结束后会跟踪评估租户满意度[78]。

更新开发方面，荷兰实行公有化保障下的差异化产品开发与渐进更新模式。荷兰在老旧住宅区更新（包括社会住房更新）方面形成了几点特色经验，包括购置私人旧房产权推进整体更新、注重不同档次住宅的混合开发和面向不同群体的差异化设计、不同区域采取不同路径的社区渐进式更新模式等。此外，各级政府部门、住房协会、开发商等主体间也形成了较为成熟的公私合作模式。

荷兰土地与住房的高度公有化为住区更新提供了良好前提。荷兰实施公有土地租赁制度，大量公有土地分属各城市政府所有，市政府可以直接将公有土地委托给住房协会或出租给开发商建设，并指定不同种类住房的配建比例[81-82]。对于私人权属的土地和住房，政府可通过购置实现公有化，以便保障住区更新的民生属性。如在鹿特丹的旧城更新计划中，政府要求房主要么大幅投资改善住宅条件，要么通过旧房购置计划按照现有年租金 4～5 倍的价格将房屋连同土地出售给政府，大部分房主选择后者。购置完成后政府继续保有土地所有权，房屋则交由住房协会改建或重建为社会住宅，优先出租给原有租户，且租金为预先设定的，以避免租金水平的大幅提升。土地与住房的公有化有效保障了城市更新中低收入群体的居住权利，也为区域整体提升提供了良好条件[79]。

住宅类型混合开发与差异化设计有助于提升更新综合效益。为了兼顾旧城更新经济效益与住房保障社会效益，荷兰常常采用各类住宅混合开发的模式，比如在阿姆斯特丹东港旧港口区重建中，新建的社会住房约占一半，还另外建造了市场化租赁住宅和高档自有住宅。住房协会可以通过出售价格较高的自有住宅获取收益，用于补贴同一地块的福利性住房，从而促进社会阶层的空间融合并推动居住环境公平化。此外，住宅差异化设计也是实现人群混居的重要策略，体现在住宅户型从单间到多居室的差异化、不同家庭结构平面户型的多样化，甚至根据业主自身兴趣提供特殊的空间和个性化的外立面设计[81]。

改造方式上，荷兰的住区更新采取了拆改结合、功能混合的设计策略。优先保护登记在册的文物建筑，其他房屋则根据其现有建筑质量确定是改建或重建。倘若一幢建筑的改建成本不超过重建的 70%，则保留改建；反之，则原址拆除重建。住房改建又进一步分为简单维护修缮、根本性现代化改造两种方式。重建的住房一般不超过 4 层，要求符合原有的建筑尺度并适应街巷走向。为了补充公共空间与服务设施，项目常采用功能混合、空间多用途的设计策略，如在鹿特丹的旧城更新中置入混叠功能建筑，首层及二层为学校、社区中心等公共服务功能；在东港区的更新开发中，低层住宅的底层设计为 3.5 m 的层高，以满足临街房间功能转变的需求[79, 81]。

在历史悠久的老旧城区，荷兰形成了渐进式更新的改造方式。在分批更新模式下，居民可选择迁居至本街区已改造完成的社会住宅，如果要求继续租住原址房屋，可以享受政府提供的附近周转住房。鹿特丹在 1974—1993 年间的住区更新中有着极高的回迁率，改建或重建后的社会住宅中超过 80% 用于安置原有的居民，有效降低了对原有人口结构和社区生活的影响[79]。然而对于一些经济衰败、贫困人口高度集聚的地区，如阿姆斯特丹的约丹区，政府并不强求保留原有的产业与居民，而是鼓励居民外迁以降低过高的居住密度、改善环境质量。同时，政府鼓励积极引入新一代居住者（包括艺术家、学生和年轻业主等），为原来的贫民区注入文化艺术活力，保证居民结构的多元性，并结合租房法律、房价管控等手段抑制过度绅士化。至今 60 余年的超长更新期中，约丹区没有走大规模拆迁重建的路径，而是通过政府引导下物质环境与社会人文的新陈代谢实现缓慢的自我更迭，稳步提升地区吸引力[83]。

3.4.3　资金来源：多渠道收入支持与基金化运作

荷兰住房协会扮演着福利性社会住房提供者和商品化住宅开发商的双重角色，有着收入渠道丰富、内部运作复杂的资金模式。自 20 世纪 50 年代以来，住房协会长期依赖政府提供的低息贷款，形成了丰富的资本积累。然而在 1984 年，荷兰政府国债过高、财政不堪重负，决定不再向住房协会提供贷款，并在 1995 年中止了对住房协会新建社会住房的一般性财产补贴，标志着荷兰社会住房体系开始进行全面的民营化和市场化改革。1990—1994 年期间，荷兰的住房租金平均每年提高 5.5%，远高于一般通货膨胀水平，带来的收入上涨增强了住房协会的经济实力。同时，财务自主赋予了住房协会体系更强的独立性，使其能够执行灵活应对市场变化的租金政策，体系内部相对富裕的协会可以按低于市场的利率贷款给经济困难的协会，更好地实现经济平衡。经过数十年的探索，住房协会形成了较为成熟的资金运营模式，其资金收入主要来源于日常租金、出售收入、基金资助与银行贷款、政府补贴等[76-77]。

荷兰住房协会建立了以租金收入为主，租转售收入为辅的基础收益结构。荷兰住房协会拥有 241 万套社会住房，租金是其主要收入来源。在政府鼓励住房自有化的政策下，从 1979 年开始，住房协会被允许出售部分存量社会住房和新建住房给个人、其他住房协会或第三方，如 2012 年住房协会就出售了 1.8 万套社会住房（占社会住房总量的 0.75%）。对于直接出售和租转售社会住房，荷兰形成了严格的管理制度以保障社会住房总量的稳定。以个人购买社会住房为例，购买价格越低，相当于获得产权比例越低，在未来出售住房时需与住房协会分享收益（或损失）的比例越高；对于满足收入较低、购房用于自住等条件的购房者，可以提供有协会回购保障的购买方式[84]。在允许租转售的情况下，住房协会的财务状况得到显著改善，能够积累资本进行更大规模的投资。

外部支持上，荷兰政府担保下的基金资助与银行贷款为住房协会提供融资和兜底支持。市场化改革后，住房协会的资金运作模式转向循环基金，即住房协会资助基金运作，基金为非营利性的住房协会提供贷款时的融资担保和临时经济支持。这两个基金分别是社会住房保障基金与中央住房基金。其中，社会住房保障基金可以为住房协会提供担保，使其从银行获得低于市场利率10%的优惠利率贷款；中央住房基金则负责财务监督和金融资助，每年每个协会都会向该基金捐款，而该基金会向贫困协会提供补贴或无息贷款，并在必要时帮助它们重组业务[76、85]。

荷兰政府亦通过直接补贴与间接补贴等提供多样化项目资助。根据欧盟的规定，属于一般经济利益服务（service of general economic interest，SGEI）项目的住房，政府可以对其提供补贴。荷兰政府会对住房协会参与的SGEI项目部分提供资助，包括：建设、出租、维护、更新和出售租金受政府调控的社会住房；改善与社会住房相关的居住环境的品质；建设、出租和维护社会服务设施。具体资助和支持内容方面，除了前述通过中央住房基金提供财政救援、通过社会住房保障基金提供融资担保外，政府还会提供价格优惠的土地、少量城市更新项目相关的直接补贴，以及通过补贴低收入租户家庭的方式间接地增加住房协会的租金收入[77]。

3.5 小结

梳理发达国家在老旧小区改造中的相关经验做法，总结其在组织架构、改造措施、资金保障与市场运作等方面的制度特色，可以为我国城市推进老旧小区改造工作提供借鉴。

从组织架构方面来看，各国大多通过动态完善顶层法律体系、设立专职管理机构、成立基层自治管理组织等方式，自上而下与自下而上相结合地推进老旧小区改造，不断健全任务制定、产权归集、资金筹集、利益协调等方面的制度保障。如：新加坡通过成立建屋发展局与市镇理事会，分别从上、下两条路径开展组屋更新工作；日本通过 UR 都市再生机构与地域中心的设立，在推进都市再生事业与社区营造工作中起到关键作用；美国通过社区重建局主持社区重建工作，并成立第三方非营利组织社区发展公司链接多方资源，形成多方参与的社区更新路径；荷兰以独立的住房协会实现自负盈亏的社会住房建设和运营，并通过社区办公室落实片区更新规划的编制与实施。

从改造范围、方式和内容来看，各国的住区更新大多经历了由注重住宅本身转向综合功能片区、由物质环境改造转向综合性社会治理的过程。如：美国的选择性邻里计划不断拓展住区更新计划内容范畴，强调片区更新的一体化实施，注重增强社区自主更新和维护空间环境的能力；新加坡构建"市镇—社区—住宅"三个层面的更新体系，将老旧小区改造与街区更新相衔接，从片区层面统筹老旧小区改造计划；日本通过从"团地再生"计划到"都市再生"计划的发展演进，使得改造对象逐步从单栋住宅向住宅区、周边社区扩展，从而实现地区价值的整体提升转变。除了重建式改造更新，建立规律性日常维修管理模式也是一项行之有效的普遍举措，如新加坡组屋通过一系列翻新计划落实"五年一小修，十年一大修"，荷兰通过服务外包完成社会住房的计划性维修，保障住房质量。

从资金保障与市场运作方面来看，各个国家的经验表明，政府适当的财政补助有助于挖掘市场主体参与的潜力，同时需鼓励业主自行出资、专门机构自行平衡资金等，形成多元化的资金供给结构。如：新加坡依托完善的公积金缴存制度，形成了以政府提供资金为主，私人投资为辅，并结合少量个人承担的方式来确保更新项目的资金筹集，同时仍然依靠居民日常出资形成维修储备资金；日本以完备的法律体系、多方面优惠政策与金融创新鼓励民间团体自主更新；美国通过政府设立社区发展基金撬动私人投资，并鼓励业主自行征税筹资、反哺社区更新；荷兰政府为住房协会提供补贴和融资担保，并通过允许社会住房租转售、允许住房协会直接开发和出售一定比例的商品住宅，来支持住房协会的经济自主运作。

以上各国住区更新的演进历程表明，以政府财政承担为主的更新模式难以持续，即便由政府负担公有住房的更新，也要如新加坡和荷兰一样建立高度完善的公共住房租转售等配套制度，以提供补充收益来源。对于居民自有产权的住宅更新，则必须形成社会资本和居民积极出资的更新模式。借鉴日本和美国在动员社会资本参与更新方面的做法，一方面需要为社会资本运作提供清晰的制度场域，明确包括审批或计划申请、规划要求、容积率与功能转换规定、政府奖补等政策内容，合理推动流程简化与测算便利化；另一方面，政府应从直接出资转向间接支持为主，以有门槛的补贴或资助申请形式下放政府资金，或成立专门基金有针对性地支持收益率偏低的项目，增强对社会资本参与项目的引导作用。对于居民和业主，应鼓励其进行合法合规的自主重建，培育社区的地方认同与自我管理能力。

第 4 章

我国老旧小区改造中社会资本参与的地方探索

　　我国城市更新的发展演进与西方发达国家有所不同，但也具有一些类似性（图4.1），大致经历了中华人民共和国成立初期政府主导的民生改善和住房保障阶段（政府主导），社会主义市场经济下政企合作的经济增长导向阶段（政企合作），以及新型城镇化战略提出后的多方协同、高质量发展阶段（多元参与）。老旧小区改造在我国的演进历程与城市更新整体发展趋势契合，从计划经济时期的拆改，到社会主义市场经济初期的大规模拆除重建，再到社会主义市场经济深化期的综合改造，住区更新的目标内涵不断丰富、参与主体日趋多元。

　　本章在梳理我国老旧小区改造整体发展历程的基础上，具体分析上海、广州、深圳、成都等地吸引社会资本参与老旧小区改造的实践案例与经验做法。这些城市的相关探索表明：相比很多其他类型的更新改造，老旧小区改造的公共属性与民生属性更为凸显，整体的市场化运作水平偏低；老旧小区改造模式正在由早期的以拆除重建为主向以有机更新和微改造为主转变；政府注重对拆除重建类更新项目的主导与管控，强调整治和改造类项目的自主更新与社区自治；通过出台支持性政策，政府鼓励社会资本在多个环节或全周期参与老旧小区改造，以增加建筑规模、允许局部功能转变、统筹片区项目等方式来帮助项目实现资金平衡，并配套政府财政补贴、税费减免等优惠政策支持。

　　各地老旧小区改造在差异化的需求和地方传统制度影响下，也形成了各有侧重的做法创新：上海重点探索了不成套旧住宅的重建更新机制；广州积极出台引导社会资本参与和实现项目资金平衡的配套政策；深圳针对规划管控、地价测算、技术指引等形成了相对明晰的管理体系；成都则在动员居民自主协商更新和自治管理方面先行先试。不同城市的成功经验和潜在问题，为北京因地制宜地优化老旧小区改造体系提供了有益参考。

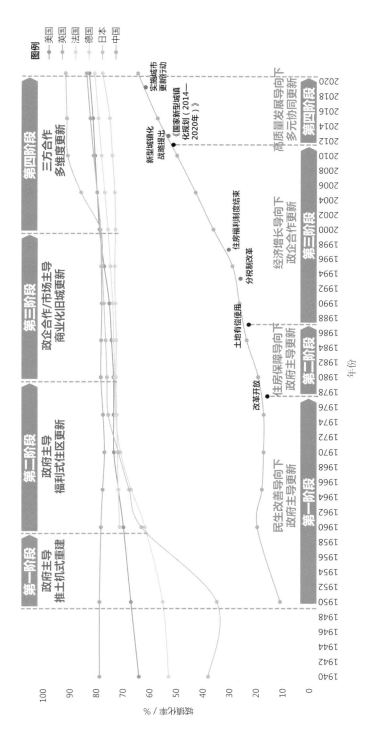

图 4.1　国内外城市更新演进趋势

资料来源：作者自绘。

4.1 我国城市老旧小区改造历程及演进特征

中华人民共和国成立初期，我国城市更新以改善旧城居住区恶劣环境和解决城市居民基本生活问题为主体，计划经济体制下的住宅建设和维修占据主导地位，主要以市、区两级财政资金投入的模式加以推进。随着改革开放后社会主义市场经济体制的建立与住房制度改革，我国逐步进入住宅大规模建设和危旧房改造时期，城市更新由过去的旧城功能结构调整逐步转向大规模的旧城再开发阶段。这一时期，市场的力量逐步得以发挥，政府通过将土地使用权有偿转让给开发商，并辅以部分资金和激励政策支持，由开发商出资开展针对危旧房和棚户区等的大规模拆除重建。近年来，我国的城市更新更多关注城市的内涵式发展，注重人居环境改善和生活品质的综合提升，老旧小区改造呈现出政府引导、市场运作、居民参与相结合的参与主体多元化特征，从"量"的扩张逐步过渡到"质"的提升，改造维度和方式由"单一"向"综合"转变[86-87]。

具体剖析我国老旧小区改造在最近 20 余年间的演进历程，可将其划分为 2007—2016 年的起步探索阶段、2017—2020 年的加速推进阶段和 2020 年以来的全面推进阶段。总体来看，老旧小区改造的政府和社会关注度不断上升，中央政策的指导与统筹力度不断增强，吸引社会资本参与老旧小区改造成为引导重点；各地在公私合作模式、改造内容与方式、地方特色与品牌塑造等方面探索出了一定可相互借鉴的实践做法。

（1）2007—2016 年，新时期的老旧小区改造探索逐步启动。2007 年，建设部出台《关于开展旧住宅区整治改造的指导意见》（建住房〔2007〕109 号），首次从国家层面对我国老旧住宅区改造的工作内容、工作机制、资金筹措、维护管理等给出了相关规定，号召各地推进旧住宅区改造。在这一阶段，地方政府更加偏好推倒重建的棚户区改造（其对土地财政的拉动作用明显），老旧小区整治则多被涵盖在其他相关工程中，或被笼统地囊括于"旧城改造"中而缺乏针对性的界定与专项推进，如北京早年间的"暖房子"工程、广州三旧改造中的"旧城镇"改造等。各地的改造内容以物质环境改善为主，工作成效差异较大、标准不一。

2015 年的中央城市工作会议提出有序推进老旧小区综合整治，将老旧小区改造的重要性进一步上升到国家层面。2016 年，《中共中央国务院印发〈关于进一步加强城市规划建设管理工作的若干意见〉》提出，要"推广政府与社会资本合作模式，构建多元化棚改实施主体，发挥开发性金融支持作用"。但此时政府工作的重心仍是棚户区改造，老旧小区整治改造的工作目标与计划尚不够明确，以拆迁为主的更新模式无法全面满足老旧小区改造的综合效益提升需求。

（2）2017—2020 年，政策引领下的老旧小区改造试点推进。2017 年，住房城乡建设部发布《关于推进老旧小区改造试点工作的通知》（建城函〔2017〕322号），积极探索我国老旧小区改造在工作组织、资金筹措、长效管理等方面的新机制。相较于 2007 年出台的《关于开展旧住宅区整治改造的指导意见》，该文件在工作机制建设上由政府主导、基层落实转向政府统筹多方主体，不仅强调政府、市场、专业机构、居民等多方之间的共同合作，资金筹措、物业管理方式也更加多元。同年，住房城乡建设部召开老旧小区改造试点工作座谈会，选取广州、厦门、宁波等 15 个城市作为我国老旧小区改造的试点城市。截至 2018 年年底，各试点城市完成 106 个老旧小区的改造，形成了一批初步探索经验和因地制宜的特色模式[10]，如广州的微改造模式、上海和成都的有机更新模式、北京的市场化模式等。在试点城市积累出先行经验的基础上，2019 年，住房城乡建设部等三部委发布《关于做好 2019 年老旧小区改造工作的通知》，老旧小区改造首次被纳入城镇保障性安居工程并获得中央补助资金支持。同年 10 月，住房城乡建设部进一步确定在"两省七市"开始第二轮老旧小区改造试点，进一步扩大老旧小区改造的加速推进范围。

（3）2020 年以来，老旧小区改造的全面推进与政策完善。为全面提高社会治理水平与人民生活质量，国家针对老旧小区改造的指导文件及相关政策密集出台。2020 年，国务院发布《关于全面推进城镇老旧小区改造工作的指导意见》（国办发〔2020〕23 号），提出了老旧小区改造的工作目标："到 2022 年，基本形成城镇老旧小区改造制度框架、政策体系和工作机制；到'十四五'期末，结合各地实际，力争基本完成 2000 年年底前建成的需改造城镇老旧小区改造任务。"文件将改造内容划分为基础类、完善类、提升类三大类，要求依据居民改造意愿的强烈程度合理确定改造对象，编制专项改造规划和计划，并建立健全组织实施机制加以推进。住房城乡建设部陆续出台多项政策来指导老旧小区改造工作，如：《住房和城乡建设部等部门关于开展城市居住社区建设补短板行动的意见》（建科规〔2020〕7 号）聚焦如何推行完整社区建设，探索共建共治共享机制；《住房和城乡建设部办公厅关于成立部科学技术委员会社区建设专业委员会的通知》（建办人〔2020〕23 号）提出要在城市社区建设的评审评估等环节充分发挥专家智库作用；2022 年11 月—2023 年 12 月，住房城乡建设部共印发八批《城镇老旧小区改造可复制政策机制清单》，汇集和提炼地方先进经验。在中央政府的大力推动下，地方政府纷纷将老旧小区改造列入政府年度工作计划，改造工作在全国范围内广泛展开。

从政策文件与地方实践来看，社会资本在老旧小区改造项目中的参与深度和参与模式也步入新阶段。2020 年，《关于全面推进城镇老旧小区改造工作的指导意见》对老旧小区改造提出了五大原则和五大要求，其中包括"谁受益，谁出资"原则，积极推动居民通过个人出资、捐资捐物、投工投劳等方式支持改造，鼓励通过税费减免等措施支持各类企业以政府与社会资本合作（PPP）模式参与老旧小区改造和提供社区服务。在地方，深圳、上海、北京等城市陆续颁布《城市更新条例》，实现城市更新的地方立法，并针对引入社会资本参与老旧小区改造出台具体引导文件。就北京来看，北京市住房和城乡建设委员会等 8 个部门于2021 年 4 月发布《关于引入社会资本参与老旧小区改造的意见》（京建发〔2021〕121 号），指出社会资本可以通过专业化物业服务、"改造＋运营＋物业"、养老托育等专业服务、担任改造实施主体四种方式参与老旧小区改造，其中社会资本作为实施主体时，既可以承揽单个小区改造项目，也可以通过大片区统筹、跨片区组合，对多个小区及周边资源进行统筹改造。在出资机制上，政策鼓励"居民出一点、企业投一点、产权单位筹一点、补建设施收益一点、政府支持一点"，形成合理共担、共建共享的改造模式。在实践中，北京已经形成愿景集团"劲松模式"、首开集团"老山模式"、筑福集团"BTO 模式"、万科集团"望京小街"模式等经验[88]。北京之外，其他城市也在积极探索适合自身实际的老旧小区改造模式与品牌，挖掘和发挥社会资本在资金、技术、服务等方面的优势，推动存量空间资源盘活提升和老旧小区改造的综合可持续发展。下文聚焦上海、广州、深圳、成都四座城市，梳理其老旧小区改造的演进历程，分析社会资本在这些地方参与老旧小区改造的配套政策、改造内容与改造模式等。

4.2　上海：从旧区改造到城市有机更新

4.2.1　上海老旧小区改造的发展历程

自 20 世纪八九十年代起，上海老旧小区改造大致经历了从"大拆大建"到"拆改留"，再到"留改拆"的三个阶段[89]，从以征收为主转向多种非征收型综合改造，重点关注的改造对象从危棚简屋转向成片旧区住房，以及历史街区、零星旧住房（及其成套化改造）等，不同历史时期的改造内容和方法均不同，逐步形成了具有上海特色的"旧改"体系。

20 世纪 80 年代前期，上海以改善旧区居住条件为目的启动了多种类型的老旧住宅改造，对棚户区、简易楼、危旧房等实行拆除重建；对旧式里弄住宅采取改善基础设施、增加建筑面积、提高住房成套率等方式施加改造，实现居住环境的改善提升。这时的老旧小区改造做法以延长房屋使用寿命为目标，政府主导下的总体改造和干预程度较为适度。然而 20 世纪 80 年代后期，随着土地制度的变革，政府在城市更新中逐步启动土地出让模式[90]。1988 年 8 月，上海开启第一块土地公开招标；1992 年后，上海启动利用外资进行土地批租、实行旧区改造和新区建设的城市开发实践[91]。1992 年，中国共产党上海市第六次代表大会提出，到 20 世纪末，要完成 365 万 m² 的棚户、简屋改造（简称"365 旧改"），住宅成套率达到 70%。由此，上海拉开了大规模旧区改造的序幕，土地批租为上海的旧住宅改造提供了资金，在当时的历史条件下为大规模旧区改造创造了条件。面对 1997 年的亚洲金融危机，上海出台优惠政策并调动多方力量攻坚，在不到 10 年时间内全面实现了"365 旧改"预定的目标，人均居住面积 4 m² 以下的住房困难户全部解困，动迁安置居民总计约 66 万户[90]。

虽然上海市区危棚、简屋的状况在 21 世纪初得到了有效改善，但是约 2000 万 m² 的二级旧里以下旧住房① 问题仍然严峻。2001 年开始，上海启动重点针对成片二级旧里以下房屋的新一轮旧区改造，出台《关于鼓励动迁居民回搬推进新一轮旧

---

① 二级旧里是旧式里弄中的一种，指普通零星的平房、楼房以及结构较好的老宅基房屋。一级旧里比二级旧里居住质量更差，包括危棚、简屋等，统称棚户区。

区改造的试行办法》（沪建城〔2001〕第 0068 号），实行以货币安置为主的动迁政策和"拆改留"并举的改造方式[①][90]。"十一五"期间（2006—2010 年），上海不断完善旧区改造的事前征询制度、"数砖头和套型保底"的阳光动迁政策等，加快旧区改造推进速度。此时的旧区改造虽然提出要建立"政府扶持、市场运作、市民参与、有偿改善"的工作机制，但实际上依然由政府实质主导，表现出市区联手、土地储备中心和有关国企积极参与的局面。

随着 2015 年中央城市工作会议的召开，上海在旧区改造中逐步加强对历史风貌保护的要求，提出有序开展城市修补和有机更新。2017 年 11 月，上海市政府印发《关于坚持留改拆并举深化城市有机更新进一步改善市民群众居住条件的若干意见》（沪府发〔2017〕86 号），确立"坚持'留改拆'并举、以保留保护为主"的改造原则，并提出"通过市、区财政补贴资金、公有住房出售后的净归集资金、政府回购增量房屋收益、居民出资部分改造费用等方式，多渠道筹措旧住房拆除重建改造资金"。2020 年，上海进一步推出针对旧住房综合改造的管理办法，对改造实施制定了具体的规范和建设标准。2021 年 8 月通过的《上海城市更新条例》从地方立法层面，明确了上海市旧住房更新包括成套改造、修缮改造、保留保护建筑修缮、既有多层住宅加装电梯四种类型。

与此同时，上海城市空间微更新计划逐步兴起，在 2016 年和 2017 年主要聚焦老旧小区公共空间和服务设施的更新升级，到 2018 年和 2019 年微更新的内容进一步丰富，推出了"美丽家园、美丽街区、美丽乡村"三年行动计划，要求三年内完成各类旧住房修缮改造 3000 万 m^2、对 4000 台使用满 15 年的住宅电梯进行安全评估、新建 2000 个住宅小区电动自行车充电设施等[②]。在此期间，上海市落地了一批居住更新品牌项目和一系列更新行动，如将住宅底层和闲置空间资源改造为邻里中心，提供便民服务及文体活动设施，小区内部场地景观营造和功能植入等[92]。

上海城市更新在转向"留改拆"的同时，也逐渐意识到多方合作在老旧小区改造中的必要性，不断完善支持市场参与的各类体制机制。为了在保护历史风貌的前提下抓紧收官成片二级旧里以下房屋改造，上海推出了一系列制度改革举

---

① "拆改留"并举："拆"是指对结构简陋、环境较差的旧里房屋进行拆除重建；"改"是对一些结构尚好、功能不全的房屋进行改善性改造，如成套改造等；"留"是对具有历史文化价值的街区、建筑及花园住宅、新式里弄等加以保留。
② 参见《上海市住宅小区建设"美丽家园"三年行动计划（2018—2020）》（沪府办发〔2018〕8 号）。

措，包括：成立市旧改专班集中办公，攻克工作难题；成立市城市更新中心，统筹旧改工作；完善配套支持政策体系，打通功能性国企参与改造的途径，并为其搭建沟通协商平台等。2022 年 7 月 24 日，随着建国中路两个地块的旧改生效，上海成片二级以下旧里改造终于收官，这项长达约 22 年的浩大工程极大地改善了上海的居住空间面貌，也为未来上海继续推进旧住房改造提供了丰富的经验。

4.2.2　社会资本参与老旧小区改造的相关政策

上海依托大型国有企业探索了"政企合作，市区联手"的旧区改造模式，在"十三五"期间超额完成各类旧住房修缮改造计划任务，并将在"十四五"期间继续"实施 5000 万平方米各类旧住房的更新改造"。① 为了进一步激励社会资本参与，上海在《关于加快推进本市旧住房更新改造工作的若干意见》（沪府办规〔2021〕2 号）中提出，可以通过规划用地性质调整、适度调整建筑容量和建筑高度、给予一定比例建筑面积奖励等多种方式支持市场主体参与旧住房更新改造。2021 年，上海成立总规模约 800 亿元的城市更新基金，通过"拆建再开发"与"房屋征收"相结合的"一二级联动模式"吸引社会资本参与实现资金统筹平衡。上海地产集团的城市更新中心作为推动旧区改造类更新项目的市级平台，被赋予规划编制、政策制定、土地开发等各项权利，助推旧改项目落地。

从具体政策细则来看，上海市为提升改造项目的可实施性推出了一系列灵活性规定。《关于加快推进本市旧住房更新改造工作的若干意见》一方面适度放宽了技术标准，如贴扩建项目的建筑间距要求可原则上按照相关规定标准折减 10% 执行，另一方面大力推动行政手续简化和便利化，如小区内"用于改善原住户居住条件、完善公益性配套设施的建筑增量，免予办理用地手续，不再增收土地价款"；为了获取收益以平衡改造成本，用于保障性住房、租赁住房和经营性配套设施的建筑增量，可根据用途办理相应用地手续；"除拆除重建外的成套改造项目，免予办理土地核验手续"；"利用闲置用房等存量房屋建设各类公共服务设施的，可在一定期限内暂不办理变更用地主体和土地使用性质的手续"等——这些举措有效简化了老旧小区改造的审批流程，为社会资本投入老旧小区改造创造了更好的制度环境。

2021 年出台的《上海市城市更新条例》为激发社会资本参与城市更新的积

① 参见《上海市住房发展"十四五"规划》（沪府办发〔2021〕19 号）。

极性，进一步着力完善了社会资本参与城市更新的制度保障：在更新指引方面，明确区域内的更新项目在保障公共利益、符合更新目标的前提下，对容积率、用地性质等指标要求予以适度放宽；在更新实施方面，首次引入了"更新统筹主体"的概念，提出由更新统筹主体整合区域更新意愿与市场资源，统筹推进项目实施；在更新保障方面，提出通过规定土地组合供应、重新设定土地使用年限等措施，进一步增强社会资本参与更新的吸引力。总体上，上海通过综合性的资金支持、空间保障、资源统筹等方式来推动社会资本参与城市更新（表4.1），内容丰富但仍存在不足，如容积率转移（尤其是跨区平衡）的操作难度大，灵活供地政策缺乏实施细则，税费优惠和专项补贴获取条件不明晰，改造新增面积的权属认定较难且分配困难等，造成激励措施的成效难以如期望的那样发挥[93]。目前，上海老旧小区改造仍以国企参与为主，民营企业投资意愿不强且缺乏政策倾斜。

表 4.1　上海保障支持社会资本参与城市更新的政策细则

类型	内容	具体细则
资金 支持	财税支持 金融资金 居民出资	**财政资金**：市、区人民政府应当安排资金，对城市更新项目予以支持； **政府债券**：鼓励通过发行地方政府债券等方式，筹集改造资金； **税收优惠**：城市更新项目，依法享受行政事业性收费减免和税收优惠政策； **创新金融产品**：鼓励金融机构依法开展多样化金融产品和服务创新，满足城市更新融资需求； **多渠道融资**：支持符合条件的企业在多层次资本市场开展融资活动，发挥金融对城市更新的促进作用； **自主/合作改造**：零星更新项目，物业权利人有更新意愿的，可以由物业权利人实施
空间 保障	产权 用途 容量	**规划保障**：零星项目提供公共要素的，给予鼓励措施；区域更新项目，按照规划优化； **标准创新**：制定适合城市更新的标准和规范； **土地供应**：协议出让、协议转让、物业置换、组合供地、延长期限、扩大用地、地价统筹； **转变用地性质**：在规划用地性质兼容的前提下，功能优化后予以利用的，可以依法改变使用用途； **增加开发容量**：旧住房更新可以按照规划增加建筑量容积率转移与奖励
资源 统筹	—	建立更新统筹主体机制； **联动更新改造**：鼓励旧住房与周边闲置用房进行联动更新改造，改善功能； 组合供应土地

资料来源：作者根据《上海市城市更新条例》整理。

4.2.3　社会资本参与老旧小区改造的模式与案例

依改造程度划分，上海老旧小区改造主要包括综合整治、综合改造、拆除重建三种类型[16]。"综合整治"主要针对近五年内没有拆除或实施成套改造计划的公有住房，面向屋面、墙面漏水、上下水管损坏、电线老化、路面低洼等问题开展旧住宅的"穿衣戴帽"。"综合改造"主要针对建筑结构较好、但建筑标准较低的住房进行综合性改造并完善配套设施，包括完善住房成套化，增加居住小区停车场、物业管理用房等小区公共配套设施。"拆除重建"主要针对房屋结构差、年久失修、不成套公有住房或经专业检测单位鉴定为危房、无保留价值的房屋。

无论是综合整治、综合改造还是拆除重建类项目，目前的实施主体多为国企，资金来源本质上仍以政府负担为主。在收益平衡上，拆除重建式的老旧小区改造主要依靠新建住宅的出售实现回款，整治改造类项目则依靠服务收费或经营性空间获取收益。上海老旧小区改造依然具有较强的政府主导色彩与民生属性，以改善居住环境质量为首要目标，因此经济效益的测算与平衡相对薄弱。

以静安区彭三小区的重建式改造为例，整个项目共分五期进行，住宅多为50 年以上楼龄、户型不成套的砖混多层建筑。项目由于住房结构、布局、排水等基础条件差无法"改扩建"，而采取了"拆落地"的改造模式：原址重建，每户"拆一还一"但房间面积稍有扩大，配齐独立厨卫。在第五期改造中，原有的11 栋 5 层住宅改造为 7 栋 18 层的高层住宅，平均每户建筑面积从 34.5 m^2 提升到 57 m^2，居民可以按照公有房屋出售政策购买获得租赁公房的产权，同时增加了文化馆、社区食堂等社区公共服务设施。彭三小区改造由政府主导、街道推进，区属国企作为承建单位，经济上以政府投入为主、居民投入为辅，原本住房不成套的每户居民投入 6 万元。改造后，可回笼资金主要是新增住宅的销售所得和新增地下车库的出售出租收入，剩余不足部分通过政府补贴解决，由此基本实现 1.2 亿元左右费用的投入产出平衡。由此可见，容积率提升、户数增加、政府补贴是该项目得以实施的重要支撑条件，与真正意义上的市场化运作仍有距离。

4.3　广州：老旧小区微改造与社区治理探索

4.3.1　广州老旧小区改造的发展历程

广州独立的老旧小区改造在 21 世纪初期的实践较少，多被囊括于旧城镇改造中开展，早期内容以危旧楼房的重建为主，自 2015 年起，改造方式逐步转向微改造。2020 年以来，伴随针对性政策体系的不断完善，广州老旧小区改造系统性地全面铺开，更加注重社会资本参与和全面优化社区生活生态系统服务。

新时期的广州老旧小区改造工作始于 2000 年政府主导的危改工程和城市美化运动，依据 1999 年出台的《广州市危房改造工作实施方案》（穗府〔1999〕75 号），由政府主导、投资、实施具有社会福利属性的危房改造。2006 年，广州的城市发展战略由过去的八字方针扩为十字方针①，新增"中调"战略，旨在增强老城区发展的生机和活力，部分区政府开始探索引入社会资本推进旧城区改造。2009 年，广州成立"三旧"改造工作办公室，负责统筹全市"三旧"改造工作，政策体系不断完善。2015 年，广州作为全国第一个成立"城市更新局"的城市，针对前一阶段实施改造过程中出现的目标视野局限、改造效益不高、主体参与方式相对单一等问题，开始探索"微改造"的实施模式，强调通过多元主体的协同参与提高更新改造的综合效益[94]。广州通过制定《广州市城市更新总体规划（2015—2020 年）》统筹推进城市更新，推动"三旧"分类实施体系向系统性的城市更新体系转变，将更新活动分为全面改造和微改造两大类，并主要通过微改造方式推进老旧小区改造工作。

早在 1989 年，广州就公布了《广州市住房制度改革实施方案》（穗府〔1989〕80 号），成为全国第一个全面实施住房改革的城市。经过 30 余年的住区发展建设，广州大部分住宅区面临着设施和功能更新的迫切需求[95]。2016 年，广州率先在全国开展老旧小区微改造工作。由广州市城市更新局牵头，各区政府为第一责任主体，对 2000 年之前建成的环境条件较差、配套设施破损严重、管

---

① 2000 年开始修编的《广州市城市总体规划（2001—2010 年）》正式提出了"南拓、北优、东进、西联"城市发展八字战略。2006 年中国共产党广东省第九届委员会第九次全体会议正式提出"南拓、北优、东进、西联、中调"的十字方针。

理服务机制不健全、群众需求反映强烈的近 800 个老旧小区全面实施微改造[94]。微改造指"在维持现状建设格局基本不变的前提下,对建筑实施局部拆建、功能置换、保留修缮,以及整治改善、保护、活化、完善基础设施等办法的更新方式",注重通过局部修建的"绣花"功夫实现城市发展的多元目标[96]。根据 2018 年发布的《广州市老旧小区微改造设计导则》,广州明确了基础完善类和优化提升类共 60 项改造内容,按照"多方参与、共同缔造、改造与治理并重"的模式,采用"市级筹划、区级统筹、街道组织、社区实施、居民参与"的组织方式推进改造。2017 年,广州市被列为全国第一批老旧小区改造试点城市,经过大量的实践检验,积累了如永庆坊、泮塘五约等先进案例经验[97-98]。2020 年,广州全市完成老旧小区微改造 232 个,老旧小区改造工作进入加速期和成熟期。

2021 年以来,广州不断完善老旧小区改造政策引领体系,出台了以《广州市老旧小区改造工作实施方案》(穗府办函〔2021〕33 号)为代表的一系列指引,工作目标从优先基本民生保障逐步过渡到全要素、全方位提升社区功能,从原来注重"环境整治修补"的微改造逐步转向注重"街区功能内涵提升"的综合改造,提出了包括产业导入、低效用地活化、公房资源利用等多种改造措施和"留、改、拆"的混合改造模式[99]。在全面摸清老旧小区改造底数和需求的基础上,广州建立起全市老旧小区数据库,根据情况轻重缓急和财力状况,每年滚动修编老旧小区改造计划。由于老旧小区量大面广、资金缺口大,广州加快探索老旧小区改造的市场化运作,出台了一系列支持社会资本参与的政策,从简化审批流程、引导闲置资源利用、放宽存量建筑活化的功能准入等方面调动社会资本参与的积极性。同时,广州于 2022 年印发《广州市老旧小区改造项目引入日常管养参考指引(试行)》,提出"党委领导、政府组织、业主参与、企业服务",完善老旧小区改造后续管养的长效机制。

4.3.2　社会资本参与老旧小区改造的相关政策

伴随广州老旧小区改造从外在的物质环境改善转向街区整体功能的内涵式提升,老旧小区内部"自我造血"能力逐步成为老旧小区改造可持续推进的动力来源。2017 年,广州国资开发联盟、广州城市更新基金同时宣告成立,推动大型国企参与城市更新。广州国资开发联盟是由越秀地产、广州地铁房地产事业总部及珠江实业联合发起设立的广州国资国企创新战略联盟二级机构，为国企参与城市更新打造出专业化协同平台，首期即吸引了近30家市属及省属国企加入。在此基础上，广州城市更新基金由越秀集团牵头设立，采取政府与社会资本合作模式（PPP）重点支持老旧小区改造等城市更新项目，有效放大融资杠杆、创新融资模式。

在政策层面，广州构建起"1+N"政策体系。"1"指2021年4月广州市人民政府印发的《广州市老旧小区改造工作实施方案》（穗府办函〔2021〕33号）；"N"包括联动工作机制、共同缔造参考指引、引入日常管养参考指引、既有建筑活化利用实施办法、整合利用存量公有房屋相关意见、引入社会资本试行办法等N个配套政策。作为"1"的实施方案明确了工作目标、实施内容、实施路径、资金筹措、金融支持、保障措施、任务分工等各方面内容，并作为此时期最为核心、全面的一份政策文件，为老旧小区改造有序开展打下了坚实的制度基础。该方案提出将老旧小区改造内容分为基础类、完善类、提升类、统筹类；明确以多种方式吸引社会资本参与老旧小区改造。在实施路径方面，老旧小区改造可实施"留、改、拆、建"的混合改造，支持功能置换、公房活化等方式，以导入优质产业项目；统筹利用小区各类存量资源，通过企业规模化建设运营，采取"政府投资＋社会投资"组合方式引入市场力量参与改造。在资金筹措方面，方案提出建立改造资金由政府投资、社会资本参与、居民出资、专业经营单位出资的多模式灵活组合机制；对参与改造的专业经营单位减免税费，鼓励居民提取公积金参与改造等。同年，广州市出台《广州市城市更新条例（征求意见稿）》，从地方立法角度为老旧小区改造的资金支持、空间保障、资源统筹等提供引导（表4.2），吸引社会资本参与城市更新。

表4.2　广州保障支持社会资本参与城市更新的政策细则

类型	内容		具体细则
资金支持	财税支持	财政资金	**财政资金**：多元筹措途径，包括区政府每年土地出让金收益可提取0.5%~2%、国有住房出售收入存量资金、"三旧"改造项目资金等；
		金融资金	**创新融资模式**：支持片区改造项目融资，金融机构可通过整体授信方式提供融资支持，支持项目以预期收益提供融资增信；
			公积金出资：支持小区居民提取公积金，用于加装电梯等自住住房改造；
	居民出资		直接出资参与改造；
			让渡小区公共收益；
			建立后续管养基金

续表

类型	内容	具体细则
空间保障	产权用途容量	**土地置换**：在集体建设用地之间、国有建设用地之间进行土地置换； **用地和建筑使用功能兼容**：按照正、负面清单进行管理； **建设量节余**：城市更新项目实施方案明确的建设量若有结余，由市、区人民政府统筹安排； **异地平衡**：开发权益等价值转移
资源统筹	—	统筹协调成片连片更新； **资源整合**：鼓励整合利用微改造项目范围内以及周边可利用的空地、拆除违法建设腾空用地等空间资源优先增加绿地、开敞空间、加装电梯和建设公共服务设施

资料来源：作者根据《广州市城市更新条例（征求意见稿）》《广州市老旧小区改造工作实施方案》整理。

广州高度重视推出吸引社会资本和规范社会资本参与的针对性政策，力图为社会资本参与老旧小区改造谋划出清晰路径。2021 年 10 月，广州市住房和城乡建设局发布《广州市社会力量以市场化方式参与老旧小区改造工作机制（征求意见稿）》，提出七种社会资本参与老旧小区改造工作的方式，包括政府与社会投资组合实施、企业规模化建设运营、片区多类型更新联动改造、日常管养和物业服务等多种途径，并对每种参与形式进行了详细解读。为激发社会资本积极性，文件允许通过既有建筑功能转换、局部拆除重建、加改扩建、低效用地利用、存量公有房屋活化利用等方式支持企业改造后运营。2023 年，广州市印发《广州市引入社会资本参与城镇老旧小区改造试行办法》（穗建规字〔2023〕8 号），成为全国率先出台的社会资本参与老旧小区改造全流程规范性文件，明确了社会资本引入、监管、退出等各环节要求，提出社会资本可以从工程建设、存量资源运营、提供便民专业服务、长效治理、专业物业管理五方面参与老旧小区改造。该文件鼓励社会资本采取成套成片改造方式，并通过"全链条"参与发挥资产管理优势，使老旧小区改造由政府财政"输血"向市场自主"造血"的模式转变。

为扩大社会资本参与老旧小区改造的盈利来源，广州针对存量资源利用出台了多部政策文件。2023 年发布的《广州市老旧小区既有建筑活化利用实施办法》（穗建规字〔2023〕3 号）提出在严控结构、消防安全的前提下，以功能业态正面清单引导存量资源利用，优先增加公共服务及市政公用设施，适当增加便民商业设施；对符合要求的既有建筑活化利用免于办理建设工程规划许可证、环境影响评价手续，优化消防备案要求，简化审批流程。《关于整合利用存量公有房屋促进城镇老旧小区改造的意见》鼓励社会资本科学合理利用和调配老旧小区及周边富余存量公有房屋资源，在租金、运营管理承包费用及租期延长等方面给予支持，进一步畅通老旧小区引入社会资本进行长效运营的路径。

4.3.3　社会资本参与老旧小区改造的模式与案例

在 2015 年至 2020 年之间，广州老旧小区以微改造模式为主，由政府主导实施。市、区以财政专项资金按 8 : 2 的比例分担改造投入，针对基础完善类 49 项改造内容，以市财政补助为主，区财政、个人出资为辅；针对优化提升类 11 项改造内容，采取区统筹、个人出资为主，市财政资金补助为辅的原则进行资金筹集。2020 年以来，广州加快探索社会资本参与老旧小区改造的模式。2021 年出台的《广州市社会力量以市场化方式参与老旧小区改造工作机制（征求意见稿）》，总结了社会资本参与老旧小区改造的两种模式：一种是 FEPCO 模式，即对于融资（financing）、工程（engineering）、采购（procurement）、建设（construction）、运营（operation）等环节，企业可采取一体化运作或部分组合运作的形式参与项目；另一种是 BOT 特许经营模式，即"建设—经营—转让"（build-operate-transfer，BOT），政府通过公开招商引入特许经营企业，企业在一定期限和范围内投资、建设和运营特定设施空间以获取收益，经营期限最长不超过 20 年。

越秀区洪桥街三眼井社区是社会资本参与"共建共治共享"社区改造的广州样本。项目由街道牵头整合低效空间等资源，与润高智慧产业有限公司签订合作框架协议，引导相关企业出资 300 万元，利用闲置空地、房屋等空间补充各类服务设施，包括建设智慧奶站、自助饮水机和 24 小时自助打印机等小型便民设施；将老旧地下停车场改造成占地 1500 m^2 的党群服务站；利用公房建设无明火长者饭堂，提供全年龄段配餐服务等。社区和企业设立共同账户，对设施运营收入进行分成，一方面实现企业投入成本的回收，另一方面用于补充小区维护管理资金，探索保本微利可持续、社会资本与社区利益共享的资金平衡模式。

4.4　深圳：市场运作下的老旧小区改造

4.4.1　深圳老旧小区改造的发展历程

深圳市城市更新经历了早期探索、市场化运作与制度化、积极调控与精细管理三个阶段。广义上，深圳的老旧住区包括城中村、棚户区、老旧小区等，这类改造最早可以追溯到 2000 年的鹿丹村改造项目；狭义的深圳老旧住宅区即老旧小区更新，相较于棚户区改造、城中村（旧村）改造等类型更新，在早期并未得到重点关注，近年来才进入加速实施阶段。

2000 年，深圳启动首个成功动迁的旧住宅区改造项目"鹿丹村"，开创了全国首例"定地价、向下竞容积率"的土地出让竞拍。2009 年，《深圳市城市更新办法》将旧住宅区改造视为城市更新类型之一，但并没有在制度上形成明确约束。这一阶段的城市更新重点集中在城中村和旧村、工业区改造，一般性老旧住宅区的改造长期处于缓慢推进状态。2010 年至 2015 年间，深圳城市更新制度体系加速完善，在明确城市更新实施流程和规则的同时，积极鼓励社会资本和居民的参与。2012 年，《深圳市城市更新办法实施细则》出台，对不同类型城市更新提出了主体、申报流程、历史用地处置、地价计收和设施配建等规范要求，完善了深圳城市更新的法规框架，深圳城市更新进入制度化时期。在老旧住宅区改造领域，深圳提出符合棚户区改造政策的住宅区按照棚户区改造规定进行，零散旧住宅可与其他旧区统筹更新，成片旧住宅区需要拆除重建的由区政府负责前期工作，产权置换原则上按照套内面积 1 ∶ 1 进行，同时要求权利主体的城市更新意愿应当达到 100%。总体来看，这一阶段城市更新中市场主体具有较高积极性，但老旧住宅区改造的动力较为不足，其原因在于：一是 2012 年颁布的《深圳市城市更新办法实施细则》规定老旧住宅区改造需由区政府主导推进，开发商不能擅自进入项目和申报计划；二是受制于 100% 产权主体同意的要求，项目交易成本过高，许多项目因此搁浅。

2016 年以来，深圳针对上一阶段市场化运作暴露出的问题进行了调整和反思，政府由"积极不干预"转向"积极调控"[100]。在前期市场主导模式下，深圳城市更新出现了更新结构失衡、更新方式单一等问题，市场主体在利益驱动下偏好拆除重建方式、优势区位项目和商住用途开发，带来产业空间流失、开发容量超限等问题。推行局部化、市场化导向的更新，也导致在设施配套方面出现片区累积的"合成谬误"，公共服务设施、市政设施等公共物品难以同步提升。对此，深圳在"十三五"阶段积极调整思路，通过补充片区更新统筹规划层次、强化更新分区管控、搭建更新预警机制和提高更新配建标准等具体策略强化市场约束[101]。同时，以"强区放权"为导向，深圳引导各区制定精细化管理政策，强化对更新的针对性引导。这一阶段，政府针对旧住宅区改造进行了细化管控，根据《关于加强和改进城市更新实施工作的暂行措施》（深府办〔2016〕38号），成片旧住宅区符合棚户区改造政策的，按照棚户区改造相关规定实施改造，在逐步成型的"1+10"棚改政策体系的支撑下加速推进，有效完善城市功能、提升区域形象；零散旧住宅可以与其他旧区统筹更新，政策完善了产权置换标准、意愿比例要求等①。随着全国棚改模式的逐步退场，对老旧住宅区改造的专门性政策的需求日益凸显。

2021年，《深圳经济特区城市更新条例》颁布，申明了旧住宅区改造的公共属性基调——除了回迁外，"旧住宅区拆除重建后优先用于公共租赁住房、安居型商品房和人才住房等公共住房建设"。同时，此条例将征收条件放宽到面积和业主同意人数均达到95%，对剩余难以解决的"钉子户"可启动征收程序。同年，深圳成立市城镇老旧小区改造工作领导小组，加快统筹推进老旧小区改造。2023年，《深圳市人民政府办公厅关于加快推进城镇老旧小区改造工作的实施意见》（深府办〔2022〕17号），《深圳市城镇老旧小区改造建设技术指引（试行）》先后发布，明确了老旧小区改造的内涵与改造具体内容，为社会资本参与提供了更为清晰的指引，推动深圳老旧小区改造进入加速落实的新阶段。2023年9月，深圳市规划和自然资源局发布关于公开征求《关于加强旧住宅区拆除重建类城市更新工作的实施意见（征求意见稿）》意见的通知，进一步规范旧住宅拆除重建中政府部门分工、实施流程、规划编制、搬迁补偿标准、市场主体及实施主体选定等方面内容。

4.4.2　社会资本参与老旧小区改造的相关政策

深圳针对社会资本参与城市更新建立了较为详细的规范与激励制度（表4.3）。

---

① 对于零散旧住宅区的住宅类合法房屋的产权置换，原则上按照套内面积1:1进行，同时要求权利主体的城市更新意愿应当达到100%。

对于引导社会资本参与老旧小区改造，深圳的相关政策可分为建立约束要求、提供支持资助两类。从约束角度，一是采取政府申报并公开选择市场主体的方式引入社会资本，最早的鹿丹村社区旧住宅区改造就是一个代表案例，政府和原业主协商确定地价和回迁房面积后，开发商以一定的容积率为竞拍基准，开发容积率低者获得土地开发权，据此进一步开展补偿谈判和拆迁建设。这一方式尽可能压低了可售商品住房建筑面积，原土地的使用权稀释更少，原业主的权益损失也更少，业主和政府协商确定竞拍基准容积率的过程，也体现出土地使用权人对于土地收益的参与处置[100]。2023 年的《关于加强旧住宅区拆除重建类城市更新工作的实施意见（征求意见稿）》进一步完善规定，优先采取"定居住总建筑面积和回迁住房面积、竞保障性住房面积"等公开招标方式确定项目实施主体，类似于早期鹿丹村片区改造做法，但更强调项目社会效益。二是政府通过城市更新五年规划、片区更新统筹规划等自上而下提出结构性约束要求，重点关注拆除重建范围是否 90% 落入允许区域内、更新单元的面积和范围划定是否合理、更新单元主导功能与配建设施是否满足要求等[102]。三是规定改造过程中的签约率标准，深圳一度要求市场化运作的旧住宅区改造项目拆迁补偿签约率需达到 100% 方可实施，然而这导致部分项目长期拖延，严重损害了社会资本参与积极性。如罗湖区的木头龙小区于 2013 年获批通过城市更新单元规划，但因为 4 户坚持不签约，导致项目拖延 6 年之久，直到 2019 年罗湖区政府将木头龙片区零星房屋征收确定为 2019 年度罗湖区零星急需项目，才破解这一僵局[103]。类似地，深圳还探索过启动更新计划清理机制、采用政府主导棚户区改造方式等途径应对"钉子户"局面。2021 年政策放宽签约率标准至 95% 后，这一问题略有缓解。

表 4.3　深圳保障支持社会资本参与城市更新的政策细则

类型	内容	具体细则
资金支持	财税支持 金融资金 居民出资	**费用减免**：城市更新项目依法免收各项行政事业性收费。用于改善原住户居住条件、完善公益性配套设施的建筑增量，免于办理用地手续，不再增收土地价款； **财政资金**：老旧小区基础类改造由专营单位组织实施。补贴社会资本投入的完善类、提升类改造项目； **金融支持**：鼓励运用公司信用类债券、项目收益票据等进行债券融资，但不得承担政府融资职能，杜绝新增地方政府隐性债务； **专项基金**：吸纳维修资金的收益、部分改造后的增量收益、片区城市服务收入、居民出资及资本市场资金等纳入，用于城镇老旧小区改造工作

类型	内容	具体细则
空间保障	产权用途容量	**征收方式**：达到签约95%标准后，市场主体与未签约业主可以向项目所在地的区人民政府申请调解，调解不成的，区人民政府可以依照法律、行政法规及本条例相关规定对未签约部分房屋实施征收； **指标放宽**：在满足公共服务等条件下，允许对用地、建筑容量及建筑高度进行适度调整，在日照、间距、退让等技术规范及控制指标上适度放宽； **计容方式**：危险房屋改造回迁，底层可增加公共服务用房，计算建筑间距时可将底层高度扣除
资源统筹	—	**空间盘活**：整合存量闲置房屋、架空层等空间，完善小区配套服务，新增服务设施带来的收益应用于社区小区运维； **区域联动**：鼓励各区采用项目组合实施、联动改造、异地平衡的方式统筹各类更新项目

资料来源：作者根据《深圳经济特区城市更新条例》《深圳市人民政府办公厅关于加快推进城镇老旧小区改造工作的实施意见》整理。

在支持和资助社会资本参与老旧小区改造方面，深圳市政府通过直接补贴与税收优惠对社会资本给予支持，并建立明晰的容积率与地价机制以帮助社会资本稳固收益预期。在资助上，深圳对社会资本投入且改造后达到一定标准条件的完善类、提升类改造项目，由市、区财政各担50%，每户补贴2万元；对区财政投资且改造后达到一定标准条件的项目，市财政按照区财政投资的50%予以奖励；社会资本为社区提供生活服务的，取得的收入可按国家政策要求进行税费减免。同时，深圳鼓励各区统筹城中村综合整治、拆除重建类城市更新和城镇老旧小区改造，统一引入社会资本实施，探索组合搭配与异地平衡机制。在明确收益预期方面，深圳在全市密度分区规划的基础上，通过提供公开的城市更新容积率审查规则、明确的公共利益用地比例与配套设施面积、简化整合地价体系等，形成了简明的更新指导要求，并进一步建立容积率转移与奖励机制、地价修正与不计息分期缴纳机制等，以充分激发市场主体参与动力[102]。

4.4.3　社会资本参与老旧小区改造的模式与案例

历经三个更新阶段的反复探索，深圳城市更新改造方式整体由拆除重建为主向综合整治和有机更新转变，在政府与市场的不断博弈中，逐渐明确了针对不同类型更新对象的政企合作治理模式。对于城中村，深圳近年来探索推行政府主导统筹、市场参与的有机更新模式，通过允许局部拆建、降低合法用地比例门槛、资金扶持等方式鼓励社会资本参与综合整治及经营管理[104]；对于棚户区，采取"政府主导＋国企实施＋提供公共住房"模式，补充经济住房供给（棚改任务已步入尾声，棚改模式正在逐步退场）；对于一般性的老旧小区改造，则在"政府＋市场"模式下，由政府主导完成前期调研、申报等工作，再公开选择市场主体推进实施，这一类型的项目将是未来城市更新的重点内容。《深圳市人民政府办公厅关于加快推进城镇老旧小区改造工作的实施意见》《深圳市城镇老旧小区改造建设技术指引（试行）》等明确了老旧小区改造的范围、内容、资金共担与长效管理机制，对基础类、完善类、提升类改造的具体内容做出了非常详细的引导，例如在基础类改造中，为住宅入口无障碍改造提供了三种设计示意。当前，基础类改造由专营单位和各区政府组织实施，社会资本主要参与完善类、提升类改造。

深圳福田区长城二花园改造是党建引领下多方共治的典型案例。项目以党支部引领成立小区监事会的方式协调各方参与，组织党支部、业委会、物业、居民代表参加的四方联席会议，汇总居民对社区改造的需求意见。2014 年至 2021 年年底，居民累计自筹资金 850 多万元，结合政府补贴完成了消防设施、电梯、建筑外墙与路面等改造和儿童游乐场改扩建工程；申请开设"社区长者食堂"，居民可通过民政局平台订餐且 70 周岁以上老人可以获得每天 5 元的补贴。此外，长城二花园与邻近的长泰花园小区利用公共区域，引入社会资本投资 700 多万元建设立体车库，为居民新增提供 96 个公共车位。针对停车收费问题，业委会和物业管理处共同制定《长城二花园小区停车管理规定》进行分时差异化收费，有效减少了外来车辆，保障了业主使用需求[105]。

4.5　成都：老旧小区有机更新与长效治理

4.5.1　成都老旧小区改造的发展历程

从 1992 年府南河综合整治到 21 世纪初大规模旧城改造，再到公园城市理念下的有机更新，成都的城市更新可归纳为住房供给导向下的旧城改造、经济发展导向下的再开发、调整优化导向下的有机更新三个阶段^[106]。相应地，成都的老旧院落（小区）改造模式也由政府全力主导转向引入社会资本参与；改造方式由拆除重建转向综合改造；改造规模由单一项目转向成片改造，越发注重深挖区域内在禀赋和精细设计日常生活场景^[107]。

改革开放后，成都总体城市规划严格控制用地增量，旧城改造工作被提上议程。在住房短缺的背景下，20 世纪八九十年代的旧城改造逐渐由公共福利模式转向商品化模式。早期的拆迁重建以居民原地回迁和建设单位宿舍为主；后随着商品住房住宅公司的建立，住房问题逐步交由市场解决。1992 年府南河综合整治的启动和 1997 年住房福利分配的停止，标志着成都进入经济发展导向下的城市再开发阶段。府南河综合整治工程历时 5 年，拆迁安置逾 10 万人。2002—2005 年，政府主导开展了二环路内的大规模危旧房拆迁改造，房地产市场热度高涨，政府通过土地拍卖获得大量收益。这一阶段的拆迁过程出现了部分损害原住民利益的问题，部分历史街区"活化利用"实际上是逐利导向的拆除重建和商业开发。2012—2016 年，在以曹家巷、荷花池等片区为代表的"北城改造"（简称"北改"）中，成都摒弃了大规模拆建的做法，从优化空间结构的角度明确各区域改造形式，在政府主导下引入社会资本参与改造。2014 年年底，成都市政府出台"四改六治理"的专项行动方案，"老旧院落改造"作为"四改"内容之一被正式提出并快速推进，按照坚持"总体规划、综合整治、分类改造、一院一策"的工作原则进行落实。

2017 年，成都提出"东进、南拓、西控、北改、中优"十字方针，改变过去点状式、碎片化的传统旧城改造模式，探索在宏观规划结构的导引下有序、成片推进城市更新，从城市空间结构调整的角度奠定城市更新基调。规划中的"中优"区域基本在五环路以内，旨在通过"三降两提"^①实现城市可持续发展，而有机更新则是落实"中优"战略的关键途径。此后，成都逐渐形成了较为完善的有机更新政策体系：以《成都市城市有机更新实施办法》（成办发〔2020〕43 号）为纲领，明确工作定义等基础性内容，提出保护优先、产业优先、生态优先等更新原则；以《成都市"中优"区域城市有机更新总体规划》作为顶层设计，明确更新对象、目标和模式等，并指导各区专项规划和实施规划的编制；先后出台《成都市公园

---

① "三降两提"指降低开发强度、降低建筑尺度、降低人口密度和提高产业层次、提高城市品质。

城市有机更新导则》《成都市城市更新设计导则》等建设导则，为城市更新提供科学规范的实施指导和不同类型空间设计的"工具包"，并结合《成都市城市既有建筑风貌提升导则》《成都市城镇老旧小区改造技术导则》等导则提供细分导引。"十四五"期间，成都市有机更新工作全面铺开，将"推进 173 个老旧片区的有机更新，新增改造老旧小区 2555 个，打造特色街区 100 条"。[①]

4.5.2　社会资本参与老旧小区改造的相关政策

对于非拆除重建类项目，成都市政府主要通过给予项目补贴和动员居民出资的方式，来降低社会资本参与老旧小区改造的经济平衡难度。2022 年，《成都市城镇老旧院落改造"十四五"实施方案》出台并明确了政府财政补贴的标准、改造分类及内容、改造程序等。政府补贴主要包括设施改造和自治管理两方面：锦江区、青羊区、金牛区、武侯区、成华区老旧院落硬件设施改造补助金额为平均每户 5000 元，若增设电梯，则每部电梯另外补助 20 万元，其他区县平均每户补助 2000 元；老旧院落首次设立业委会或居民自治组织、建立自治公约、运行物业服务机制后，每个院落一次性给予 5 万元补助。对于居民出资，《成都市老旧小区房屋专项维修资金管理办法》（成住建发〔2019〕4 号）规定，纳入改造的老旧小区住宅需建立房屋专项维修资金归集、使用、续筹机制，业主按照不低于 5 元 / m² 的标准交存老旧住宅小区首期维修资金（按照建筑面积计算），推动形成自主运作的长效管理。此外，居民还需承担自来水户表改造中的居民出资部分，原则上按每户 800 元的标准执行。

在建立鼓励社会资本参与老旧小区改造的利好政策方面，市级相关政策文件整体仍停留在总体引导原则上（表 4.4），部分区则进行了进一步的细化探索。例如《成都市成华区城市更新投融资办法（征求意见稿）》提出，由地方政府授予国有企业城市更新片区实施主体资格，再引入社会资本方与国有企业共同成立项目公司进行片区更新。对资金难以实现平衡的项目，区财政局可采取奖励、补助、贴息等方式给予支持，区投资促进局、区商务局等也可给予投资促进和产业运营等方面的政策优惠与支持。

---

① 雷健，2022，《成都市"十四五"城市建设规划出炉 全面推进 173 个老旧片区有机更新》，《四川日报》7 月 6 日。

表 4.4　成都保障支持社会资本参与城市更新的政策细则

类型	内容	具体细则
资金支持	财税支持 金融资金 居民出资	**财政资金**：对城市发展需要且难以实现平衡的项目，经市政府认定后可采取资本金注入、投资补助、贷款贴息等方式给予支持； **政策性金融**：鼓励积极利用国家政策性金融为城市有机更新的支持政策筹集资金； **自治载体**：构建社区基金会、议事会，鼓励建立更新基金
空间保障	产权 用途 容量	**用地功能兼容**：利用既有建筑发展新产业、新业态、新商业，可实行用途兼容使用； 容积率分类管控与奖励； **容积率转移**：在符合区域规划、土地利用规划的前提下，允许按城市设计进行不同地块之间的容积率转移
资源统筹	—	**单元统筹**：以"更新单元"为空间载体，对建筑容量、配套设施、开敞空间等各类空间要素进行整合、分配和优化

资料来源：作者根据《成都市城市有机更新实施办法》《成都市公园城市有机更新导则》整理。

4.5.3　社会资本参与老旧小区改造的模式与案例

成都老旧院落（小区）更新以发挥居民自主性为突出特征，鼓励业主自行更新、自治管理，同时以政府财政补贴和多方市场化合作路径提供支持。成都将老旧小区改造划分为安全类、基础类、完善类、提升类四类，按照"保安全、重基础、强完善、促提升"原则推进。社会资本参与老旧小区改造的方式主要有两种，均体现出片区化运作的特征：一是进行片区综合性更新，将老旧小区改造中的公共空间改造、建筑外立面更新等作为片区更新内容之一；二是作为老旧小区连片改造后的物业管理单位入驻。

片区综合型更新以成都市天府锦城工程的一系列项目为代表，注重渐进连片激活、多元功能更新和生活化场景营造，综合考虑文旅商产居各类功能活化，形成了华兴街、祠堂街、枣子巷、寻香道、猛追湾、华西坝等诸多优秀实践案例。以猛追湾为例，该项目采取"EPC+O"（工程建设项目总承包＋运营）的模式，由政府出资及指导考核，收储各类物业面积约 4.2 万 m²，万科作为总承包方统一进行策划、设计、施工和运营。改造坚持"修旧如旧、产业活化、有机更新"的原则，开展居民楼修缮与立面翻修、底商改造与产业引入、老旧院落望平坊改造、道路绿化改造、公共空间更新等，最大化保留原有社区文化与生活气息，为街区注入全新活力。

老旧小区连片改造以抚琴街道西南街片区更新为代表，2018—2021 年间，该片区共完成 30 个老旧小区的连片改造，在探索多方合作治理、调动社会资源方面的做法可圈可点。一是建立"自管小组—民间协会—社区学院"三个自治平台，落实全过程公众参与，构建商家和社区居民间公约，形成社区营建共识。二是坚持整体成片更新，一体化推进老旧小区、公共空间、沿街店铺三类空间改造，引入社会资本打造邻里会客厅等一系列优质公共空间，日常收益按比例反哺社区基金，进一步用于物业管理；在地铁站周边置入产业空间 1000 余 m^2，形成社区微型 TOD 开发模式，激发片区活动与消费活力，获取运营收益[107]。

为有效保障改造过程推进与改造效果维持，成都市为改造前居民协商机制和改造后居民自治管理机制的建立提供了清晰导引。对于改造前，成都市明确了成立基层治理组织、开展民意调查、建立长效自治机制、编制改造方案、多方参与组织实施、做好审批建设验收、构建治理服务体系等七个步骤，并且指出先成立自治组织、缴纳维修资金和拆除违章建筑的老旧小区可优先纳入改造计划[108-109]。对于改造后，按照《成都市老旧小区（院落）党建"四有一化"建设三年行动计划》，应以基层党建引领居民进行自我维护和自治管理，利用闲置小微空间布局党群服务站，政府为每个小区党组织每年提供不低于 1000 元的党建专项保障资金用于支持小区治理工作。针对物业管理，成都出台《成都市老旧小区推行物业服务专项行动方案》，要求 2025 年年底实现符合条件、业主自愿的老旧小区物业服务全覆盖，并为老旧小区推荐了四种物业服务方式：市政服务与物业服务相结合方式、成片引入物业管理方式、街区共享物业服务方式、信托制物业服务方式。

4.6　小结

上海、广州、深圳、成都作为我国人口超千万的一线超大城市，城市发展早、城市化水平高，老旧小区普遍具有产权较复杂、老龄化严重等特点，更新需求迫切，但又面临着来自不同发展限制条件、住房市场情形与地方城市建设制度的约束。经过多年探索，四个城市形成了自己的老旧小区改造工作特色，如上海由于不成套老旧小区改造任务艰巨，重点推进政府主导、国企实施的拆除重建改造，凸显改造项目的民生保障属性，重视完善成套化改造的技术规范制定；广州的老旧小区数量大、改造任务重，因此广州率先推出针对社会资本参与老旧小区改造的管理办法，对主体权责划分与合作模式进行清晰界定，为社会资本参与老旧小区改造、运营、管养等提供依据；深圳表现出高度市场化运作环境下的政府审慎把控，由政府完成前期调研申报工作，再公开选择市场主体，通过多个层次的更新规划进行规范化管理，同时更多地从社会资本投资的考虑与需求出发，构建起详细的容积率、地价计算机制与设施配建标准体系等；成都以激发产权主体自主治理积极性为导向，鼓励业主自行筹资、自主选择改造模式与管理方式，社会资本倾向于以"轻资产"模式参与闲置空间的盘活与功能活化。

四个城市的经验表明，老旧小区改造的制度体系建设需要因时制宜和因地制宜，在保持必要稳定性的前提下根据现实需求动态调整；同时，需要根据不同类型老旧住宅改造的轻重缓急制订系统的更新计划。拆除重建类项目应加强政府引导和国企参与，讲求改造的公益性与公平性；综合整治、微改造类项目应充分发挥居民自主性和社会资本积极性，建立改造前多方协商、改造中动态对接、改造后持续维护的完整工作机制，鼓励社会资本和居民形成"利益捆绑"以实现共赢局面。政府在出台有关社会资本参与老旧小区改造的针对性政策时，需要把握好"激励"与"控制"之间的度，可以给予一定的容积率与用途激励，又要严格把控好空间容量管控、整体结构优化与公共服务配套等底线要求；既要向社会资本参与提供明确的规定要求，又要保留一定灵活度，同时避免政策的弹性空间成为市场投机的灰色场域。

第 5 章 ————————————

北京老旧小区改造与"成本 – 收益"分析框架

分析了上海、广州、深圳、成都四地的老旧小区改造实践经验后，本章聚焦讨论改革开放以来北京老旧小区改造的发展历程，重点厘清北京自 2018 年以来系统推进老旧小区综合整治所出台的各项政策要点，剖析北京吸引社会资本参与老旧小区改造所面临的特殊背景与约束条件。聚焦资金这一关键问题，本章运用微观经济学领域的"成本－收益"盈亏平衡分析方法，构建起社会资本参与老旧小区改造的"成本－收益"分析框架，以此剖析社会资本参与老旧小区改造的基本动力来源与现实挑战。研究表明，政府可通过制度干预来影响老旧小区改造的"成本端"与"收益端"，进而激发社会资本参与改造的动力。

5.1　北京住区建设与改造的发展历程

改革开放以来，北京从计划经济体制下依托政府提供的住房分配制度向市场化供应过渡。随着取消福利分房、实行住房商品化、建立住房公积金等制度改革的逐步深化，北京的住房供应开始呈现多元化格局。在房地产行业蓬勃发展的过程中，建立社会主义市场经济体制下的住房保障体系，推进老旧小区改造逐渐被提上日程。顺应城市社会经济发展的总体进程，北京的住区改造历程大致可以划分为四个阶段：城市住宅建设的快速发展与住宅改造起步期、住房制度改革下的房地产繁荣与住宅改造探索期、老旧住宅综合整治体系逐步建立期、减量发展背景下全面推进老旧小区改造的多元共治期。

（1）城市住宅建设的快速发展与住宅改造起步期（1978 年—20 世纪 90 年代末）。为解决十年"文革"带来的住宅历史欠账问题，1978 年之后的北京住宅建设注重对数量的追求[110]。改革开放以来，为适应经济体制改革需要，《北京市住房制度改革实施方案》于 1992 年出台，推动住房商品化、社会化，住宅和居住区相关技术规范开始逐步建立起来，房改、危旧房改造与房地产开发成为这一阶段住宅改造的主要工作。在 20 世纪 90 年代中期开展的住房制度改革中，"允许公有住房向职工出售""逐步提高房屋租金标准""建立住房公共维修基金"等机制与《北京市居住小区物业管理办法》[①] 的施行，对住宅维修管理产生了积极推动作用[111]。1994 年，北京市人民政府发布《北京市新建改建居住区公共服务设施配套建设指标》（京政发〔1994〕72 号），从设施类型、标准、可达性与便利性等方面对教育设施、文化体育设施、商业服务设施、市政公用设施等作出细化规定，以适应当时城市发展和居民生活需求的各方面变化。

（2）住房制度改革下的房地产繁荣与住宅改造探索期（20 世纪 90 年代末—2011 年）。这一阶段，房地产业蓬勃发展，多样化住宅类型涌现，但住房紧张问题依然显著，同时一些老旧房屋安全隐患严重，亟须推动更新改造。在此背景下，《北京市加快城市危旧房改造实施办法（试行）》（京政办发〔2000〕19 号）出台，"房改带危改"的改造思路应运而生，旨在通过引入市场机制吸引社会资本参与危旧房改造，一方面可以缓解政府财政压力，另一方面有助于调动社会各方参与的积极性，在一定程度上推进了北京的城市更新改造进程、改善了居民的住房条件。2007 年，为迎接 2008 年夏季奥运会，北京市开展了重要大街两侧的住宅楼立面粉刷和平改坡工程，以改善老旧建筑既有功能、美化城市景观[112-113]。但这类住宅维修与美化工程并没能从根本上改变居民的居住状况，加之缺少日常管理与维护机制，住宅的失养失修问题仍然突出，住房改造的市场化机制也有待完善。

（3）老旧住宅综合整治体系逐步建立期（2012—2017 年）。随着城镇化进程的加快，北京市老旧小区普遍存在的基础设施落后、环境脏乱、公共服务设施不完善等问题更加凸显。2012 年，北京开始推行老旧小区综合整治工作，先后出台了《北京市房屋建筑抗震节能综合改造工作实施意见》（京政发〔2011〕32 号）、《北京市老旧小区综合整治工作实施意见》（京政发〔2012〕3 号）等文件，明确在"十二五"期间对全市老旧小区进行节能改造、抗震加固及环境综合整治，

---

① 1995 年 10 月 1 日，《北京市居住小区物业管理办法》（北京市人民政府令 21 号）施行，规定：新建小区统一实行物业管理。

整治内容涉及房屋本体和小区公共部分两方面[112]。这一时期的老旧小区整治工作职责主要由老旧小区综合整治工作联席会、北京市老旧小区综合整治办公室统筹组织，资金来源以政府财政拨款为主。因此，"十二五"期间的北京老旧小区综合整治多根据政府治理需求自上而下地推进，通过增加层数户数、增建商业设施、增建保障性住房等策略拓展融资渠道，并将售房款继续投入老旧小区整治更新中。

（4）减量发展背景下全面推进老旧小区改造的多元共治期（2018年至今）。2014年和2017年，习近平总书记两次视察北京，要求努力把北京建设成为国际一流的和谐宜居之都，健全城市管理体制，提高城市管理水平。北京新版城市总体规划（2016年—2035年）发布后，老旧小区综合整治成为北京"和谐宜居之都"建设的关键所在，是提升人民幸福感的重要抓手。2016年、2017年连续两年，北京市人大常委会把推进老旧小区综合整治列入重要议案。为落实《北京城市总体规划（2016年—2035年）》、回应居民关切、积极引入市场机制，北京市于2018年下发《老旧小区综合整治工作方案（2018—2020年）》（京政办发〔2018〕6号），由此，"减量发展"和"疏解整治促提升"专项行动背景下的新一轮老旧小区改造工作，成为新时期北京重要的民生和发展工程[114]。自2018年起，北京市政府颁布多项文件以不断完善老旧小区综合整治的制度体系，通过"年度计划"等形式明确分区域改造任务，推动北京老旧小区改造工作再次进入快车道。2021年，北京出台《关于引入社会资本参与老旧小区改造的意见》，明确社会资本可通过提供专业化物业服务、"改造＋运营＋物业"等多种方式参与老旧小区改造，并提出加大对社会资本的财税、金融以及审批流程支持，以"政府引导、市场运作"的方式推动老旧小区改造和危旧楼房改建，推进政府与居民、社会力量合理共担改造资金、共同参与改造和共享成果收益。2021年后，随着《北京市城市更新条例》、《北京市城市更新专项规划（北京市"十四五"时期城市更新规划）》（京政发〔2022〕20号）、《北京市人民政府关于实施城市更新行动的指导意见》（京政发〔2021〕10号）等文件的陆续出台，北京城市更新进入制度创新发展期，相关工作强调以政策支持和财政资金引导等方式撬动社会资本参与，以此建立长效可持续的城市更新模式。

5.2　北京老旧小区改造的特殊背景：减量规划和规模管控 ①

北京的老旧小区改造具有一定独特性，主要体现在首都定位、减量发展、疏解整治、有机更新等特殊发展要求的约束上[115]（图 5.1）。北京作为国家首都，需要时刻处理好"都"与"城"的关系，做好"四个中心"和"四个服务"② 建设工作，在保障首都功能的基础上积极推进城市发展；与此同时，北京特殊的政治地位使得城市更新"试错容错"的制度包容性相对偏小、机动灵活的市场体系支撑受到一定约束，城市更新常常表现为自上而下的行政指令及其指引下的实践行动。

图 5.1　减量规划导向下的北京城市更新运作环境

资料来源：参考文献 [115]。

2015 年以来，北京积极推动"非首都功能疏解"，明确了一般性制造业、区域性物流基地和区域性批发市场、部分教育医疗等公共服务功能以及部分行政性、事业性服务机构四类非首都核心功能及其疏解路径，以此推动产业升级、协调人地关系，优化提升居民生活环境。2017 年，《北京城市总体规划（2016 年—2035 年）》发布，明确提出"全面推动城乡建设用地减量提质"，这也意味着北京成为全国首个提出实施"减量发展"的城市，由此步入减量发展、疏解整治和有机更新的新发展道路。

---

① 本节内容选自：唐燕、张璐、殷小勇：《城市更新制度与北京探索：主体—资金—空间—运维》，中国城市出版社，2023，第 150-151 页。
② "四个中心"是首都城市战略定位，即全国政治中心、文化中心、国际交往中心、科技创新中心；"四个服务"是指为中央党、政、军领导机关的工作服务，为国家的国际交往服务，为科技和教育发展服务，为改善人民群众生活服务。

在服务"四个中心"建设，疏解"非首都功能"，明确用地规模、建筑规模、人口规模"三减"要求等一系列发展新导向下，北京城市规划建设实行严格的建设规模管控制度——相比上海、广州、成都等国内城市能够通过增加面积、改变功能、产权变更、统筹项目和片区更新等方式实现空间增值与资金平衡、激发城市更新动力的做法，北京面临着更为严格的更新条件与规划管控约束，造成激励机制的相对匮乏与社会资本参与动力的不足。

5.3 "成本－收益"视角下社会资本参与老旧小区改造的动力机制

综上可见，老旧小区改造单纯依靠政府财政资金投入的做法存在不可持续性，社会资本参与成为保障社区可持续更新的一项重要途径。社会资本参与城市更新活动的基本动力是"盈利"，具体到老旧小区改造这类成本投入大、回报收益少且周期长的更新项目，能否实现"成本－收益"平衡是社会资本是否愿意介入的关键所在。因此，本书从微观经济学相关理论出发，立足"成本－收益"的盈亏平衡分析，搭建社会资本参与老旧小区改造的动力分析理论模型。

5.3.1 "成本－收益"模型：盈亏平衡分析

从经济学视角看，经济活动是否发生，首先关注活动会带来怎样的正面和负面效果，相关判定的基本准则建立在"盈亏平衡分析"基础上。"盈亏平衡分析"围绕某项措施的可变正效果和负效果展开比较，其中正效果主要是企业的收益，负效果是企业付出的总成本[116]（图 5.2）。总成本通常分为两部分：一是固定成本（FC），主要指固定资产投入、折旧和管理等费用，一般不随产出量改变；二是可变成本（VC），指总金额会随产量增减而成正比关系变化的成本，如工资、奖金、原料支出等费用。固定成本为厂商必须支付的成本，而可变成本视生产情况而定。根据微观经济学中的利润最大化假设，"利润（P）＝总收益－总成本"。当厂商选择产量 Q，在该产出水平上边际收益（收益曲线斜率）（Marginal Revenue）等于边际成本（成本曲线斜率）（Marginal Cost），则厂商能够实现利润最大化（图 5.3）[117]。

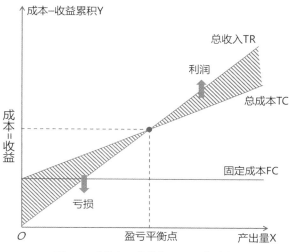

图 5.2　"成本 – 收益"盈亏平衡分析

资料来源：作者根据参考文献 [116] 改绘。

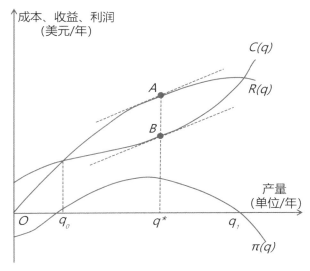

图 5.3　短期利润最大化

资料来源：作者根据参考文献 [117] 改绘。

用盈亏平衡研究社会资本参与城市更新这一行为时，可以发现其主要分析逻辑为：在一定期限内，若收益－成本 >0，即参与更新带来的收益大于其更新过程中投入的成本，则表明社会资本参与更新的动力存在（动力大小受到收益程度的影响），更新行为有可能发生；反之，则动力缺失，更新行为往往难以发生。

5.3.2　成本理论：关于生产成本与交易成本

在微观经济学领域，成本大致涉及机会成本（opportunity cost）、会计成本（accounting cost）、沉没成本（sunk cost）、固定成本（fixed cost）、可变成本（variable cost）等（表 5.1）。考虑到社会资本参与城市更新的行为特征有别于一般厂商生产行为，本研究重点讨论社会资本参与更新改造过程中实际投入的"成本支出（生产成本）"与"交易成本"。

表 5.1　微观经济学关于不同成本的界定

成本分类	定义
机会成本（opportunity cost）	与厂商未将资源用于其他可供选择的最佳用途而放弃的机会相联系的成本
会计成本（accounting cost）	实际支出加上资本设备的折旧费用
沉没成本（sunk cost）	已经发生且无法收回的支出
固定成本（fixed cost）	不随产量水平变化的成本
可变成本（variable cost）	随产量变化而变化的成本
使用者成本（user cost of capital）	拥有并使用这一项资本的年成本等于资本的经济折扣加上放弃的利息

资料来源：作者根据参考文献 [117] 整理。

（1）生产成本。在城市更新和老旧小区改造的相关研究中，不同学者对改造成本的构成划分有所不同：赵燕菁将旧城更新看作财务平衡的过程，并将成本（C）划分为更新改造阶段的征拆建安成本支出（C_0）与运营阶段的公服增加、折旧维护、融资利息等成本支出（C_k）两部分 [118]；游鸿等将成本要素分为项目筹备和建设期的固定成本（FC）与运营期间产生的各种可变成本（VC）[119]；林强将老旧小区的改造成本分为"显性"成本和"隐性"成本，其中"显性"成本即企业实际支出费用，包括补偿成本、拆除成本、建设成本、搬迁成本。总的来看，城市更新中的生产成本主要指社会资本参与更新改造过程实际投入的相关费用支出，包括土地使用费用、资金使用费用、拆迁安置费用、建设施工费用、运营维护费用等，不同类型的更新项目在费用支出上通常有所不同[120]。

（2）交易成本。"交易成本"这一概念最早由科斯（Ronald H. Coase）在《企业的性质》[121]一文中提出，肯尼思·阿罗（Kenneth J. Arrow）给交易成本的定义是"经济系统的运行成本"[122]；此后，科斯在其著名的《社会成本问题》（1960）中提出："交易成本是运用价格机制的成本，包括获取确切价格信息的成本以及制定和履行契约的成本。"[123]总体上，"交易成本"概念的引入否定了福利经济学中所认定的市场行为"完全理性"和"信息充分"的假设，将逻辑分析建立在新制度经济学中人的"有限理性"和"信息不对称"假设基础上[124]。许多经济学者对"交易成本"的构成进行了分析：奥利弗·威廉姆森（Oliver Williamson）将交易成本分为事先获取信息、协商成本和事后监督治理成本等部分[125]；迈克尔·迪屈奇（Michael Dietrich）将其分为调查和信息成本、谈判和决策成本以及制定和实施政策成本三部分[126]；道格拉斯·诺斯（Douglass C.North）将交易成本看作"制度成本"，即人们为了完成生产活动所要付出的获取信息、达成契约和保证契约执行费用的成本[127]。综合以上分析（表 5.2），本研究将交易成本界定为：人们在社会经济活动中达成合作时，随同产生的信息获取、协商谈判、交易实施、运作维护等环节各项成本的总和。

表 5.2　对"交易成本"构成内容的不同界定

主要学者	提出时间	交易成本概念或内容构成分类
科斯（Ronald H. Coase）	1937 年	**交易成本**：企业的产生和存在可以节约个体交易之间的交易费用
	1960 年	**交易成本与产权安排的关系**：不同的权利界定会带来不同效率的资源配置（科斯定理）
奥利弗·威廉姆森（Oliver Williamson）	1975 年	**搜寻成本**：商品及交易对象的信息搜寻成本； **信息成本**：取得交易对象信息以及和交易对象进行信息交换所需的成本； **议价成本**：针对契约、价格、品质讨价还价的成本； **决策成本**：进行相关决策与签订契约所需的内部成本； **监督交易进行的成本**：监督交易对象是否依据契约进行交易的成本

主要学者	提出时间	交易成本概念或内容构成分类
奥利弗·威廉姆森（Oliver Williamson）	1985 年	**事先获取信息、协商成本**：包括获取项目所需相关信息，在参与者间进行协商并达成一致，组织相关方进行交流，额外支付费用的成本； **事后监督治理成本**：包括监督、制裁和治理成本、为解决条款改变的不适应性而重新协商的成本等 （按交易前、交易后行为进行分类）
达尔曼（Dahlman）	1979 年	**按交易活动内容分类**：搜寻信息的成本、协商与决策成本、契约成本、监督成本、执行成本与转换成本
巴泽尔（Barzel）	1989 年	**"交易成本"与"产权"联系**：交易成本为与转让、获取和保护产权有关的成本
张五常（Cheung）	1969 年	**将"交易费用"扩展为"制度费用"**：包括信息、谈判、起草和实施合约、界定和实施产权、监督管理、改变制度安排等一系列费用
诺斯（North）	1990 年	**交易成本实际是一种制度成本**：是人们为了组织完成生产活动而需要付出的获取信息，达成契约和保证契约执行的费用
迈克尔·迪屈奇（Michael Dietrich）	1999 年	**按交易流程分类**：调查和信息成本、谈判和决策成本、制定和实施政策成本

资料来源：作者整理。

城市更新领域中，国内相关学者对交易成本的研究多聚焦于具体的更新行为解释，即通过指出交易成本的存在，剖析市场参与城市更新的困局所在[128-129]。比如黄卫东等分别从成本端和收益端探讨深圳城市更新制度变迁对市场参与驱动力的影响[130]；彭坤焘从"负效应"角度提出城市更新规则的制定会受到更新主体数量和更新类型的影响，并提出降低政策制定中交易成本的方法[131]；朱晨光结合制度变迁和交易成本的相互关系，探讨了城中村改造中制度变迁引起的交易双方成本收益变化[132]。针对老旧小区改造，姜玲等构建起社会资本参与老旧小区改造的交易成本分析框架，总结出"协商成本、代理成本、信任成本、风险成本、时间成本"五种交易成本[133]；冯雯分析了旧居住区更新中存在的交易成本并提出控制交易成本的制度措施[134]；周霞等构建基于"项目价值－交易成本"双考量的评价指标体系，对北京市海淀区某居住区项目展开分析，得出房企筛选投资项目的关键点，其中项目及客群分析、成本－收益两个指标权重最高[135]。总结起来，已有文献多以交易成本形成的原因为切入点，剖析城市更新实施的困境所在，而对于总成本的研究涉及较少，仅简要指出工程建设成本、运营成本等的存在[118,120,136]。

本研究将聚焦分析社会资本参与城市更新的总成本构成，包括"生产成本"和"交易成本"两部分具体投入。

5.3.3　收益理论：关于短期收益与长期收益

微观经济学中，从厂商生产物品的角度看，收益 =P（价格）×Q（数量），即厂商按一定价格出售一定量产品时所获得的全部收入。但城市更新行为因其复杂性和长周期性，收益通常不能简单地以上述公式进行衡量，需要企业根据具体项目特征和自身发展情况进行投资收益率及回报周期测算。赵燕菁指出，企业参与城市更新需要在资本性投入阶段和运营阶段分别独立地实现财务平衡——融资收入需要大于征拆建安成本，后期现金流收入需要大于运维成本，理论上两个阶段的剩余不能相互替代。借鉴这一观点，这里将社会资本参与更新项目的可计算收益分为前期建设带来的"短期收益"和后期运营带来的"长期收益"[137]。

（1）**短期收益**。"短期收益"通常主要指由社会资本参与投资、建设带来的直接收益，需要满足"融资收入－资本性支出＞0"。在这一计算中，"融资收入"被看作一次性收益，包括贷款、发债、卖地、政府财政资金补贴等形式；"资本性支出"则指征用、拆除、重建等的费用，也即项目筹备和建设期的各类生产成本。然而社会资本的融资往往需要连本带息进行偿还，有必要区分企业贷款、发债等获得的资金和无需偿还的政府补贴、资产出售收入等纯收益性内容。因此本书在收益端分析中仅考虑后者，在成本端则以在筹集资金过程中发生的各种费用减去融资收入的差值作为"融资成本"进行分析。

（2）**长期收益**。"长期收益"指社会资本通过长期持有及运营空间获取的收益，主要可以分为出租持有资产的收益和参与经营服务的收益。租金收益易于理解，主要取决于空间规模、用途等；经营服务收益构成丰富且具备较高的挖掘潜力，如李志等详细分析了老旧小区微改造中的增值服务项目，包括物业运营、停车、广告、家居服务、其他业务等（表 5.3）[29]；姜玲从老旧小区改造的消费端指出，居民户内改造、装饰装修、家电更新等需求都将给社会资本带来新的发展机遇。从长远来看，激发居民购买服务的意识，促进闲置物业的功能再造、服务升级和社区消费激活等，可以帮助社会资本实现资产增值、获取长期收益。一些补齐社区配套公共服务短板的更新行动，如孵化社区菜市场、银发消费等多种新业态，成为社会资本创造社区消费的新蓝海[133]。

表 5.3　老旧小区微改造中的增值服务项目

改造内容增值潜力	内容细分
物业运营	公共物业深度挖掘使用经营； 公共管理服务站点管理招商； 公共设施标准化、特色化投资； 公共停靠服务共享收费项目； 垃圾分类回收、智慧社区
停车	加建地下停车库； 立体停车
广告	广告植入系统收费； 综合数字化家庭管线
家居服务	养老服务； 幼托项目； 家教服务
其他业务	厨房油烟集中过滤； 设计改造方案； 改造方案实施； 底层商业出租

资料来源：参考文献[29]。

在城市更新中，产权激励和空间增值是提升社会资本收益的重要途径。空间增值情况取决于空间资源的初始配置状态及其可调整的程度，改造前后资产的价值差越大，项目收益平衡越有保障，社会资本参与改造积极性越高。反映在老旧小区改造中，空间增值的途径包括挖潜老旧小区内部空间、放松老旧小区改造的规划管制、局部或整体拆建创造增值收益空间等[138]。不同的"产权激励"方式，如产权变更或改"大产权"①、用途调整、容量变化、品质提升等[2]，会影响空间增值情形，并进一步反映为资产交易、租金和运营服务等收益的变化。

产权的界定及其激励形式对于社会资本参与城市更新有着重要影响。根据"科斯定律"，产权如何界定对资源配置的效率起到决定性作用[125]，清晰、良好的产权分配是市场进行交易的前提[139-140]。从产权的定义及其功能看，"产权是界定个体对有形或无形资产的处置、收益、交易以及合法阻止他人利用该项资产

---

① 指"小产权"物业转换为可以自由交易的"大产权"物业，获取产权溢价。

的规则设定"[139]。菲吕博顿和配杰威齐指出："产权是由物的存在和使用所引起的人们之间一些被认可的行为关系，人与事物相关的行为规范由产权分配格局规定，人与人的相互交往都需要遵守这些规范，抑或承担不遵守这些规范的成本。"[141] 当人们进行交易时，产权能够配置资源、帮助人们形成合理预期、对交易主体产生激励与约束作用；同时，由于与社会经济活动相联系的每一成本和收益都具有潜在的外部性，产权这一工具也能够降低不确定性并将外部性内在化[142-143]。鉴于产权的这种功能和特性，在当前交易成本广泛存在的前提下，政府可以通过产权安排方面的制度创新，明确社会资本的收益预期，让其协助提供公共服务[144]，形成对高效经营城市空间资源、提高产权运行效率的激励和约束作用[145]。

5.3.4 社会资本参与老旧小区改造的基本动力逻辑：优化 "成本 – 收益"关系

社会资本参与老旧小区改造的主要动力是"盈利"，从"有利有更新，无利无更新"的基本逻辑出发，可以将相关更新项目的可行性简要转化为"成本 – 收益"的关系判定问题①。基于上文梳理的两类成本和两类收益概念，下文将进一步剖析其具体构成，形成表 5.4 所示的社会资本参与老旧小区改造的"成本 – 收益"分析框架。

从"成本端"（Total Cost，TotalC）看，社会资本参与老旧小区改造的主要成本包括：项目筹备、建设、运营期的生产成本投入（Production Cost，ProC），以及这一过程中伴随的大量交易成本投入（Transaction Cost，TranC）：

（1）生产成本（ProC）主要包括建设施工等环节的建设成本（Construction Cost，ConsC）投入，建设投资项目所需资金的融资成本（Financing Cost，FinC），以及后续运营管理阶段的物业管理及运营、人力等成本（Operating Cost，OperC）的持续性投入。

（2）交易成本（TranC）主要包括改造前期的信息获取成本、项目改造的协商谈判成本、审批管理带来的规划约束成本等，交易成本的支出贯穿老旧小区改造的全过程。

---

① 具体可参见：唐燕、殷小勇、刘思璐：《减量规划导向下的城市更新制度供给：动力和红利从哪里来？》，《城市与区域规划研究》2022 年第 1 期。

从"收益端"（Total Revenue，TotalR）看，社会资本参与老旧小区改造的收益主要来自建设阶段和运营阶段。

（1）建设收益（Construction Income，ConsI）是社会资本参与投资改造所获得的"一次性"收益，主要包括：外部资金补贴（Subsidy Income，SubI），主要指市区两级的财政补贴；资产交易收入（Property Transaction Income，PropI），指通过功能变更、容量定投、空间确权等空间增值方式使得资产能够以更高价格出售而取得的收入，如业主购买公房产权、增容实现的商品房出售等。

（2）运营收益（Operating Income，OperI）是指社会资本在项目运营阶段，通过提供良好的运营服务从而获取稳定收益及实现资产增值的过程，一是将资产（包括获得经营权的资产）出租给其他人运营进而获得的租金收入（Rental Income，RentI），二是运营自持资产（包括获得经营权的资产）、提供增值服务等产生的收入（Service Income，ServI）。

表 5.4　社会资本参与老旧小区改造的"成本－收益"构成分析

成本端 （TotalC：Total Cost）	生产成本（ProC：Production Cost）	建设成本（ConsC：Construction Cost）：居民周转安置成本及建设施工等环节的成本投入； 融资成本（FinC：Financing Cost）：企业为获取银行等金融机构融资所付出的各种费用，如资金使用费、资金筹集费等（主要受利率高低影响）； 运营成本（OperC：Operating Cost）：后续运营管理阶段在物业管理及运营、人力成本等方面的持续性投入
	交易成本（TranC：Transaction Cost）	信息获取、协商谈判、审批管理等环节的各项成本投入
收益端 （TotalR：Total Revenue）	建设收益（ConsI：Construction Income）	外部资金补贴（SubI：Subsidy Income）：政府财政资金支持等； 资产交易收入（PropI：Property Transaction Income）：通过功能变更、容量定投、空间确权等空间增值方式使得资产能够以更高价格出售而取得的收入，如业主购买公房产权、增容实现的商品房出售
	运营收益（OperI：Operating Income）	出租租金收入（RentI：Rental Income）：将资产（包括获得经营权的资产）出租给其他人运营进而获得的租金收入； 经营服务收入（ServI：Service Income）：运营自持资产（包括获得经营权的资产）、提供增值服务等产生的收入

资料来源：作者整理。

综上可见，激励社会资本参与老旧小区改造的核心在于如何通过政策供给和机制保障等降低各类成本，并增加相关收益。这种"成本－收益"视角下社会资本参与老旧小区改造的驱动力情况是：若在一定期限内"收益－成本>0"（TotalR－TotalC>0），则表明社会资本具有参与动力，这是社会资本能够参与老旧小区改造的先决条件。

5.3.5　社会资本参与面临的"成本－收益"平衡挑战

"成本"与"收益"作为影响社会资本介入老旧小区改造的两大关键因素，其平衡难点在于：复杂流程与政策标准约束下的"高成本"与政策限制下的"低收益"之间的矛盾。

（1）成本投入大，一事一议成本高。当前，老旧小区改造内容庞杂、主体多元、产权复杂等情况导致改造工作通常是"谈成一个（资金到位、工程可行、居民同意等）改一个"，一事一议成本高[146]。老旧小区改造项目具有一定的"反公地悲剧"特征，项目涉及的产权主体越多、空间越细碎，交易成本也会越高，导致社会资本参与时，统筹协调多利益主体的困难非常突出[120]。改造过程中，工程衔接复杂、涉及部门多元，同样需要社会资本付出更多的交易成本来协调解决，因此在规范标准及实施流程有待完善的当前环境下，投入精力大、改造时间长且不确定因素多等都成为制约社会资本参与老旧小区改造的重要因素。

（2）收益机制缺失，盈利模式不清。老旧小区改造的盈利模式尚不清晰和稳定，改造项目多呈现"低利润、长周期"特点，因而社会资本对介入改造多持观望态度[138]。特别是当前老旧小区"综合整治"的收益来源有限，社会资本主要依靠物业费、停车费、政府购买社区养老/托幼等产业服务项目费等回收成本，而这些收费项目的盈利空间普遍不高，还会面临费用收缴困难等难题。若社会资本尝试通过改造利用闲置空间来获取运营收益——如对自行车棚、地下室等存量空间进行经营利用，则常常面临缺乏主体授权、实际用途与规划用途不匹配、改造标准不满足规范要求等一系列政策限制，抬高了参与门槛，增大了项目落地难度。

5.4 "成本－收益"视角下北京老旧小区改造的政策演进

从政策演进角度，北京老旧小区改造大致经历了 2012—2017 年起步、2018—2020 年探索、2021 年以来全面推进三个阶段。2012 年，北京首次提出"老旧小区综合整治"并正式出台《北京市老旧小区综合整治工作实施意见》，对 1990 年（含）以前建成的老旧小区展开综合整治，内容以房屋建筑本体改造和公共设施修缮为主。2017 年《北京城市总体规划（2016 年—2035 年）》发布后，北京于 2018 年发布《老旧小区综合整治工作方案（2018—2020 年）》，制定包含基础类和自选类内容的老旧小区改造整治菜单，扩大老旧小区综合整治实施范围。2021 年，北京市政府出台《北京市"十四五"时期老旧小区改造规划》（京建发〔2021〕275 号），进一步完善工作模式与政策支持体系，北京老旧小区改造进入全面推进阶段。

5.4.1 北京老旧小区改造的政策要点 [①]

在 2018 年以来的政策探索和全面推进阶段中，北京市老旧小区改造政策加速出台，主体、资金、空间、运维等多方面制度体系不断完善（表 5.5）。2018 年，北京市政府发布《老旧小区综合整治工作方案（2018—2020 年）》，提出："优先实施整治的小区包括：1990 年以前建成、尚未完成抗震节能改造的小区，1990 年以后建成、住宅楼房性能或节能效果未达到民用建筑节能标准 50% 的小区，以及经鉴定部分住宅楼房已成为危房且没有责任单位承担改造工作的小区。"具体整治内容采用菜单式，分为基础类和自选类，包含楼本体、小区公共区域和完善小区治理三方面，形成"六治七补三规范"的整治清单（图 5.4）。同时，文件明确"政府主导、居民自治、社会力量协同"的小区治理体系（图 5.5），界定了各政府部门承担的职责、社区应建立的自治组织与作用、物业企业的职责等。方

---

① 本节内容选自：唐燕、张璐、殷小勇：《城市更新制度与北京探索：主体—资金—空间—运维》，中国城市出版社，2023，第 281-284 页。

六治	七补	三规范
治危房	补抗震节能	规范小区自治管理
治违法建设	补市政基础设施	规范物业管理
治开墙打洞	补居民上下楼设施	规范地下空间利用
治群租	补停车设施	
治地下空间违规使用	补社区综合服务设施	
治乱搭架空线	补小区治理体系	
	补小区信息化应用能力	

图 5.4　"六治七补三规范"的整治内容

资料来源：参考文献 [147]。

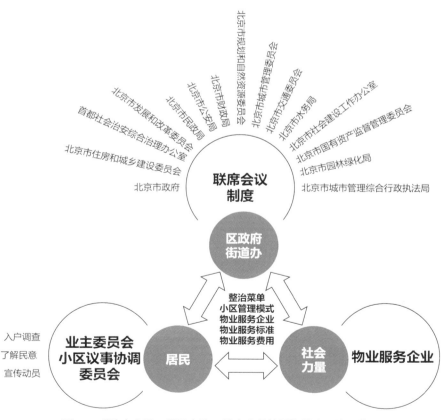

图 5.5　"政府主导、居民自治、社会力量协同"的小区治理体系

资料来源：参考文献 [147]。

案提出：由区政府主导建立项目储备库，编制年度计划后实施；市区两级政府给予资金支持，引入社会资本参与，建立受益者支付机制；在无法入驻物业服务的情况下，由政府引导提供低成本的"准物业"管理服务。工作方案搭建了多部门协作下的整治体系，明确了主要工作方式，指导了此后3年的综合整治工作推进。

表 5.5　北京老旧小区改造主要政策要点（2018 年以来）

时间	牵头单位	政策文件	主体	资金	空间	运维
2018 年 3 月	北京市人民政府办公厅	《老旧小区综合整治工作方案（2018—2020 年）》	建立老旧小区综合整治联席会议制度	制定老旧小区实施专业化物业服务的资金支持和奖励措施	"六治七补三规范"	建立健全政府主导、居民自治、社会力量协同的小区治理体系
2020 年 5 月	北京市住房和城乡建设委员会等	《北京市老旧小区综合整治工作手册》（京建发〔2020〕100 号）	征集民意确定改造设计与实施方案；基层组织、居民申请、社会参与、政府支持	申请财政补贴	立足"六治七补三规范"，居民需求主导确定改造整治内容	物业先行、长效运行；增强小区物业服务与管理；简化手续办理，提高审批与实施效率
2020 年 7 月	北京市住房和城乡建设委员会等	《关于开展危旧楼房改建试点工作的意见》	实施方案征询需经不低于总户数三分之二的居民同意，改建协议内容需经不低于90%的居民同意	成本共担：政府专项补助、产权单位出资、居民出资、公有住房出售归集资金、经营性配套设施出租出售	可适当补建区域经营性和非经营性配套设施；具备条件的可适当增加建筑规模	简化审批；与申请式退租和住房保障政策衔接
2021 年 8 月	北京市住房和城乡建设委员会	《北京市"十四五"时期老旧小区改造规划》	坚持居民主体地位，调动小区关联单位和社会力量参与；用好"社区议事厅"，培育发展服务于社区的社会组织	研究制定住房公积金和住宅专项维修资金支持政策；税费减免，金融支持，开展类REITs、ABS等企业资产证券化业务	市属老旧小区，中央单位在京老旧小区、危楼、简易楼、适老化改造；用好低效利用或闲置资源	将老旧小区改造全面纳入社区治理；不涉及新增用地、新增限额以上项目免予办理相关手续；"投资＋施工总承包＋运营"一体化招标；工程总承包（EPC）模式

续表

时间	牵头单位	政策文件	主体	资金	空间	运维
2021 年 8月	北京市住房和城乡建设委员会、北京市规划和自然资源委员会	《北京市老旧小区综合整治标准与技术导则》	党建引领、政府引导、居民主体、企业参与、多方支持；吸引社会资本参与完善类和提升类改造	健全老旧小区住宅专项维修资金补建续筹机制	基础类改造、完善类改造、提升类改造	业主组织、物业管理规范运行；构建"纵向到底、横向到边、协商共治"的社区治理体系

资料来源：参考文献 [147]。

2019 年，住房城乡建设部在全国部署开展老旧小区综合整治，划定老旧小区整治范围为 2000 年以前建成的小区；同年，政府工作报告中提出大力提升老旧小区的基础设施配套，补齐生活服务设施短板，支持加装电梯。2020 年，随着国务院办公厅下发《关于全面推进城镇老旧小区改造工作的指导意见》，北京发布《2020 年老旧小区综合整治工作方案》（京建发〔2020〕103 号），将老旧小区改造对象从关注 1990 年前建成的小区为主扩大至 2000 年前建成的小区，围绕"健全工作机制，破解政策难题"提出十五项创新机制，并明确各有关部门和各区政府老旧小区综合整治工作职责。2020 年 5 月，北京制定《北京市老旧小区综合整治工作手册》，立足于建立良性互动新机制，梳理规范老旧小区综合整治的实施流程（图 5.6）。文件内容主要由两部分组成。第一部分是在实施准备阶段

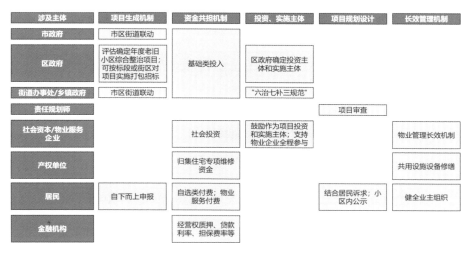

图 5.6　老旧小区综合整治的主要主体及其作用

资料来源：参考文献 [147]。

划定五个实施步骤，包括：①按照自下而上的申请流程确定改造项目；②以建立物业管理长效机制为整治前提，开展综合整治；③根据居民意愿诉求，确定改造整治内容和物业管理方案；④统筹整合各类资源，确定改造整治设计方案和实施方案；⑤搭建改造议事平台，实施改造整治工程。第二部分是在手续办理阶段，重点针对规划手续、工程招标采购、施工许可等环节规范了办事流程，进一步明确了管线改造和加装电梯的相关标准和建设程序。

2020 年 7 月，北京市住房和城乡建设委员会、北京市规划和自然资源委员会、北京市发展和改革委员会、北京市财政局联合发布《关于开展危旧楼房改建试点工作的意见》，提出"政府补助＋产权单位出资＋居民出资"的资金供给模式，对居民在简易住宅楼改造中应发挥的作用进行明确。该政策力图解决居民如何出资，房屋产权、房屋性质如何变化等问题，基本原则是通过居民缴纳来补足原有面积的改造资金，新增面积由居民按照综合改造成本或市场价格的一定比例加以负担（图 5.7）。

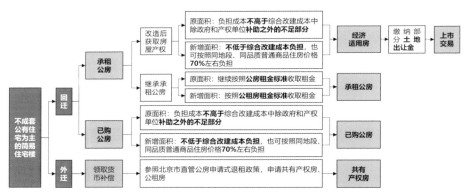

图 5.7 危旧楼房改建试点工作中居民出资情况

资料来源：参考文献 [147]。

2021 年，北京发布《关于完善老旧小区综合整治项目申报工作的通知》（京老旧办发〔2021〕17 号），拓展了居民通过"申请制"自主申报综合整治的路径，完善了老旧小区综合整治工作"任务制"和"申请制"相结合的推进方式。其中，任务制指自上而下，由政府确定整治计划清单[①]；申请制指由居民申请，按照一定程序纳入整治计划清单的自下而上方式[②]。综合任务制和申请制两种途径确定的老旧小区综合整治计划项目清单，由市老旧小区综合整治联席会审议后，分批次向社会公布。2021 年，北京市住房和城乡建设委员会、北京市规划和自然资源委员会联合印发《北京市老旧小区综合整治标准与技术导则》，在明确老旧小区、老旧小区综合整治[③] 等概念的基础上，立足"六治七补三规范"，施行包括"综合治理"和"综合改造"在内的具体整治内容（表 5.6）。其中，综合治理内容必须完成，综合改造内容则采用"菜单式"，各个小区根据自身情况进行选择，分为基础类、完善类、提升类三类。随后，《关于老旧小区综合整治实施适老化改造和无障碍环境建设的指导意见》（京老旧办发〔2021〕11 号）、《关于进一步做好老旧小区综合整治项目中楼门上下水管线改造工作的通知》（京老旧办发〔2022〕8 号）等文件相继出台，对老旧小区的更新改造内容要求给予了进一步的细化；《关于引入社会资本参与老旧小区改造的意见》《关于住房公积金支持北京老旧小区综合整治的通知》（京房公积金发〔2022〕1 号）继续对拓宽老旧小区更新改造的资金保障方式提出了指引；《北京市老旧小区改造工作改革方案》进一步提出了健全老旧小区改造项目管理机制、健全老旧小区改造多方参与机制等 8 个方面、32 条的政策与任务清单，提出国有企业通过"平台＋专业企业"统筹、推行"物业＋"参与方式等做法建议。由于北京市老旧小区的产权关系复杂，目前市区属直管公房、单位公房和私产房的整治已有一定经验，央产房整治修缮的实践路径还在持续探索创新中。

---

① 项目主要来自三种路径，分别为：一、中央和国家确定的老旧小区综合整治计划；二、按照"双纳入"机制确认纳入的中央单位在京老旧小区、央地混合产小区改造计划清单；三、老旧小区综合整治项目储备库成熟项目——在开展全市 2000 年之前建成的老旧小区摸底调查、建成老旧小区数据库的基础上，形成整治项目储备库，由各区政府申报、市级联席确认，分批次滚动确认项目。

② 具体而言，由北京市住房和城乡建设委员会建立申请改造诉求集中小区清单制度，每季度向全市通报申请情况，区政府在调研、沟通的基础上，明确是否将申请小区纳入项目储备库，并将结果向社会公布。

③ 老旧小区综合整治："对居民有改造需求的老旧小区及相关区域的建筑、环境、配套设施等，开展综合治理，并进行以基础类、完善类和提升类为改造内容的小区改造整治活动。居民有改造需求包括两个方面，一是居民愿意改造整治，二是居民承担改造义务，改造义务包括配合拆除违法建设、治理开墙打洞、缴纳物业费、补建续筹专项维修资金等治理工作，配合抗震加固、节能改造、楼内上下水改造等改造工作。"

表 5.6　北京老旧小区综合整治具体内容

范围	类别		项目与内容
综合治理（必须完成）	拆除违法建设		拆除小区内由规划部门认定的违法建设；拆除居民楼首层、顶外自建房屋和上部楼层自建飘窗
	清理地桩地锁和废弃车辆		清理小区内私装地桩地锁；清理小区内废弃汽车与自行车
	治理开墙打洞、群租及地下空间		对存在的开墙打洞提出处理方案并进行处理；提出今后治理开墙打洞的措施；治理群租；治理地下空间
	建立长效管理机制		完善小区治理体系；实施规范化物业管理
综合改造（自行选择）	楼本体改造	基础类改造	抗震加固；对性能或节能效果未达到民用建筑节能标准50%的楼房进行节能改造；空调规整、楼体外面线缆规整；对楼本体进行清洗粉刷，对楼梯等公共部位进行维修；完善建筑单元出入口无障碍设施
		完善类改造	室内供水、排水和供热管道改造；增设电梯；屋面平改坡
		提升类改造	加装太阳能光伏系统；屋顶美化
	小区公共区域改造	基础类改造	供水与排水；燃气与供热改造；供电改造；弱电架空线规整（入地）；道路更新；环卫设施；消防、安防设施；其他适老化改造
		完善类改造	小区及周边绿化；公共照明；改造或建设小区及周边适老设施、无障碍设施；停车库（场）、电动自行车及汽车充电设施；智能信报箱；室外健身设施及公共活动场地；物业服务用房；文化休闲设施
		提升类改造	社区服务与党群服务中心（站）；养老服务设施；托育设施；医疗卫生设施；便民市场、便利店；家政服务网点；社区食堂；信息发布设施；智慧小区；小区特色风貌

资料来源：作者根据《北京市老旧小区综合整治标准与技术导则》整理。

从"成本端－收益端"视角出发，我们可以将2012年以来北京老旧小区改造的相关政策建设的三阶段总结为政府主导的起步期（2012—2017年）、政府统筹及多元参与的探索转型期（2018—2020年）、强调市场化参与的全面综合推进期（2021年以来）三个阶段，研究结果表明各阶段在"成本端"或"收益端"均不断努力去激发社会资本参与老旧小区改造的积极性。在"成本端"，北京市相关政策的出台推动了交易成本的降低，第一阶段关注机构设置与职责梳理，第二阶段开始推出责任规划师等制度并向基层赋权，第三阶段持续实现规划管理流程的规范化；在"收益端"，北京市通过财政资金的直接资助、政策限制的灵活调整等不断拓展市场主体参与的收益空间，并呈现出从重视短期收益提升迈向短期与长期收益并重的转变趋势。

5.4.2　政府主导的起步期（2012—2017 年）

"十二五"期间，北京市政府出台《北京市老旧小区综合整治工作实施意见》，标志着全市老旧小区综合整治工作的正式开展。这个时期的制度建设重点主要体现在管理架构、实施程序、公众参与等政策出台上。

（1）**成本端：部门统筹凝聚共识**。伴随《北京市老旧小区综合整治工作实施意见》的出台，"老旧小区综合整治工作联席会制度"得以建立，同时，"北京市老旧小区综合整治联席会议办公室"成立并负责全面统筹协调老旧小区改造问题、制订改造计划及出台相关政策。市级办公室下设三个工作组，其中"资金统筹组"负责保障财政资金来源，落实市区两级财政支持计划；"房屋建设抗震节能综合改造组"负责房屋本体改造计划的制订；"小区公共设施综合整治组"负责小区公共环境工程的组织管理。此外，各区设立专门机构负责改造工作的组织实施与监督管理。为便于管理部门和实施主体推进工作，文件还明确了项目组织实施的步骤和程序，特别是在抗震加固和节能改造两项内容上，聚焦规划审批、施工图设计、质量监管等形成了有力的工作推进机制[26]。良好的程序设定对于降低改造过程中的交易成本、推进项目稳步实施具有重要作用。在沟通协调上，政府提出综合整治方案需要加强公众参与，但"双三分之二"同意机制①导致在实际执行过程中容易因为相关权益人意见协调难度大而造成更新改造的搁浅，使得实施主体前期投入的人力、物力、时间等成为沉没成本。

（2）**收益端：激励政策不明晰**。受限于原有居住用地属性，老旧小区改造在推进规划功能调整、容积率限制放宽、建筑面积增加等方面困难重重，这一时期，激励市场投资改造的机制设计还十分欠缺，对加装电梯、新增停车位、绿地提质等行动尚未建立起有效的改造后权益再分配机制，有关增加产权面积（成套化改

---

① 依据《中华人民共和国物权法》第七十六条规定，"双三分之二"同意机制是指"经专有部分占建筑物总面积三分之二以上的业主且占总人数三分之二以上的业主同意"后才能实施。

造）吸引居民出资、公服设施配建与运营、闲置资产盘活与经营等的探索也未系统性开展。老旧小区内基础设施的产权归属与维护责任分离、管理权扯皮等问题，亦亟待产权明晰的责任关系界定来加以应对[26]。

总体上，由政府主导的专项整治阶段虽然有降低交易成本的相关制度出现，但收益端尚未形成明确的激励机制，因此社会资本对于老旧小区改造这一行动呈现"不积极、鲜参与"的状态。

5.4.3　政府统筹及多元参与的探索转型期（2018—2020 年）

2014—2017 年，习近平总书记两次视察北京，提出要把北京建设成为国际一流的和谐宜居之都。2017 年，住房和城乡建设部发布《关于推进老旧小区改造试点工作的通知》，积极探索我国老旧小区改造在工作组织、资金筹措、长效管理等方面的体制机制，政府、市场、居民等多元主体的共同参与成为老旧小区改造的主要发展方向。同年，随着《北京城市总体规划（2016 年—2035 年）》的正式批复，北京进入"减量提质"的发展阶段，统筹推进老旧小区综合整治是推动城市有机更新和提升城市整体品质的重要举措。2018 年，北京市人民政府办公厅发布《老旧小区综合整治工作方案（2018—2020 年）》，在总结过去试点经验的基础上进一步加大改造力度，提出"六治七补三规范"的改造内容，明确对简易住宅楼和没有加固价值的危险房屋采取解危排险、拆除重建等整治措施。2020 年，北京为进一步深化老旧小区综合整治，推动危旧楼房改建工作有序开展，《关于开展危旧楼房改建试点工作的意见》出台，标志着北京老旧小区改造工作进入"综合整治"和"拆除重建"并行的系统化推进阶段。这个时期的制度建设主要体现在北京责任规划师制度建设、赋权基层部门以及资金支持等相关政策上。

（1）成本端：施行责任规划师制度与强化部门协同。在推进基层治理创新的时代背景下，2019 年颁布的《北京市街道办事处条例》（北京市人大常委公告〔十五届〕20 号）创设了北京"街乡吹哨、部门报到"的基层工作机制，并逐步明确了责任规划师制度的建设构想和权责设定。责任规划师作为连接上级政府、街道、社区 / 居民等各类主体的关键纽带，可以凭借其对街道 / 乡镇的深入了解，运用专业规划知识为老旧小区改造提供全流程的支撑和服务，是保障北京老旧小区改造工作有序推进、协助降低改造中各主体沟通谈判成本的重要力量。2018 年，《关于加快推进老旧小区综合整治规划建设试点工作的指导意见》（市规划国土发〔2018〕34 号）出台，提出"老旧小区综合整治的具体工作全部向区级层面下放。……试点街道办事处作为老旧小区综合整治组织和实施的主体，推进老旧小区现状评估、方案制定、设计完善、建设施工、监督管理、运营维护、权籍登记等工作"，通过进一步向基层部门赋权，完善对工作权利与责任边界的界定，降低各部门因事权交叉、沟通机制不畅通所产生的交易成本。在建设程序方面，《关于完善简易低风险工程建设项目审批服务的意见》（京规自发〔2019〕439 号）、《北京市进一步深化工程建设项目审批制度改革实施方案》（京政办发〔2019〕22 号）等相关文件先后出台，提出简易低风险项目可以采取"备案制""一站通""一表式"等路径推进相关建设手续，过去审批部门权责不明、审批流程复杂、报审项目被"踢皮球"等问题得以改善，降低了部门协同、审批流程、办事效率等方面产生的不必要的交易成本。

（2）收益端：推进政策激励与多元资金筹集。 为调动市场各主体的参与积极性，政府开始努力提升老旧小区改造项目的收益预期，从存量空间用途转换、建筑规模管控两方面提升老旧小区改造中居住用地的"空间增值收益"。2018 年，北京市规划和国土资源管理委员会发布《建设项目规划使用性质正面和负面清单》[①]，鼓励首都功能核心区内居住区相邻用地调整为社区便民服务、菜市场等公共服务设施。2022 年发布的《北京市城市更新条例》进一步明确存量建筑用途转换"符合正面清单和比例管控要求的，按照不改变规划用地性质和土地用途管理"。2020 年发布的《关于开展危旧楼房改建试点工作的意见》提出为改善居民居住条件，可适当增加建筑规模，并可适当利用地下空间、闲置空间等补建区域经营性配套设施，明确通过规模管控的弹性管理进一步吸引市场主体参与。具体到资金来源方面，政府提出改造成本由政府、产权单位、居民等"多方共担"机制。《关于老旧小区综合整治市区财政补助政策的函》提出：市区两级财政补助

---

① 2018 年 11 月 8 日，北京市机构改革完成，开始以新部门名义开展工作，北京市规划和国土资源管理委员会等多个部门的职责整合，组建北京市规划和自然资源委员会。此文件发布于新部门启动运作之前。

以 1∶1.2 的比例提供补助支持；可以采用居民购买新增产权面积、公有住房出售归集资金、经营性配套设施出租出售等多种方式解决资金不足问题，通过改造后收益的合理分配吸引多元主体出资。

在探索转型期，责任规划师制度的建立与部门权限向基层的下放，对于降低沟通协商、审批管理流程等方面的交易成本作用明显；在收益机制的设计上，政策也逐渐注重采取政府资金补贴、提升空间增值收益等方式吸引社会资本参与老旧小区改造。

5.4.4　强调市场化参与的全面综合推进期（2021 年以来）

2021 年 4 月，《关于引入社会资本参与老旧小区改造的意见》出台，首次以文件形式有针对性地明确了社会资本参与老旧小区改造的路径，探索构建政府、居民、社会力量合理共担改造资金，促进老旧小区改造良性循环的新机制。8 月，市政府制定并实施《北京市"十四五"时期老旧小区改造规划》，该文件作为指导"十四五"时期全市老旧小区改造工作的行动指南，在创新实施模式、大力推动社会力量参与方面，提出"鼓励社会资本在微利可持续盈利模式下以多种方式参与老旧小区改造。……落实原产权单位在房屋共用设施设备修缮、发动群众、归集住宅专项维修资金等方面的主体责任。……统筹各方力量鼓励实施连片改造"，明确"多措并举，加大政策支持力度"，建立资金多方共担机制、加大金融支持力度、优化规划建设程序等一系列政策工具。在危旧楼改造方面，为衔接《关于开展危旧楼房改建试点工作的意见》政策落地，2023 年 4 月，北京出台《关于进一步做好危旧楼房改建有关工作的通知》（京建发〔2023〕95 号），提出改建项目可充分利用地上、地下空间适当增加建筑规模，地上建筑规模增量原则上不超过 30%，用于建设配套设施、保障性租赁房等，增加的建设规模由区政府在全区建筑规模总量中统筹平衡。总体上，这个时期的制度进展主要体现在北京市城市更新行动计划及一系列指导意见的政策出台。

（1）成本端：多路径降低交易成本。此阶段，北京通过密集的政策出台不断明确城市更新的规则设定，以地方规章、政府文件等形式强化老旧小区改造的制度保障，为社会资本参与老旧小区改造打破制度障碍。《关于实施城市更新行动的指导意见》《北京市城市更新行动计划（2021—2025 年)》（京办发〔2021〕20号) 等文件从顶层设计上为北京城市更新行动的目标导向、实施方式、政策保障等指明了方向，强化以街区为单元实施城市更新，变"单点式推进"为"以街区为单元的整体连片更新"：一方面，这有助于实现城市功能的整体升级，促进公共服务在街区内的统筹配置和实施落地；另一方面，还有助于打破单个小区改造的孤立思维，在街区范围内实现更新项目的"肥瘦搭配"与资金的统筹平衡，进而吸引社会资本参与。在管理机构设置上，北京市成立了由市委城市工作委员会领导的"城市更新专项小组"统筹推进城市更新工作，下设推动实施、规划政策、资金支持三个工作专班，在项目储备、政策制定、资金统筹方面综合发力，助力社会资本参与城市更新。此外，《关于责任规划师参与老旧小区综合整治工作的意见》（京规自函〔2021〕1568 号) 的出台，首次以正式文件的形式明确了责任规划师参与老旧小区改造的工作权责和边界，责任规划师在协助开展公众参与、提供项目技术咨询、及时协调反馈意见等方面能够发挥关键作用，从而有效降低实施主体参与改造所需付出的大量交易成本。在建设程序及标准规范上，政府出台相关政策完善了老旧小区改造项目的一体化招投标程序，细化了老旧小区综合整治标准与技术导则，不断协调解决改造项目"推进难"等问题，以帮助提高审批效率、缩短改造工期，降低改造的成本投入。

（2）收益端：多维度扩大收益来源。北京在 2021 年系统出台城市更新"1+4"文件[①] 等，提出了在规划管控、土地利用、经营管理等方面扩大参与主体收益来源的具体方式，进一步激发社会资本参与城市更新的积极性。在规划管控上，文件提出："对于符合规划使用性质正面清单，保障居民基本生活、补齐城市短板的更新项目，可根据实际需要适当增加建筑规模。增加的建筑规模不计入街区管控总规模，由各区单独备案统计。"在功能活化上，文件允许老旧小区配套用房、商业等建筑功能的复合利用与灵活转换，即充分利用闲置空间配置公共服务设施，提高资源使用效率；允许相关业态灵活变更，降低市场主体更新成本。在土

---

① "1+4" 文件是指《关于实施城市更新行动的指导意见》、《关于老旧小区更新改造工作的意见》（京规自发〔2021〕120 号)、《关于开展老旧厂房更新改造工作的意见》（京规自发〔2021〕139 号)、《关于开展老旧楼宇更新改造工作的意见》（京规自发〔2021〕140 号)、《关于首都功能核心区平房（院落）保护性修缮和恢复性修建工作的意见》（京规自发〔2021〕114 号) 五部文件。

地使用和主体权益保障上，政策一方面通过使用权转让、拓宽融资渠道等方式扩大更新主体的收益回报，另一方面积极探索历史用地产权确认、公房腾退产权变更、有偿回购承租权归集分散产权等路径，合理优化老旧小区改造后的空间归属和增值收益分配。对于参与后期运营的市场主体，相关政策允许分离经营性服务设施的所有权和经营权，将经营权让渡给市场主体，保障其运营收益来源。总的来看，这一阶段随着城市更新指导意见及行动计划的出台，社会资本参与下的老旧小区改造进入加速阶段，各类政策从"降成本"和"提收益"两端综合发力，强调构建"微利可持续"的老旧小区改造模式。

综上所述，从 2012 年北京出台《北京市老旧小区综合整治工作实施意见》、正式提出"老旧小区综合整治"至今，社会资本从最初的"不积极、鲜参与"到如今的"参与度逐渐提升"，制度干预在其中起到了关键性的激励作用（表 5.7）。

表 5.7 "成本－收益"视角下的北京老旧小区改造的制度演进特征

老旧小区改造发展阶段	起步期 （2012—2017 年）	探索转型期 （2018—2020 年）	全面综合推进期 （2021 年以来）
发展背景	以人民为中心的发展理念 以政府财政投入为主的综合整治	和谐宜居之都，提高城市管理水平； 政府、市场、居民等多元主体的共同参与	实施城市更新行动与减量提质发展； 社会资本微利可持续的盈利模式探索
成本端制度供给	成立联席会制度，全面统筹改造工作； "双三分之二"同意机制凝聚规划共识	施行责任规划师制度，降低各主体沟通成本；向基层部门赋权； 建设程序上简化审批流程	完善顶层设计体系，强化制度保障； 成立城市更新专项小组，鼓励责任规划师参与改造建设程序及标准规范不断优化完善
收益端制度供给	尚未探索出有效的激励制度	探索规模弹性管控与用途灵活变更； 推进多方共担机制与资金归集制度	允许增加建筑规模与进行业态复合利用； 提供产权确认、变更与归集的制度支持，保障主体权益
社会资本参与积极性	不积极、鲜参与	由不参与向参与转变	参与度加强，但积极性有待进一步提升

资料来源：作者根据相关政策总结。

5.5　小结

对于北京，老旧小区改造既要应对超大城市转型发展的共性挑战，也要顺应首都规划建设的独特诉求和责任担当。面对严格的规模管控（减量发展）、特殊的建设要求、复杂的产权现状等一系列背景条件，北京市老旧小区改造需要探索引导社会资本有序参与，政府、居民与社会力量各方共担的有效机制。自 2012 年提出开展"老旧小区综合整治"工作，到 2018 年为落实"减量发展"与"疏解整治促提升"专项行动开展的新一轮老旧小区改造工作，北京不断加强政策制定和强化资金支持来激励和引导社会资本参与。然而与其他城市相比，北京的老旧小区改造受"减量发展"等城市战略的约束明显，对于社会资本参与的激励和吸引仍显不足，需进一步探索更多制度变革路径，强化吸引社会资本参与的动力机制。

研究聚焦"资金"难题，指出当前普遍存在的成本投入大、盈利模式不清晰等"成本 – 收益"平衡挑战是社会资本介入老旧小区改造的主要障碍，直接影响了社会资本参与改造的积极性和行动力。微观经济学关于"成本 – 收益"的盈亏平衡分析，有助于理解和解释社会资本参与更新活动的行为逻辑：在"成本端"，既有研究对"交易成本"如何影响城市更新活动的探讨相对丰富，但对社会资本参与城市更新时，其在建设、运营、融资等环节的"生产成本"分类讨论仍显不足；在"收益端"，收益一方面取决于"短期收益"中的财政资金补贴、产权激励等，另一方面取决于社会资本为获取"长期收益"进行的运营能力提升。

研究搭建了社会资本参与老旧小区改造的动力分析模型，即"收益（TotalR）– 成本（TotalC）>0"，并从北京的制度供给角度展开分析。在政策演进视角下，2012 年以来的北京市老旧小区改造进展可划分为"十二五"期间的专项整治、2018 年开始的菜单式整治、"十四五"开始以来的全面综合推进三个时期和阶段，呈现出不同的社会资本参与引导状态。在成本端，第一阶段，政策主要聚焦于机构设置与职责梳理，为后续的政策创新和实施奠定了基础；第二阶段，北京市开始推出责任规划师等制度，通过向基层赋权等降低城市更新过程中的沟通成本；

第三阶段，政府通过规范规划管理流程，降低制度性交易成本，为社会资本参与提供了更为简便的操作流程。在收益端，北京市通过多种方式不断拓展市场主体的收益空间：一方面，政府通过公共资金的直接资助为社会资本参与提供实质性支持，撬动其介入的积极性；另一方面，不断优化政策细则，打通政策落地的"最后一公里"，为社会资本参与创造更多盈利空间。政策发展方向整体呈现出从重视短期收益提升迈向短期收益与长期收益并重的转变趋势。

第 6 章

社会资本参与老旧小区改造的北京实践创新

本章以社会资本参与老旧小区改造的北京实践为例，从"成本端"和"收益端"探讨典型试点项目的创新经验，为强化制度激励、提高参与动力等明确工作优化方向。总体来看，社会资本参与老旧小区改造的北京实践强调以公私合作为抓手，依据项目类型及企业性质的不同而采用差异化的参与及合作模式。民营企业在综合整治类老旧小区改造、国营企业在拆除重建类老旧小区改造中形成了各具特色的做法，同时也面临着不同情形的持续挑战。

6.1　社会资本参与老旧小区改造的相关模式

随着《关于全面推进城镇老旧小区改造工作的指导意见》《关于引入社会资本参与老旧小区改造的意见》《关于优化和完善老旧小区综合整治项目招投标工作的通知》（京建发〔2021〕225 号）等系列文件的出台，北京在探索老旧小区改造市场化模式方面积累的经验逐渐增多。依据更新类型，社会资本参与的老旧小区改造可简单划分为两类：

（1）"综合整治类"改造项目。改造内容往往涵盖民生保障导向的基础类改造，多以政府资金支持加以实现，市场主体主要作为设计方、代建方、物业管理方①参与到方案确定、实施建设或后续维护环节之中。对于部分小区内部存在的一些具有经营可能、收益回报清晰的存量空间，社会资本还可以参与相关空间设施的投资、建设及运营。

（2）"拆除重建类"改造项目。多由政府和社会资本联合推进，企业作为项目投融资、建设及运营管理的实施主体。依据资金来源、改造类型及企业性质的

---

① 作为老旧小区的物业管理方，市场主体主要负责公共秩序维护、公共环境维护、安全防范、绿化维护、公共设施的管理等。

不同，政府和社会资本合作下的改造模式可进一步划分为：政府授权、市场运营的"投资 + 工程总承包 + 运营"模式（EPC+BOT/ROT）；政府补贴、市场主导的"投资人 +EPC"模式等。

6.1.1 概念辨析：EPC、BOT/ROT

北京市老旧小区改造以"菜单式"做法推进，主要可分为楼本体改造和小区公共区域改造两大类。针对不同整治内容，基础类为必选项，一般由政府投资完成；完善类和提升类属自选项，可根据居民意愿确定具体改造清单，部分任务可引进社会资本出资完成。对于"基础类"改造，政府一般采用"一体化招投标"（Engineering Procurement Construction，EPC）方式进行工程采购，引入社会资本方来承包和完成工程建设项目的设计、采购与施工等（图 6.1）。

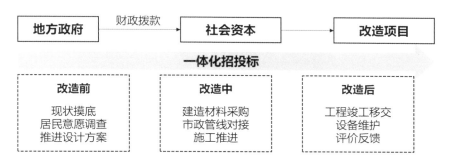

图 6.1 依托财政拨款的 EPC 模式

资料来源：作者自绘。

相较常规承包方式，老旧小区改造中的 EPC 模式强调实施主体在前期调查、可行性研究、改造方案设计、建造材料采购、施工推进与成本控制、竣工移交等各环节的全流程参与，重视在前期现状摸底与居民意愿调查的基础上开展设计工作，整体统筹推进改造落地。这种 EPC 模式有利于设计、采购、施工各环节工作的有效衔接，降低社会资本和不同参与者之间的沟通成本，保障项目获得最大化的投资效益。

老旧小区的"完善类"和"提升类"改造任务，通常在有效提升社区环境品质的同时，还可能为社会资本参与带来一定的空间经营性收益。对于那些具有经营潜力、经济回报清晰的改造空间，政府与社会资本合作通常采取"BOT"

（Build-Operate-Transfer）或"ROT"（Renovate-Operate-Transfer）模式推进改造任务落地，即在属地政府（一般指街道）、产权单位等的授权支持下赋予社会资本特许经营权，社会资本可以通过对相关空间的投资、建设、运营来获取收益，还可利用特许经营权向银行贷款融资获取更多项目建设资金（用经营收益逐步偿还贷款）。在 BOT/ROT 模式中，政府与社会资本约定在一定期限和范围内允许社会资本投资、建设、运营相关设施并获取收益（图 6.2）。运营收益权往往成为社会资本参与改造的重要动力来源。

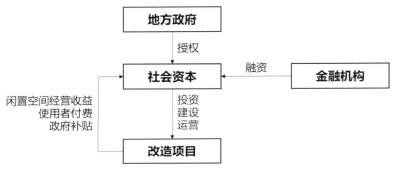

图 6.2　依托政府授权的 BOT/ROT 模式

资料来源：作者自绘。

6.1.2　政府授权、市场运营的"投资＋工程总承包＋运营"模式（EPC+BOT/ROT）

在政府授权、市场运营的"投资＋工程总承包＋运营"模式中（图 6.3），一般由街道依据法定程序引入具备投资、设计、改造、运营等综合能力的市场主体，成立项目公司（SPV）并授权其负责统筹推进改造项目落地。其中，"基础类"改造内容由政府财政拨款支持；社会资本经实施主体授权，负责"完善类＋提升类"改造内容的融资、建设、运营及维护、移交工作。该模式结合了 EPC 和 BOT/ROT 的各自优势，在搭建一体化实施平台的基础上，赋予社会资本参与小区内闲置空间的投资改造与经营利用的权利，对于引入社会资本提高资源利用效率及经营价值、分担风险／分摊收益、减轻政府财政压力等具有重要作用。

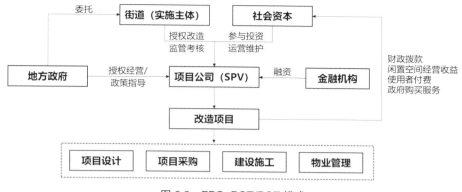

图 6.3　EPC+BOT/ROT 模式

资料来源：作者自绘。

6.1.3　政府补贴、市场主导的"投资人+EPC"模式

在由政府补贴、市场主导的"投资人+EPC"模式下，参与改造的社会资本一般兼具投资人和产权主体的双重身份（图 6.4）。一方面，市场主体以投资人身份参与改造项目；另一方面，其作为产权单位，充分发挥责任意识，在区级政府及相关部门的指导支持下，作为项目投融资、方案设计、工程采购、建设施工、运营管理等全流程实施主体推进改造工作。该种模式主要适用于责任边界较为清晰、产权主体单一且回报机制明确的改造项目，即社会资本既可通过投资改造自有资产来提升资产价值，又能通过产权售卖吸引居民出资等方式，实现资金快速回笼。

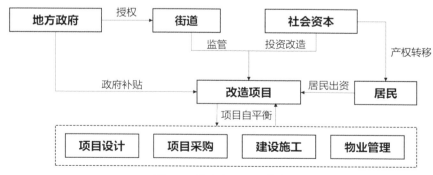

图 6.4　投资人+EPC 模式

资料来源：作者自绘。

6.1.4 北京实践项目开展概况

随着 2021 年 4 月北京市住房和城乡建设委员会出台《关于引入社会资本参与老旧小区改造的意见》，北京引入社会资本参与老旧小区改造的实践工作加速推进。整体上，北京自 2018 年以来探索形成了"劲松模式""首开经验"等若干老旧小区改造示范项目，可大致归为民企投资改造且注重后期运营、国企参与投资改造且注重资产持有增值的两类实施模式：①在综合整治类项目中，以愿景集团为代表的民营企业作为"社区综合服务商"参与"投资＋改造＋运营"，完成了诸如劲松北社区、六合园南社区、玉桥南里社区、大兴枣园社区等老旧小区改造示范；以万科为代表的地产集团等，以"城市运营商"角色在承接街区市政管理服务的同时，参与失管小区的物业管理和综合整治；以首开集团为代表的国有企业以产权单位与社会资本的双重身份介入，参与老旧小区的综合整治并提供物业管理，形成如古城南路西小区、十万平社区、安慧北里社区等典型改造案例。②在危旧楼拆除重建项目中，如光华里 5 号楼和 6 号楼、光明楼 17 号楼、北苑2 号院和 3 号院、丰台区马家堡路 68 号院 2 号楼等危旧楼改造，以国有企业为代表的社会资本兼具产权人和实施主体身份，它们一方面依托政府财政补贴，投资并实施危旧楼和简易楼的"解围解困"工程，解决老旧小区居住安全问题，并通过后续物业管理制度的完善来实现改造效果的长期维护；另一方面作为老旧小区的产权持有方，它们通过产权售卖等方式吸引居民出资，以此平衡前期投资的改造成本。

研究立足作者参与的"实施北京市城市更新行动计划"专题研究（北京市城市规划设计研究院主持）、"老旧小区改造案例分析及对石景山区启示"研究（全联房地产商会主持）、"社会资本参与路径及资源统筹"（北京市城市更新立法人大代表专题调研）等相关课题思考，选取以民企（愿景集团）为代表参与的综合整治类项目和以国企（包括市属和区属国企）为代表参与的拆除重建类项目（图 6.5），探讨不同资本类型参与下的差异化老旧小区改造路径，并着重分析每个实践项目中社会资本的"成本端"和"收益端"构成，以期提供借鉴经验。

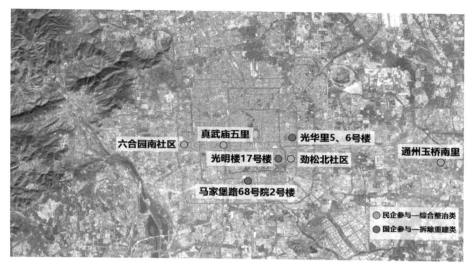

图 6.5　研究案例区位分布

资料来源：作者自绘。

6.2　民企参与的综合整治类：愿景集团 [①]

6.2.1　劲松北社区：社会资本投入并实施空间运营的综合整治项目（ROT） [②]

　　劲松北社区（劲松一区、二区）位于北京市朝阳区劲松街道，是改革开放后建成的第一批成建制小区，总占地面积 0.26 km²，总建筑面积 19.4 万 m²，涉及居民 4199 户，老年住户比率高达 39.6%，其中独居老人占比 52%。虽然该社区已于"十二五"期间完成了抗震节能改造，但仍然存在着配套设施严重不足、生活服务设施便利性差、公共空间混乱无序等问题（图 6.6）。

[①] 相关改造项目涉及的各项数据主要来自作者调研、媒体报道、企业公开信息等，仅为开展研究分析所使用，不代表项目的最终改造实施情况，亦不代表企业官方最终认定的数据。

[②] 本案例相关内容及数据来源于刘思璐 2021 年 7—9 月在北京市城市规划设计研究院实习期间的实地调研信息，以及相关媒体报道。

图 6.6　劲松北社区区位及风貌

资料来源：参考文献 [148]。

　　劲松北社区是北京市引入社会资本参与老旧小区改造的首例示范项目。项目总结得出的"劲松模式"特点在于"党建引领、多元共治、民意导向、有机更新"，即在党建引领下探索老旧小区改造的长效管理机制，并以民意为导向探索市场化改造路径。项目所在的劲松街道是朝阳区较早聘请责任规划师完成街区更新规划工作的街道。在责任规划师的协助下，劲松街道于 2018 年制定《劲松街道街区更新项目库（2019—2021 年）》，明确了各个老旧小区的待改造内容。2018 年 7 月，劲松街道与愿景集团签署战略合作协议，正式启动劲松北社区试点改造项目。在政府支持、街道授权下，社会资本开展了包括项目研究、详细规划、施工配合、维护运营在内的"沉浸式设计"和建设运营。劲松一区、二区被列为 2019 年北京老旧小区综合整治项目推进实施，使用市区两级财政资金共计 4300 万元，完成基础类改造；劲松二区中的"一街两园"示范区域作为社会资本参与劲松项目的先行试点地段（图 6.7），由愿景集团投入资金 3000 万元进行提升类改造。

　　从"成本－收益"角度分析，愿景集团开展劲松北社区老旧小区改造时，降低成本的策略主要有：①引入旗下企业参与施工，降低建设成本；②推行"五方联动"工作机制与全过程设计，降低沟通协商成本。其提高收益的主要策略包括：①获取社区闲置空间在一定时间内的使用权，收取可经营性空间及小区停车空间的租金收入；②物业先行，提高居民缴费意识及服务收益（表 6.1）。

图 6.7　劲松北社区内的老旧小区改造项目范围

资料来源：劲松北社区调研资料。

表 6.1　劲松北社区项目的"成本－收益"平衡策略

成本－收益构成		具体策略
成本端（TotalC）	生产成本（ProC）	（降低 ConsC）引入旗下企业参与施工并通过技术创新，降低建设成本
	交易成本（TranC）	（降低 TranC）全过程设计，降低协商成本；"五方联动"工作机制提高方案通过效率
收益端（TotalR）	建设收益（ConsI）	（提高 SubI）：基础物业管理前 3 年可获得区财政扶持资金支持
	运营收益（OperI）	（提高 RentI）可经营性空间及停车位的出租收入；（提高 ServI）物业先行的改造方式，建立用户思维，培育居民付费意识

资料来源：作者自绘。

（1）社会资本参与的成本投入端（TotalC）

在生产成本（ProC）方面，劲松项目中社会资本共投入建设成本（ConsC）3000 万元，主要针对"一街"（劲松西街）、"两园"（劲松园、209 楼前小花园）（图 6.8）、"两核心"（社区居委会、物业服务中心）（图 6.9）、"多节点"（社区食堂、美好会客厅、自行车棚、匠心工坊等）等重点自选任务进行提升改造。运营成本以基础物业管理成本为主，每年约 279 万元[149]。

图 6.8　劲松二区 209 楼前小花园改造前后对比

资料来源：参考文献 [150]。

图 6.9　劲松二区自行车棚改建物业服务中心前后对比

资料来源：（左）参考文献 [150]，（右）作者自摄。

从交易成本（TranC）来看：在前期研究中，劲松街道办事处与社会资本愿景集团充分关注劲松老旧小区的特殊需求，在遵循上位规划、片区规划等要求的基础上，通过问卷调查、社区走访、入户沟通、深度访谈等方式收集居民需求，在研究、设计、施工、运营的全过程做到居民深度参与，以此推进共识达成和减少交易成本。团队在与居民沟通中对方案做到详细解读，消除居民疑虑，增强设计方案的落地实施性，有效降低了改造过程的沟通协调成本与反复修改方案的沉没成本，最终形成令居民满意的规划方案。此外，劲松项目始终坚持党建引领的工作机制，在改造中坚持"区委办局、街道办事处、居委会、社会单位、居民代表"的"五方联动"（图 6.10），对工程改造、物业管理、社区治理等起到了润滑作用，也有效帮助降低了社会资本参与改造的相关交易成本。

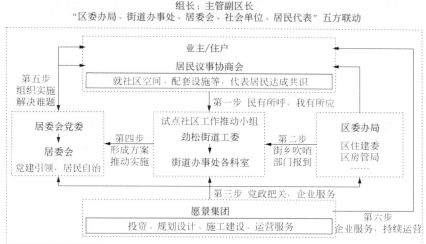

图 6.10　劲松北社区项目的"五方联动"工作机制创新

资料来源：劲松北社区调研资料。

（2）社会资本参与的收益端（TotalR）

劲松项目中，愿景集团主要通过政府补贴和运营收益（OperI）实现项目回款和资金平衡。由于改造涉及物业的规范化引入、先期的无偿服务和平价的收费标准等，区政府决定对愿景集团接手的社区物业管理给予 3 年财政扶持，共计429 万元。愿景集团的运营收益则包括租金收入（RentI）和经营服务收入（ServI）两部分。在租金收入方面，一是停车位收入，劲松北社区规划改造停车位 600 余个，每年可获得停车位租金收入 110 万元；二是经营性空间租金收入，朝阳区房管所和劲松街道作为改造项目的责任主体，授权愿景集团获得劲松北社区内 1670 m² 闲置低效空间的 20 年免租金运营权，这是保障企业实现"微利可持续"的主要收益来源和推动企业参与改造的重要激励举措——经营性、半公益性、公益性设施的面积比例约为 6：10：1，每年可产生收益约 267 万元。经营服务收入（ServI）主要是愿景集团通过物业接管实现的物业费收缴——到成熟期，预计每年可获得收益 220 万元，并通过提供其他相关增值服务获得收益约 30 万元[149]。劲松北社区作为北京市第一个通过"双过半"程序引入市场化物业管理机制的老旧小区，以"先尝后买"的方式，让居民在切实感受到服务质量提升的基础上选择自主缴纳物业费。截至改造结束，居民自主缴费率高达 75%，成功引导居民实现了"从不缴费"到"自主缴费"的转变——居民逐步从传统的享受住房福利而不缴费的旧有习惯中走出来，开始接受物业服务的付费理念。① 此外，政府还通过购买服务的方式，对社会资本支持老旧小区养老、教育产业发展等方面给予一定的财政补贴，进一步拓宽社会资本盈利途径（图 6.11）。②

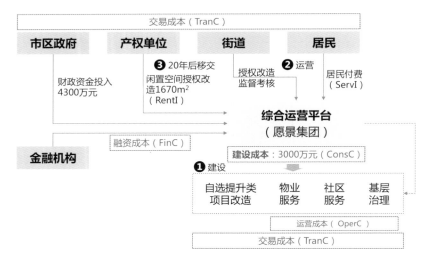

图 6.11　劲松北社区项目的社会资本参与方式

资料来源：作者自绘。

---

① 经过长期运营，愿景集团的物业服务得到了劲松社区居民的信任和好评。愿景集团能够由此在 2024 年抬高物业费，提升项目的物业管理收入，进一步推动了商业的可持续发展。
② 总人数超过半数且专有部分面积占建筑物总面积过半数的业主支持。

6.2.2　鲁谷六合园南社区：社会资本"投资+建设+运营"一体化的综合整治项目（EPC+BOT）①

鲁谷项目位于北京市石景山区鲁谷街道，涵盖五芳园、六合园南和七星园南三个社区，总建筑面积 26.7 万 m^2，包括居民 4084 户。三个社区产权关系复杂，共涉及产权单位 45 家、物业公司 15 家。项目进展最快的是六合园南社区西院（图 6.12），更新任务主要包括住宅楼 4 栋，总建筑面积 4.6 万 m^2，涉及居民 630 户、产权单位 15 家。

图 6.12　鲁谷六合园南社区改造前风貌

资料来源：参考文献 [151]。

在各社区党组织领导下，鲁谷街道于 2020 年 4 月在六合园南社区西院试点成立物业管理委员会（以下简称物管会），成为北京市首个完成物管会备案的街道，推动了老旧小区改造的民主参与过程。鲁谷街道探索将包含六合园南社区西院在内的 3 个社区、7 个小院打包进行"投资+建设+运营"一体化招投标，于 2020 年 1 月与愿景集团签署战略合作协议，确定采用社会资本介入的"建管结合"模式进行老旧小区改造。同年 7 月，六合园南社区西院物管会主持公开选聘北京诚智慧中物业管理有限公司（隶属于愿景集团）为物业服务企业。六合园南社区西院改造于 2020 年 8 月全面开工，2021 年 5 月完工，改造内容包括楼体改造、管线整合、路面景观提升等（图 6.13），改造共投入资金 5100 万元，其中社会资本投资 1030 万元。在提升类改造中，项目为缓解社区停车难问题，通过空间统筹在一个小区内的空地上新建"立体停车综合体"。综合体的设计方案充分考虑

① 本案例相关内容及数据来源于作者刘思璐参与的"老旧小区改造案例分析及对石景山区启示"专题研究工作，以及 2021 年 7—9 月在北京市城市规划设计研究院实习期间的实地调研信息。

居民意见和空间复合利用潜力，打造出集屋顶花园、立体停车、便民业态等为一体的社区综合设施（图 6.14）。综合体不仅保留了场地原有的小广场功能，还通过引入便民超市、社区食堂等商业服务来方便居民的日常生活（图 6.15）。

图 6.13　鲁谷六合园南社区的楼体外立面粉刷及路面改造

资料来源：作者自摄。

图 6.14　鲁谷六合园南社区的立体停车综合体改造后情况及其二层空中花园

资料来源：（左）参考文献 [151]，（右）作者自摄。

图 6.15　鲁谷六合园南社区立体停车综合体中的社区食堂

资料来源：作者自摄。

分析项目改造的"成本 - 收益",可以发现愿景集团在"成本端"降低资金投入的主要策略有:①设计团队在前期较早地介入,对改造方案进行多轮技术论证,努力降低建设成本;②推行"投资 + 建设 + 运营"一体化招投标,以工程改造一体化实施来降低建设成本及交易成本;③建立党建引领工作机制并成立物管会,降低企业与居民之间的沟通成本。其"收益端"的主要增收策略包括:①新建便民设施并被授予经营收益权,企业可以获得经营性空间租金以及片区内停车费、广告费等收益;②培育居民付费意识,实现持续性的物业费收取(表 6.2)。

表 6.2　鲁谷六合园南社区项目的"成本 - 收益"平衡策略

"成本 - 收益"构成		具体策略
成本端 (TotalC)	生产成本(ProC)	(降低 ConsC)设计团队在前期较早地介入,对新建综合体进行多轮可行性论证;工程改造一体化实施
	交易成本(TranC)	(降低 TranC)"投资 + 建设 + 运营"一体化招投标;建立党建引领工作机制并成立物管会,降低沟通协商成本
收益端 (TotalR)	建设收益(ConsI)	(获得 SubI)企业获得市区两级财政补贴
	运营收益(OperI)	(提高 RentI)社区内允许新建便民设施并授予改造企业经营收益权,企业可获取经营空间租金收益,以及片区内停车、广告位出租等资源收费; (提高 ServI)物业先行,培育居民付费意识

资料来源:作者整理。

(1)社会资本参与的成本投入端(TotalC)

就生产性成本(PC)来看,鲁谷六合园项目的社会资本建设成本(ConsC)投入主要包括:修建立体停车综合体约 850 万元,自行车棚改造及智慧化设备改造约 100 万元,社区安防系统及老年人关怀智慧化设施改造约 80 万元,总计约 1030 万元。此外,愿景物业在进行物业接管后,每年物业管理及运营的持续性投入成本(OperC)约 280 万元。

在减少交易成本(TranC)方面,鲁谷六合园项目采用"投资 + 建设 + 运营"一体化招标模式,优化了社会资本参与老旧小区改造的实施路径。其中,为新建包含停车楼和老年食堂等功能的立体停车综合体项目,愿景集团逐户上门开展居民意见征集工作，并且得到了北京市《关于加快推进老旧小区综合整治规划建设试点工作的指导意见》的有利政策支持："按照服务公众、改善民生、保障权益、权责统一的原则，试点项目的实施方案在不损害周边群众权益，同时确保满足日照、安全等国家法律、法规、规范中的强制性要求的基础上，由街道办事处报区政府研究同意后，直接组织实施，不需办理相关规划手续。"同时，项目积极探索党建引领下的物业管理新模式，在社区党组织的领导下成立了社区物管会党支部，其在选聘物业服务企业、征求居民意见、推进老旧小区改造、协调物业与居民关系等重要工作中发挥了桥梁纽带作用，有效降低了改造过程中的交易成本。

（2）社会资本参与的收益端（TotalR）

在建设收益（ConsI）方面，参与改造企业获得市区两级财政补贴（SubI）4100万元，主要用于楼本体的改造（楼体保温层加装、屋面防水层改造、上下水管线更新、外墙粉刷）和公共区域的整体提升（雨污分流、电力工程、路面铺装更新、绿化景观提升、飞线规整）。

在运营收益（OperI）方面，愿景集团通过获得新建立体停车综合体的"10+10"年经营权[①]，获取稳定的租金收益来源；同时，由企业统筹管理小区和周边的停车、广告位等空间资源，多渠道增加出租租金收入（RentI）。愿景集团的经营服务收入（ServI）来源主要为物业收费和社区增值服务——为实现物业管理的长效可持续、有效提高物业费收缴比例及收费标准等，改造企业通过"物业先行"，让居民提前享受服务，用良好的服务培育居民的付费意识。在六合园南社区，商品房、二次上市及取得产权单位物业费补贴的房改房物业评估市场价为1.71元/（m^2·月）。依托石景山区有关物业收费的"四个一点儿"政策，即"政府补一点儿，企业担一点儿，居民出一点儿，产权单位出一点儿"，截至2021年4月，居民主动缴费率近20%[②]，愿景集团预计，小区于2021年年底正式完工且各项服务稳定提供后，物业缴费率将达50%并将持续提高（图6.16）。

---

① 与区政府签约获得10年新建设施免费经营收益权＋后续10年的低租金优先使用权。
② 居民物业费收缴率的数据统计时间为作者进行项目调研的时间（2021年4月）。

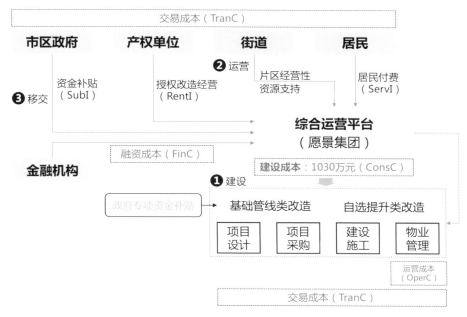

图6.16　鲁谷六合园南社区项目的社会资本参与方式

资料来源：作者自绘。

6.2.3　真武庙五里：社会资本出资改造并出租的租赁置换项目（ROT）①

真武庙老旧小区位于北京市西城区月坛街道，紧邻金融街、西单等商圈，区位优势明显。真武庙改造项目包括五里1、2、3号楼与四里5号楼共四栋建筑，总占地面积6000余 m²，涉及居民276户。四栋建筑均为公房，存在着楼体老旧、设施老化、私搭乱建等突出问题。其中，3号楼大部分房屋已完成"房改房"交易（业主购买单位公房），而1、2、5号楼仍存在部分未"房改"以及未成套的合居房屋，居住环境差、房屋空置成为常态。

愿景集团于2019年11月与原物业公司北京控股集团有限公司以合作方式成立共管物业，并选取"房改房"比率最高的五里3号楼作为推行"租赁置换"项目的一期试点。租赁置换指企业从居民手中租赁房屋，改造后将房屋出租给在

---

① 本案例相关内容及数据来源于刘思璐于2021年7—9月在北京市城市规划设计研究院实习期间的实地调研信息，以及相关媒体报道。

附近工作的白领阶层，通过租金差获取收益，主要包括租金置换、改善置换、养老置换三种形式：租金置换方式主要针对收取房屋租金的非自住业主，企业向业主支付与改造前市场化租赁价格基本持平的租金；改善置换方式主要针对想改善自身居住环境的业主，企业通过租赁平台提供稳定的改善置换房源并辅以搬家服务；养老置换方式下，企业提供业主子女居住小区内可选房源或多地不同档次的合作养老院，协助业主签订长期服务协议。通过上述三种置换方式，可有效满足不同业主的需求，增加收房规模。企业同时落实楼栋与小区环境的改造提升及管理，实现长效微利下的老旧小区改造及空间租赁运营。

为平衡"成本－收益"，愿景集团降低"成本端"投入的策略主要有：①建立居民签约户数与社会资本投资改造项目的联动机制——签约套数达到20%，由企业出资改造楼本体及小区公共区域部分基础类项目，通过扩大收房规模摊平公共区域改造成本，实现"成本－收益"联动；②采用装配式建筑技术实施改造，降低施工成本；③党建引领做足居民思想工作，降低社会资本与居民沟通协商成本。其提高"收益端"的主要策略有：①以租赁或房屋置换的形式获取业主房屋的使用权，改造为配套完善的公寓后出租，获取更高的房屋租金收入；②愿景集团旗下的物业服务公司入驻提供后续管理，获取物业费等服务收入（表6.3）。

表6.3　真武庙五里项目的"成本－收益"平衡策略

"成本－收益"构成		具体策略
成本端（TotalC）	生产成本（ProC）	（**降低 ConsC**）建立居民签约户数与社会资本投资改造内容的联动机制；装配式建筑技术
	交易成本（TranC）	（**降低 TranC**）党建引领模式创新，降低沟通协商成本
收益端（TotalR）	建设收益（ConsI）	
	运营收益（OperI）	（**提高 RentI**）以租赁或房屋置换的形式获取业主房屋的使用权，统一标准改造后出租，提高租金收益水平；（**提高 ServI**）物业进驻，收取物业费

资料来源：作者总结。

（1）社会资本参与的成本投入端（TotalC）

在生产性成本（PC）方面，真武庙五里3号楼的改造项目建立了租赁置换签约比例与社会资本投资改造内容的联动机制，随着签约居民比率的提高增加相应的公共区域基础类改造项目清单，最终的改造内容根据居民诉求、小区基本情况等因素共同确定。社会资本在该项目中的建设成本（ConsC）投入总计约 600 万元，用于 20 套房屋的室内装修及公共区域改造——楼本体外墙修复、门窗更换、楼道内线缆规整、首层增加无障碍扶手、室内下水管道更换、公共院落道路规整、小区入口增设无障碍坡道、门禁智能化改造、增设汽车充电桩等设施和社区活动空间（图 6.17、图 6.18）。进行室内装修改造时，卫生间装修采用装配式卫浴，具有重量轻、装配快的优点，在节省工期的同时可以较好地降低改造成本（图 6.19）。

图 6.17　真武庙五里项目公共区域改造前后对比

资料来源：参考文献 [152]。

图 6.18　真武庙五里项目改造后新增美好会客厅

资料来源：参考文献 [152]。

图 6.19　真武庙五里项目改造后的室内实景

资料来源：参考文献 [152]。

　　租赁置换对于北京老旧小区改造是一种开创性的模式探索，党建引领在其中发挥了关键协调作用，降低了项目推进的交易成本（TranC）。在前期入户走访、做居民思想工作等环节中，街道工委、社区党支部和小区内的党员和入党积极分子充分参与，相关工作人员积极为居民讲解租赁置换项目的基本情况和社会资本所能提供的优质服务，通过党员的纽带作用降低居民对社会资本介入的不信任感，使得签约工作能够更为顺利地推进。社会资本也通过定期向区住建部门汇报工作，来解决在衔接规划管理、与街道和居民等主体沟通时遇到的困难。截至2023 年 4 月，该项目已有 20 户业主签约完成租赁置换。

（2）社会资本参与的收益端（TotalR）

　　在运营收益（OperI）上，真武庙五里项目没有来自政府的财政资金补贴，而是以租金差形式获取收益。真武庙五里 3 号楼每套房原租金约 9000 元 / 月，付给业主的租金同样为 9000 元 / 月，实际经装修改造后能以每套约 15 000 元 / 月的价格出租，企业可通过房屋租金差反哺前期改造成本，预计 8 年时间内回本，基本实现微利可持续。在置换过程中，愿景集团将协商租房签约与提供相关经营服务结合起来，同时提升了签约率与服务效益。愿景集团以市场化租金为保障，与业主进行"一对一"的深入沟通交流，为居民提供了多种置换方案与多元渠道的服务信息，并辅助提供免费找房、搬家、保洁等社区增值服务。同时，愿景集团通过物业进驻与社区公共空间打造，间接帮助提升了房屋租金水平，并获得了一定物业服务收入（图 6.20）。

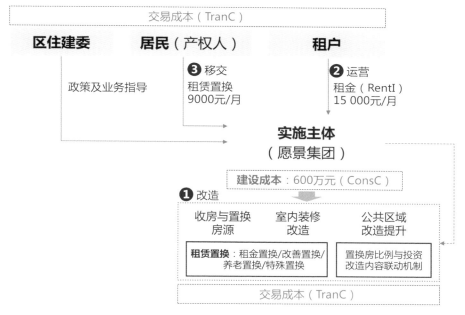

图 6.20　真武庙五里项目的社会资本参与方式

资料来源：作者自绘。

6.2.4　通州玉桥南里：社会资本参与"更新改造 + 物业托管 + 运营服务"的街区统筹项目（EPC+ROT）①

玉桥南里小区建成于 1993 年，占地面积约 6.6 万 m²，总建筑面积 11.17 万 m²，共有住宅楼 24 栋，居民 1586 户，3500 人左右。小区内居民以通州区各委办局

① 本案例相关内容及数据来源于作者刘思璐参与的"老旧小区改造案例分析及对石景山区启示"专题研究工作。

的公职人员为主，具有典型的"熟人社会"特征。小区涉及产权单位 10 家，无统一物业管理，属于产权单位自管、政府长期提供兜底服务的社区；小区也是无停车管理、缺乏便民服务设施、存在楼本体破损、设施故障等情况的典型"老破小"住区。

玉桥街道于 2020 年与愿景集团签订战略合作协议，探索老旧小区综合整治与街区公共服务设施建设相结合的改造模式。作为北京市 2020 年第一批老旧小区综合整治项目，玉桥南里社区改造采用"EPC+ROT"方式开展，改造以居民需求为导向，由政府出资负责"基础类"整治内容，社会资本投资参与"自选类＋特色类"改造建设和运营①。

梳理项目的"成本－收益"关系，愿景集团降低"成本端"投入的策略主要有：①开展物业连片管理，降低运营成本；②采用党建引领的"五方联动"工作机制与一体化招标，降低交易成本。其提升"收益端"的主要策略有：①使用小区内闲置自行车棚等闲置资源补齐社区配套设施，通过空间经营获取收益；②统筹利用片区内闲置空间资源，新建家园中心；③通过"物业＋养老"的消费模式创新，提升经营服务收入（表 6.4）。

表 6.4　玉桥南里项目的"成本－收益"平衡策略

"成本－收益"构成		具体策略
成本端（TotalC）	生产成本（ProC）	（降低 OperC）物业连片管理，降低物业管理成本
	交易成本（TranC）	（降低 TranC）"投资＋EPC＋运营"一体化实施路径；党建引领"五方联动"工作机制
收益端（TotalR）	建设收益（ConsI）	—
	运营收益（OperI）	（提高 RentI）改造经营自行车棚等社区闲置低效空间，获取租金收益
		（提高 ServI）"党建＋物业"的管理方式，培育使用者付费意识；"物业＋养老"模式创新

资料来源：作者总结。

（1）社会资本参与的成本投入端（TotalC）

在生产性成本（ProC）方面，社会资本投入的建设成本（ConsC）共计 1100

---

① 2020 年 7 月，《国务院办公厅关于全面推进城镇老旧小区改造工作的指导意见》将城镇老旧小区改造内容分为基础类、完善类、提升类 3 类。玉桥南里项目实施时主要基于北京《老旧小区综合整治工作方案（2018—2020 年）》（京政办发〔2018〕6 号）中的基础类和自选类划分标准。

万元，改造内容主要包括和乐公园、室内公共活动空间、小区智能化门禁、停车
管理、社会设施、小区标识系统体系等（图 6.21）。在运营成本（OperC）方面，
项目推行"物业连片管理"的社区创新治理模式，通过构建"社街一体"的玉桥
街道更新服务平台，实现由"住区内物业"向"城市治理与服务"的迈进，一方
面，通过打包管理更多的无物业老旧小区，发挥规模效益来降低企业管理成本；
另一方面，从街区层面进一步平衡现有资源，推动小区内基础物业服务与城市公
共服务的融合。

图 6.21　玉桥南里项目公共区域改造效果

资料来源：作者自摄。

玉桥南里项目采用"EPC+ROT"方式进行改造，以减少交易成本（TranC）。
政府通过 EPC 模式进行招投标，并对参与改造的企业给予综合整治专项资金支
持；由街道授权，委托社会资本以自有资金投资来参与自选类内容的改造。通过
政府、属地街道、社会资本、产权单位等的多方合作，项目形成了"投资 +EPC+
运营"一体化下的社会资本参与老旧小区综合整治的实施路径，降低了社会资本
参与改造的交易成本。在党建引领方面，项目依然采用"五方联动"的工作机制，
强化"社区 + 居民 + 利益相关方"的多方联动的协商队伍建设。社区建设办公室
充分整合现有资源，通过"创新活动形式、降低参与门槛、打造协商载体"等方
法，有针对性地将各类诉求整合为"公共事、社区事、楼院事、居民事、物业事"
（图 6.22）进行应对处理，不断提升居民对社区议事的知晓度，调动居民参与议
事协商的积极性，从而提升居民对改造方案的认同感，降低企业开展工作的协商
成本。

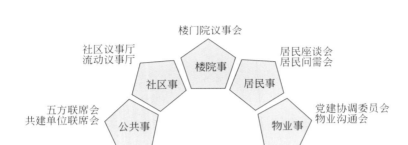

图 6.22　玉桥街道社区议事协商机制

资料来源：参考文献 [153]。

（2）社会资本参与的收益端（TotalR）

在建设收益（ConsI）方面，愿景集团获得了市区两级财政补贴（SubI）17 000 万元作为综合整治改造的专项资金支持——主要用于涉及楼本体部分的 9 项基础类改造内容[①]以及公共区域改造。愿景集团自主投入资金约 1100 万元，用于自选类改造内容。在运营收益（OperI）方面，由玉桥街道及小区内自行车棚的所属产权单位授权，愿景集团实现了玉桥南里小区闲置自行车棚的零租金签约，获得其先零租金签约 10 年、后续优先续期 10 年的使用权，以此对社区闲置低效空间进行改造提升。愿景集团通过将小区内的 14 个自行车棚改造成党建活动室、美好会客厅，以及社区菜市场、便民超市、社区食堂、养老驿站等居民所需的便民商业设施，来获取相应的运营租金收益。为提高物业费收缴效率，企业采取"打折"过渡期的收费方式来培养居民的物业消费习惯，即小区物业费的市场评估价为 0.85 元 /m²，第一年秉承"先尝后买"的原则免费服务，第二年至第四年依次给居民三折、五折、七折的折扣，正式缴费从第五年开始，以此营造老旧小区物业服务的渐进式市场化机制。同时，企业对社区内养老驿站进行升级改造，整合 30 余家服务商资源、提供 29 项服务类别，实现"物业＋养老"的综合提升（图 6.23）。

---

① 9 项基础类改造内容包括：对性能或节能效果未达到民用建筑节能标准 50% 的楼房进行节能改造；楼内上下水改造；进行空调规整、楼体外面缆线规整；对楼体进行清洗粉刷；楼内公共区域改造；拆除楼体各层窗户外现有护栏，加装隐形防护栏；完善无障碍设施；多层住宅楼房"平改坡"；拆除违法建设，整治开墙打洞。

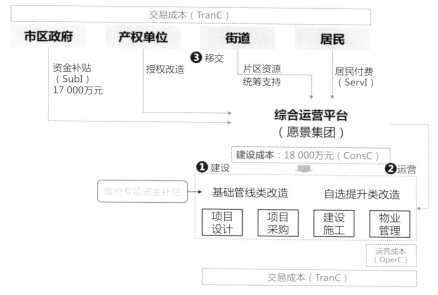

图 6.23　玉桥南里项目的社会资本参与方式

资料来源：作者自绘。

6.3　国企参与的拆除重建类：首开及多家区属国企

6.3.1　光华里 5、6 号楼：市属国企参与投资的危旧楼拆除重建项目（投资人 +EPC）①

光华里 5、6 号楼危旧楼改建项目位于北京市朝阳区建外街道，原建筑是建于 20 世纪 50 年代的三层砖混结构住宅楼，总建筑面积约为 2382 m²，成套住宅 36 套，共涉及居民 58 户。2019 年 8 月，原住宅楼由于楼板脱落事件被鉴定为危房，为排除居住危险和安全隐患，市区两级相关部门引入首开房地集团开展项目的拆除重建工作（图 6.24）。项目采用了 "原拆原建" 的改造方式，由北京首开房地集团作为实施主体，其上级单位首开集团作为项目的产权单位，负责投资运营。

---

① 本案例相关内容及数据来源于作者参与的 "社会资本参与路径及资源统筹" "国有企业参与城市更新的主要模式及效率评价研究" 等专题研究工作。

图 6.24　光华里 5 号楼改造前

资料来源："社会资本参与路径及资源统筹"课题组。

从"成本－收益"来看，首开集团降低"成本端"投入的策略主要有：①实行联合审批与"五方验收"工作机制，降低交易成本；②成立项目临时党小组负责沟通调度，降低与居民沟通协商成本。其提高"收益端"的主要策略有：①建筑规模适当增加，并在区级指标中统筹平衡建筑增量，通过新增面积的产权售卖来增加建设收益；②提供物业管理，获取经营服务收入（表 6.5）。

表 6.5　光华里 5、6 号楼项目的"成本－收益"平衡策略

"成本－收益"构成		具体策略
成本端（TotalC）	生产成本（ProC）	—
	交易成本（TranC）	（降低 TranC）联合审批与五方验收；成立项目临时党小组负责沟通调度
收益端（TotalR）	建设收益（ConsI）	（提高 PropI）新增建筑规模纳入区级指标统筹平衡，获取已购公房居民对新增居住面积的补充价款收入
	运营收益（OperI）	（提高 ServI）物业服务收费

资料来源：作者总结。

（1）社会资本参与的成本投入端（TotalC）

在生产成本（ProC）方面，项目改造总投资为 2300 万元，包括居民周转费 538 万元，前期勘察、检测、设计等费用 111 万元，工程总造价费用 1350 万元，开发监理费 120 万元，其他管理费用、财务费用、人防异地建设费用等共计 185 万元（不包含项目融资及后期运营管理等费用）。依据《关于开展危旧楼房改建试点工作的意见》，结合申请式退租政策，项目针对原住户采取不同处理方式来推进建设：①针对回迁住户，政府补贴综合改造费用 5786 元／m²，社会资本负担剩余部分的改造费用；②针对退租住户，政府补贴 5 万元 / m²，社会资本负担居民安置及项目改造费用，据此形成的社会资本总投资（ConsC）约 900 万元。为改善居民生活环境，妥善解决"合居户"问题，改造设计方案按照现状户数不增原则，通过消防整改、增设防火墙等方式使得重建建筑满足现行规范要求，并优化日照和绿化环境，实现了物理分户、满足日照及南向采光需求、增加独立厨房、卫生间等一系列目标。

降低交易成本（TranC）的措施主要包括两方面：①在项目的前期手续办理阶段，通过与规划、消防、人防、交通等各部门综合会商，确定实施方案并进行立项申请；②在项目的管理及施工阶段，规划审批手续办理与改移管线、预留接口等流程同步推进，并在项目建成后组织五方验收，有效缩短施工周期及验收程序，降低社会资本实施项目的审批、协商等成本。此外，项目还成立了临时党小组，在沟通居民业主诉求、完成解危安置、旧楼拆除、相关手续办理等方面都起到了关键作用，使得改建意向征询及改建方案确认、周转协议签订工作中的居民同意率均达到 100%。

（2）社会资本参与的收益端（TotalR）

在建设收益（ConsI）方面，该项目涉及外部资金补贴（SubI）、资产交易收入（PropI）两项收益来源。首先，市区两级财政依据《关于开展危旧楼房改建试点工作的意见》，以单价 5786 元 / m² 对该项目进行补贴[1]，总共补贴 1378 万元。三户已购公房居民依据同一文件中提出的居民出资原则，按照不低于综合改建成本负担房屋新增面积成本价，共出资约 38 万元[2]。项目改造遵循"区域总量平衡且户数不增加"的基本原则，依据"原则上居民户数比现状不增加，为改善居民居住条件，具备条件可适当增加建筑规模"的规定，将原先由三个单元组成的框剪结构住宅改建为一部楼梯的钢结构住宅，最终实现"在不增加房屋套数的前提下，合居变独居"，并为居民解决多年以来的卫生间、厨房公用问题（图 6.25）。这一方面实现了新增建筑规模通过指标"流量池"在全区进行统筹，另一方面通过三户已购公房房主对新增房屋面积的补缴价款（PropI），实现了部分资金回收。

---

① 其中，市级补贴为 2630 元 /m²，区级补贴为 3156 元 /m²，补贴基数为原建筑面积。

② 三户已购公房居民出资总金额为：43.01 m²（住户增加部分建筑面积）×8770.17 元（综合改建成本）≈37.72 万元。

图 6.25　光华里 5 号楼改造后

资料来源：作者自摄。

在运营收益（OperI）方面，该项目缺少经营性空间，但项目改造完成后，首开集团旗下物业北京首华建设经营有限公司将作为物业管理主体，与属地街道、社区及物管会协商制定新的物业管理方式及物业收费标准，以获取部分经营服务收入（ServI）（图 6.26）。

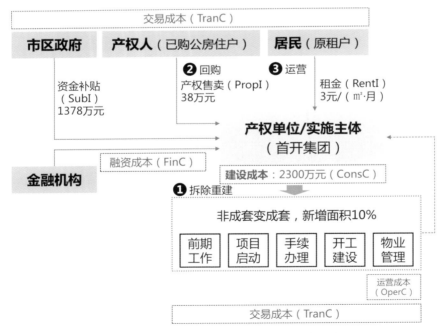

图 6.26　光华里 5、6 号楼项目的社会资本参与方式

资料来源：作者自绘。

6.3.2　光明楼 17 号楼：区属国企参与实施的简易楼拆除重建项目（投资人 +EPC）[①]

光明楼 17 号楼项目位于北京市东城区龙潭街道光明楼小区，原建筑建于 20 世纪 60 年代。17 号楼是小区建成后加建形成的简易楼，属于东城区区属国企京诚集团名下的直管公房，共有居民 29 户，建筑面积 1007 m²（图 6.27）。就结构安全来看，原楼体为三层砖混结构，且建筑未采取抗震设防、节能保温等措施，已出现局部开裂现象，居住在此存在较大安全隐患（图 6.28）。就楼内居住条件来看，户均建筑面积仅有 28.6 m²，每 5 户居民共用 1 处卫生间，居民改造意愿强烈。结合房屋实际情况及北京市住房和城乡建设委员会《关于开展危旧楼房改

图 6.27　光明楼 17 号楼项目区位及改造前现状

资料来源：参考文献 [154]。

图 6.28　光明楼 17 号楼项目改造前室内状况

资料来源："社会资本参与路径及资源统筹"课题组。

[①] 本案例相关内容及数据来源于作者参与的"老旧小区改造案例分析及对石景山区启示""社会资本参与路径及资源统筹"等专题研究工作。

建试点工作的意见》^①，项目于 2020 年 8 月正式启动改造工作，由区属国企京诚集团作为实施主体统筹推进改造。

分析项目的"成本－收益"关系，京诚集团降低"成本端"投入的策略主要有：①制定符合项目落地的设计标准，降低建设成本；②创新并联审批模式，压缩流程办理周期，降低交易成本；③采取建筑师负责制，降低沟通协商成本。其提高"收益端"的主要策略有：①居民购买改造后的新增面积产权，增加建设收益；②建设半地下空间提供公共服务配套设施，确保企业后续对于小区内可经营设施的使用及收益权，通过政府购买服务及公共服务设施经营等获得运营收益（表 6.6）。

表 6.6　光明楼 17 号楼项目的"成本－收益"平衡策略

"成本－收益"构成		具体策略
成本端（TotalC）	生产成本（ProC）	（降低 ConsC）制定符合项目落地的设计标准
	交易成本（TranC）	（降低 TranC）创新并联审批模式，压缩办理流程周期；建筑师全过程参与制，引领公众参与设计，使方案在多方面达成共识
收益端（TotalR）	建设收益（ConsI）	（提高 PropI）上盖增加一层，非成套变成套，业主购买改造后房屋产权
	运营收益（OperI）	（提高 RentI）增设半地下空间一层，作为公共服务配套设施用房，企业可免租金获取经营权； （提高 ServI）政府购买服务，包括项目腾退管理服务费、建设管理费等管理费用

资料来源：作者总结。

（1）社会资本参与的成本投入端（TotalC）

在生产性成本（ProC）方面，项目总投入共计约 2038 万元，其中工程费约 1235 万元，工程建设其他费用约 207 万元，预备费约 43 万元，腾退周转费约 552 万元。项目成本采用政府、产权单位、居民多方共担模式，其中社会资本（产权单位）建设成本（ConsC）投入约 1000 万元。在改造中，为延续首都功能核心区历史风貌保护要求，并综合考虑第五立面、太阳能热水系统设计标准等要求，改造将屋顶改建为坡屋顶并设置挑檐，使改造方案与周边区域建筑风格及整体风貌保持协调（图 6.29）。

---

① 2018 年，北京市人民政府办公厅印发实施了《老旧小区综合整治工作方案（2018—2020 年）》，明确各区政府对简易住宅楼和没有加固价值的危险房屋，可通过解危排险、拆除重建等方式进行整治。《关于开展危旧楼房改建试点工作的意见》是为推动此项工作深入开展，统筹好街区更新与居民居住条件改善工作，加强政策和机制创新而制定。

图6.29　光明楼17号楼项目改造前后对比

资料来源：参考文献[155]。

在降低交易成本（TranC）方面，项目创新并联审批模式，使得改造实施与建设审批同步推进，有效压缩了办理流程周期。项目采取建筑师负责制，以建筑设计作为沟通协商平台，引领多方合作，摆脱单线沟通的传统工作方式，推动工作有序开展。在与居民的沟通协商工作中，"五民工作法"[①]得到运用并贯穿改建工作全过程。项目推动居民积极参与方案设计的全过程，并根据居民意见优化方案，使方案能够在多个方面较早达成共识，降低因方案不确定性带来的沟通协商成本，最终达成预签约比率100%，29户居民全部实现回迁。

（2）社会资本参与的收益端（TotalR）

在建设收益（ConsI）方面，该项目涉及外部资金补贴（SubI）和资产交易收入（PropI）两项收益来源。首先，市区两级财政按照5786元/m^2对该项目进行补贴，共补贴583万元。其次，项目突破原有建筑规模指标，将原三层简易楼拆除后改建为四层住宅，在保持原有户数不增加的情况下，每户增加独立厨房、卫生间，由"不成套"住宅转变为"成套"住宅。项目总新增建筑面积为760 m^2，29户居民的居住面积都有不同程度的增量，户均增加面积为16.6 m^2。对原有面积，居民以1560元/m^2购买，共计130万元；对新增面积，居民按综合改造成本价6565元/m^2购买，共计330万元，由此居民合计出资460万元。项目同时新增地上展示空间78 m^2，半地下公共服务配套设施用房354 m^2（图6.30）。改造通过区域总量平衡实现了建筑面积增量，居民购买新增面积的成套住房产权，让社会资本得以回收部分建设成本。

---

① 五民工作法：民事民提、民事民议、民事民办、民事民决、民事民评。

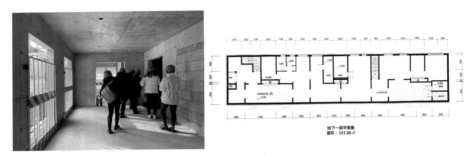

图 6.30　光明楼 17 号楼项目的半地下公共服务设施配套用房

资料来源：作者自摄。

在运营收益（OperI）方面，京诚集团是项目实施主体，政府通过购买服务，给予京诚集团改造项目的腾退服务费和建设管理费共计 150 万元；并针对新增 400 余 m² 的社区管理服务用房，赋予参与改造企业后续对小区内可经营设施的使用及收益权，可通过免租金经营的方式获取运营收益[①]（图 6.31）。

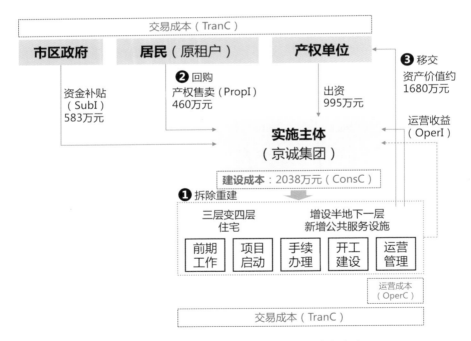

图 6.31　光明楼 17 号楼项目的社会资本参与方式

资料来源：作者自绘。

---

① 社区管理服务用房的市场价值约 1680 万元，包括地上面积 78 m²×8 万元 / m²+ 地下面积 354 m²×3 万元 / m²。

6.3.3 马家堡路 68 号院 2 号楼：区属国企参与实施的危旧 楼房拆除重建项目（投资人 +EPC）[①]

马家堡路 68 号院 2 号楼位于北京丰台区西罗园街道花椒树社区，紧邻北京南站。马家堡路 68 号院建于 1977 年，原产权人为北京市革制品厂，企业破产后于 2006 年将产权移交丰台区房屋经营管理中心（2024 年 1 月正式改制成为丰台区城市更新集团，以下简称"丰台区城市更新集团"）。原 2 号楼为四层砖混结构筒子楼，属于非成套住宅，在长达 46 年的使用期内，2 号楼房屋质量下降严重、居民生活环境日益局促，政府在该楼栋的安全监督保障方面需花费大量人力物力（图 6.32）。该楼内共有 73 户居民，每户居住面积为 15 ~ 17 m²，其改善居住条件的诉求强烈。

图 6.32 马家堡路 68 号院 2 号楼及周边平房改造前现状

资料来源：丰台区城市更新集团提供。

2020 年，北京市住房和城乡建设委员会《关于开展危旧楼房改建试点工作的意见》出台后，丰台区政府、区房管局、区房管中心积极推动 2 号楼的前期摸底、调查、征询意见等工作，经过多轮与公众沟通并调整设计方案后，于 2023 年 10 月实现居民 100% 签约，2023 年 12 月完成拆除工作。更新后的方案总建筑面积为 4395.03 m²，建筑高度为 17 m，包括地上六层、地下一层，住房套数为 90 套，以实现原 73 户居民和周边 17 户平房居民的原址回迁（图 6.33）。户型设计分为 40.9 m²、41.52 m²、53.33 m² 三种，户内装修标准在保证质量的基础上按简装实施。项目的核心创新在于实现了较高比例的居民自主出资，以原拆原建方式落实居住空间更新。

[①] 本案例相关内容及数据来源于 2024 年年初作者的实地调研。

图 6.33　马家堡路 68 号院 2 号楼的重建效果图

资料来源：丰台区城市更新集团提供。

　　从"成本－收益"角度看，丰台区城市更新集团作为该项目的产权主体和实施主体，在降低"成本端"投入采用的策略主要有：①严控建设成本，在装修标准、周转费用等环节加强资金使用管理；②多方共同出资的方式有效降低了单方资金压力，产权单位以自有资金投入，无贷款利息负担；③市区两级按照重大项目办理原则加快项目办理手续，居民意见征询落到实处，同时有序协调周边居民关于扰民等方面的投诉，减少项目实施阻力。其提高"收益端"的主要策略有：①原居民按照建安成本购买改造后的新增面积产权，实现部分建设收益；②产权主体获得地下公共服务设施空间的相关产权，可获取运营收益（表 6.7）。

表 6.7　马家堡路 68 号院 2 号楼项目的"成本－收益"平衡策略

"成本－收益"构成		具体策略
成本端（TotalC）	生产成本（ProC）	（**降低 ConsC**）户内简装，严控建设成本、周转费用成本；（**降低 FinC**）自有资金投入，无贷款利息负担
	交易成本（TranC）	（**降低 TranC**）按照重大项目办理原则加快办理手续；与周边居民进行长期协商
收益端（TotalR）	建设收益（ConsI）	（**提高 PropI**）上盖增加两层，非成套变成套，业主购买改造后房屋产权
	运营收益（OperI）	（**提高 RentI**）地下加建一层，作为公共服务配套设施用房和社区商业用房，收取租金

资料来源：作者总结。

（1）社会资本参与的成本投入端（TotalC）

在生产性成本（ProC）方面，项目总投入共计 4384.33 万元，其中建安工程费 3295.72 万元，拆除费 92.87 万元，预备费 191.49 万元，工程建设其他费用 534.02 万元，税金 270.23 万元。项目的主要出资涉及地上和地下两部分（图 6.34），其中地下一层建筑面积 665 m²，全部由产权单位丰台区城市更新集团（即实施主体）出资，建设成本约为 12 846 元 /m²，共计约 854.3 万元，后期需补交商业部分约 5000 元 /m² 的土地出让金；地上部分建筑面积 3730 m²，建设综合成本约 9465 元 /m²，共计约 3530 万元。此外，项目将 2 号楼周边的 17 处平房直管公房同时纳入改造，实施主体需代为支付平房改造的政府补助部

二至六层平面图

一层平面图

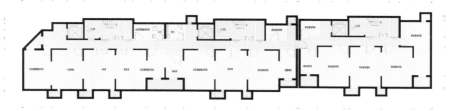

地下一层平面图

图 6.34　马家堡路 68 号院 2 号楼项目的重建后平面图

资料来源：丰台区城市更新集团提供。

分。在改造过程中，实施主体还对 68 号院的公共空间进行了更新提升，包括建设垃圾收集点、非机动车棚、充电桩等设施。

实施主体丰台区城市更新集团在保证质量的前提下严控工程造价，以有效压缩成本投入，改造后的户内装修按简装标准，但依旧使用了高质量门窗并配备洁具、灯具、灶具等设施。由于整体资金规模可负担且多方资金到位及时，实施主体以自有资金投入项目改造，免去了贷款利息负担。实施主体积极争取居民信任，避免居民将解危解困工程误解为开发商的获利行为。通过充分发挥居民的改造能动性，多方协商确认在规定的 2 年改造期限内，实施主体不需要支付居民的居住周转费用，若施工超出期限再由实施主体承担。回迁完成后，社区按照周边商品房标准收取物业费，以满足物业正常运作需求。

项目审批过程中，区项目主管部门按照重大项目办理原则，加快各类证照核发进度，有效减少了工作中的交易成本（TranC）。实施主体与街道开展长期、深入的居民沟通工作，北京市规划和自然资源委员会丰台分局按照当时相关文件要求予以建筑增容方面的大力支持，顺利推动项目的居民征询率、参与率、签约率均达到 100%，且成功实现居民较高比例出资。由于 2 号楼场地狭小、施工过程中对于其周边楼栋居民会造成一定干扰，所以项目在确保日照间距和公共空间质量的基础上，同步开展周边居民的协商与施工补偿工作。

（2）社会资本参与的收益端（TotalR）

项目的建设收益（ConsI）主要涉及外部资金补贴（SubI）和资产交易收入（PropI）两项收益来源。项目的地上部分建筑面积共计 3730 m^2，综合建设成本 9465 元 /m^2，政府按照居民原租赁面积补贴 5786 元 /m^2，共补助 1111.49 万元，其中市政府补助 505.22 万元，区政府补助 606.27 万元。居民按照综合建设成本出资购买超出原有面积的部分，户均面积增加约 20 m^2，平均每户出资 26.87 万元。改造后的户型实现成套化，产权由原承租公房转变为二类经济适用房。由于居民还可以根据个人意愿，通过"经改商"手续在补缴少量土地出让金后进行房屋交易和买卖，预计售价可达当前居民出资的 10 倍，因此居民参与改造的动力充足。这种政府和居民出资占大头、产权主体出资占小头的做法，有效减轻了社会资本参与改造的压力。

在运营收益（OperI）方面，产权主体 / 实施主体获得地下一层 665 m^2 的空间产权，其中部分可用作社区商业运营，以租金形式回收部分成本。此外，项目对标周边市场化物业服务来收取物业费，产权主体 / 实施主体提供的物业管理基本能够实现运营期间的资金平衡。总体上，该项目改造在短期内可能依然无法通过房屋交易和后续运营完全覆盖前期支出成本，但改造解决了该处房屋的安全隐患问题，节约了过去高额的日常监管与维护成本——此前，社区和产权主体需通过挨家挨户发防火毯、每层配置 10 个以上灭火器等方式来降低事故风险，并需要在重大活动或灾害天气加派值班人员（图 6.35）。

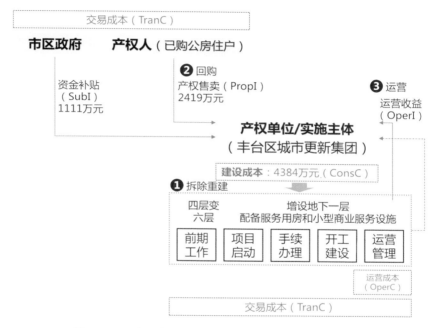

图 6.35　马家堡路 68 号院 2 号楼项目的社会资本参与方式

资料来源：作者自绘。

6.4　小结

本章着重分析了社会资本参与北京老旧小区改造的 7 个实践案例，可以将其分为民企投资改造、注重后期运营的实施模式，以及国企参与投资改造、注重资产持有增值的实施模式。在具体实践中，不同社会资本类型在参与老旧小区改造类型及收益机制的设计上有所不同。

综合整治类侧重于后期运营收益（OperI），拆除重建类侧重于前期的建设收益（ConsI）。从以愿景集团为代表的综合整治项目来看，愿景集团更多采取的是基层路径，即与街道、社区和居民建立良好的社会网络，从而促成各项合作的达成。因此，为基层提供优质服务成为其每个项目资金回收的重要途径，如真武庙项目通过改造后重新出租房屋来获取租金收益差（RentI），以及相应的经营服务收入（ServI）；玉桥南里社区以大片区物业接管的物业费收缴和社区便民服务设施的经营收入，作为其获取经营服务收入（ServI）的主要来源，并进一步探索了"物业＋养老"的搭配消费服务新模式。在以国企为代表的拆除重建项目中，如首开集团参与的光华里项目和丰台城市更新集团参与的马家堡项目，国企更多强调与区政府合作，其介入老旧小区改造的方式更多采取顶层路径，以此争取前期建设环节的政府资金补贴（SubI）和产权交易政策支持（PropI）等，在拆除重建中实现建设容量指标的调整、区域性指标的统筹使用、允许产权变更等。

究其原因，愿景集团依托"链家系"良好的基层社会网络优势、民营企业具有的灵活操盘特点等，有通过物业服务和社区增值服务获取收益的坚实基础；而首开集团等市／区属国企，在非经营性资产和供水、供电、物业管理等业务分离移交的背景下，拥有大量中央、市属企业老旧小区（即非经营性国有资产）的物业管理权限和大量北京市的公房管理权，具有通过"产权出售"等来平衡资金的潜力条件，因此在老旧小区改造中参与危旧楼、简易楼改造居多。

同时，研究还发现，从成本（TotalC）投入来看，工作机制优化对降低交易成本（TranC）可以起到明显作用。这在愿景集团参与的综合整治等案例中得到了很好的印证，如劲松北社区项目在党建引领带动下，建立"五方联动"工作机制，对工程改造、物业管理、社区治理等工作的开展均起到了积极的润滑作用；真武庙租赁置换项目通过发挥社区党员的纽带作用，降低居民对社会资本介入的不信任感，使签约工作得以更为顺利地推进。从收益（TotalR）获取来看，获得空间经营权是当前激励社会资本参与改造的重要举措之一。无论是综合整治还是拆除重建，由功能变更、容量增加、空间确权等带来的使用权授予、租金收益或经营收益等，成为激发社会资本参与的重要动力来源，如六合园南社区通过新建社区立体停车综合体，将新建便民配套服务设施的经营权免费交由社会资本实施运营，使其能够获取稳定的收益来源；光明楼17号楼项目通过增设一层半地下空间作为公共服务设施配套用房，来保障企业后续对可经营设施的使用权及收益权。

第 7 章

社会资本参与老旧小区改造的制度困境剖析

尽管北京已涌现出社会资本参与老旧小区改造的不同类型实践探索，但是这类相关项目探索依然稀少——即便是被广泛报道和推崇的试点案例，也普遍存在着项目资金依然无法完全平衡，企业出于政治任务要求、产权单位责任或社会担当而参与改造等现象。因此，在上一章总结社会资本参与北京老旧小区改造的实践经验基础上，本章重在解析各案例在"成本端"和"收益端"依然面临的"顽疾性"挑战和存在的瓶颈问题，为立足"成本－收益"框架探寻进一步的制度优化举措提供支撑。

7.1　社会资本参与老旧小区改造的瓶颈约束

针对上一章探讨的 7 个社会资本参与老旧小区改造案例，研究依据实践类型、社会资本介入方式、资产获取方式、改造资金来源、社会资本盈利方式等进行项目细分，聚焦"成本端"的生产成本（ProC）、交易成本（TranC）和"收益端"的建设收益（ConsI）、运营收益（OperI），剖析每个案例在改造过程中遇到的关键问题（表 7.1）。

表 7.1　改造案例瓶颈问题总结

参与类型	具体案例	介入方式	资产获取方式	资金来源	主要盈利方式	"成本端"问题	"收益端"问题
老旧小区综合整治	劲松北社区	ROT	合作	政府补贴＋企业自筹	财政补贴（SubI）＋居民付费（ServI）＋闲置空间经营（RentI）	生产成本（ProC）：实施方案根据居民意见不断调整所带来的返工成本、项目超额支出的风险。交易成本（TranC）：缺乏相关部门的审批文件造成整体施工进度拖延	运营收益（OperI）：规划用途调整与经营性设施办理工商登记手续问题带来的合规性与运营风险

续表

参与类型	具体案例	介入方式	资产获取方式	资金来源	主要盈利方式	"成本端"问题	"收益端"问题
老旧小区综合整治	鲁谷六合园南社区	EPC+BOT	合作	政府补贴+产权单位+企业自筹	财政补贴（SubI）+居民付费（ServI）+片区资源经营收益（RentI）	交易成本（TranC）：施工过程中，统筹强弱电、供热、燃气等专业单位施工难度大，拖延整体施工进度，增加协商谈判成本	运营收益（OperI）：新建立体停车综合体项目属于政府备案，缺乏规划许可文件，对后续证件办理造成影响，增加运营风险
	真武庙五里	ROT	租赁	企业自筹	房屋租金（RentI）+付费服务（ServI）	交易成本（TranC）：对于空间资源有限的老旧小区增补临时设施需求，缺乏规划政策的差异化认定，有被城管部门认定为"违建"的风险，增加改造后的协商成本	建设收益（ConsI）：对于基础类改造，仍缺乏政府财政资金支持。运营收益（OperI）：项目主要以租金差形式获取收益，但公房转租政策未打通，社会资本介入路径不清晰
	通州玉桥南里	EPC+ROT	合作	政府补贴+企业自筹	财政补贴（SubI）+居民付费（ServI）+片区资源经营收益（RentI）	交易成本（TranC）：强电入地计划无法与老旧小区改造同步实施，导致部分公共区域无法施工，影响增设停车位、路面优化等项目，增加协商谈判成本	运营收益（OperI）：小区内自行车棚等闲置资源的产权方移交使用权进程缓慢，多个车棚存在住人或被人占用现象，缺乏产权单位的授权支持
危旧楼拆除重建	光华里5、6号楼	投资人+EPC	自有	政府补贴+产权单位自筹+居民出资	财政补贴（SubI）+资产交易收入（PropI）+出租租金收入（RentI）	生产成本（ProC）：审批需要一事一议、改造周期长带来的居民安置周转费上涨，造成企业生产成本增加。交易成本（TranC）：规划报批程序及信息公开机制不健全，用地性质是否变更不明确，增加改造前期协调成本	建设收益（ConsI）：合居户无法办理产权分割，导致改造后产权单位只能通过公房出租的租金来回收改造成本，缺乏产权政策支持交易（PropI）。运营收益（OperI）：改造后因合居户只进行了物理空间分割，继续以低租金出租给居民获取租金收入（RentI），回收周期长达70年

续表

参与类型	具体案例	介入方式	资产获取方式	资金来源	主要盈利方式	"成本端"问题	"收益端"问题
	光明楼17号楼	投资人＋EPC	自有	政府补贴＋产权单位自筹＋居民出资	财政补贴（SubI）＋资产交易收入（PropI）＋政府购买服务（ServI）	生产成本（ProC）：单体小型工程产生的二类费用高，需要企业自行承担。交易成本（TranC）：立项及审批阶段，市发展改革委对于项目概算、规划方案调整等问题协调时间过长，导致前期协商谈判等交易成本过高	建设收益（ConsI）：项目虽实现了居民出资，但其通过低价购买新增面积使得社会资本通过产权售卖获得的建设收益过低，相较于改造成本而言，资金平衡困难
危旧楼拆除重建	马家堡路68号院2号楼	投资人＋EPC	自有	政府补贴＋产权单位自筹＋居民出资	财政补贴（SubI）＋资产交易收入（PropI）＋出租租金收入（RentI）	生产成本（ProC）：楼栋场地空间狭小，工程材料需转运，抬升建设成本。平房居民所缺失的政府补贴部分需产权单位承担。交易成本（TranC）：居民出资额度、标准需反复协商，个别居民不配合产权变更过程，周边居民投诉施工或担心空间被占用等	建设收益（ConsI）：项目实现了现有实践中居民出资额度的突破，能够覆盖建设成本，但在《关于进一步做好危旧楼房改建有关工作的通知》出台后（危旧楼房"改建项目地上建筑规模增量原则上不超过30%"），该项目的增容比例恐难以普遍推广。丰台区建设指标较宽裕，可支持该项目增容，其他区、其他项目可能难以复制其经验

资料来源：作者总结。

　　以愿景集团为代表的民企参与的"综合整治类"老旧小区改造项目，重在通过与街道、原产权单位、社区／居民等的合作来取得可运营的空间资产。项目资金来源以政府补贴和企业自筹为主。根据小区内闲置空间资源的不同，项目多采用 BOT 模式或 ROT 模式，由政府采用公开招商方式引入特许经营企业，允许其投资、建设、运营小区及周边服务设施并获取收益。各项目因介入方式和改造内容的不同在盈利方式上略有差异，但总体可概括为以财政补贴（SubI）、物业管理收费和提供增值服务为主的经营服务收入（ServI）、停车收费和片区资源经营为主的租金收入（RentI）等几方面。

　　以首开集团（及其他国企）为代表的国企参与的"拆除重建类"老旧小区

改造项目，通常因为社会资本自身就是产权单位，多采用与区政府等合作的形式推进老旧小区的拆建型改造。项目资金来源主要由政府补贴、企业自筹和居民出资三部分组成。在盈利方式上，根据可新增建筑容量及产权变更程度的不同而有所差异——成套化改造后房屋进行产权售卖的，社会资本可以获得资产交易收入（PropI）；因历史原因无法进行产权分割售房的，社会资本只能依靠改造后的公房租金（RentI）实现营收。

聚焦各改造案例的"成本端"和"收益端"可以发现，因多主体沟通、审批部门认定标准不统一、施工程序复杂等引起的高昂交易成本普遍存在于每个项目中。对于"综合整治类"改造项目，民企类社会资本介入老旧小区改造面临的主要问题是产权单位授权及后续运营的合规性问题；对于"拆除重建类"项目，受制于规模容量增加与产权可变更程度的双重限制，存在单体项目改造成本高，但居民购买房屋产权的资产交易收入过低、改造后公房居民继续承租的出租租金收入过低等问题，由此导致国企类社会资本面临成本投入与收益获取显著不对等的挑战，通常是为了承担必要的社会责任等而介入改造。

由此可见，社会资本参与项目在"成本端"和"收益端"遇到的关键性瓶颈可归结到"资金运作的不可持续性、规划政策的不确定性、多主体协调的复杂性"三个维度共九类制度困境。这些问题或使社会资本参与老旧小区改造"成本端"的建设成本和交易成本投入偏高，或对其"收益端"的建设收益和运营收益造成消极影响（图 7.1）。

图 7.1　实证案例中社会资本参与老旧小区改造面临的主要制度困境

资料来源：作者自绘。

7.2 困境一：资金运作效率不佳带来的"成本－收益"不平衡

7.2.1 成本投入大，但资金回收途径有限

（1）**基础管线建设、拆迁安置等前期投入成本高。**老旧小区改造涉及的基础类项目多且工程复杂，面临上下水改造带户作业[①]、不同工种工程交叉作业等问题，综合改造成本通常较高。在综合整治类项目中，还普遍存在基础管线信息不清、管线提升工程与老旧小区整体改造计划不同步等现象。以通州玉桥项目为例，由于小区中各类专业管线复杂交错，社会资本在实施改造前需要与各部门一一沟通管线所属情况，带来改造前期的大量时间成本和沟通人力成本投入，导致工程进展缓慢。

在拆除重建项目中，如光华里5、6号楼项目改造的综合成本约2300万元，其中首开集团投入的1000万元中，除去承担设计、施工、建设等工程费用外，还需额外承担未"房改"居民的周转费、腾退居民的安置房源等费用，在老旧公房无法实现产权分割的情况下，仅能依靠原居民的房屋租金回收前期改造成本。同时，无论是因前期居民沟通工作造成工期拖延的时间成本（TranC），还是在施工过程中因工程变更、调整图纸等产生的额外的施工建设成本（ConsC），都进一步加重了社会资本参与老旧小区改造项目的负担。

（2）**经营收益模式单一，资金回收周期长。**从现有老旧小区改造的企业经费回收模式看，以综合整治为主的老旧小区改造项目，其盈利模式多为物业费及社区闲置空间的经营收入，资金回收年限普遍在10年左右。此种模式的收益成效，一方面取决于社会资本能否拥有社区内闲置空间的使用权，以及具体使用年限、可使用空间面积大小、租金收入等现实因素；另一方面取决于参与企业能否顺利拿到小区的物业经营权，及企业提供物业服务和社区增值服务的能力水平。例如，在愿景集团参与的劲松项目中，企业测算运营10年才可以实现资金平衡，运营

[①] 指在居民生活居住的同时进行建设施工。

20 年方可实现 8% 的较低收益率。这一平衡在一定程度还是建立在"吃肉留骨头"的基础上——先期获取的约 1/3 存量用房资源及约 90% 停车空间的收益，仅能支撑约 10% 的社区空间的高质量改造；剩下的资源利用收益，难以支撑社区整体逐步实现与"示范区"同等质量的改造，因此后续要引入社会资本投资更新会更为困难[149]。以危旧楼拆除重建为主的老旧小区改造项目，其收入主要包括可售住宅面积增量、租金收入及政府付给企业的项目腾退费、建设管理费等费用，但这些收入相较于企业改造所投入的巨大成本，只是"九牛一毛"。以光明楼 17 号楼为例，居民以综合改造成本价 6565 元 / m² 购买新增面积，而核心区住宅地价约 10 万 / m²，居民成为危旧楼改造项目中最大的获益者；社会资本则仅能依靠少许配套房屋经营来进一步回收资金，难以覆盖前期投入。

7.2.2　金融财税工具的应用存在困难

（1）项目本身的营收困难和制度障碍影响贷款获取。一是老旧小区改造项目中的经营性内容难以满足市场化贷款条件，银行贷款发放要求商业可持续、风险可控，而老旧小区改造的企业盈利周期长，可经营空间营收的波动风险大，很多项目的经济测算表明收益难以覆盖成本。改造项目除非争取政策性贷款，否则很难达到银行的市场化贷款发放条件。与此同时，政府对老旧小区改造项目的监管要求高、审批流程不明确，常常需要采取"一事一议"的方式推进，以会议纪要等路径来支持项目的"合规"实施。由此造成过长的谈判协商过程，提高了项目成本和未来的不可预见性，给前期"成本 – 收益"测算带来困难。二是项目的"合规性"风险影响了银行贷款意愿。老旧小区改造中的经营性空间使用面临着用途调整、产权转移、部门审批、合规性验收等诸多挑战，许多空间的使用处于"灰色地带"，导致项目稳定经营的预期保障不足、银行难以发放贷款。近年来，相关制度也在逐步完善中①。

---

① 2022 年 11 月发布的《北京市老旧小区改造工作改革方案》提出："探索存量资源统筹利用利益补偿机制，鼓励存量资源授权经营使用，加强授权经营使用期内的用途管控和使用监管。……可利用现状使用的车棚、门房以及闲置的锅炉房、煤棚（场）等房屋设施，改建便民服务设施，依据规划自然资源部门出具的意见办理相关经营证照。……鼓励以设施经营权和物业服务协议作为质押获得贷款。"

（2）**贷款产品的设计不满足老旧小区改造需求。**一是民营企业贷款成本依然较高。虽然很多银行为支持城市更新已经开发出长周期、低利率的金融产品，部分贷款产品利率甚至低于同期 LPR 水平，达到"降无可降"的程度，但对于民营企业来说，依然存在无法获得此类放贷的现实情况。民企若寻找信托等其他贷款产品，则面临着更高的贷款利率。事实上，民营企业有意愿、也适合参与老旧小区的运营服务，但其在金融机构贷款时主体评级一般较低，也缺乏相关授信政策支持[①]，产生了市场主体融资信用评价与实际运作意愿背离的情形。二是获取贷款的担保方式有待改善。一方面，银行偏好实体资产（不动产）抵押而非收益权质押，这对以长周期现金流实现资金回正的老旧小区改造还不够友好，通过经营收益质押的担保方式需要强化。另一方面，老旧小区改造的合规性问题使得经营权获益并不稳定，也会导致经营权质押的贷款模式创新受阻。三是贷款产品用途与老旧小区改造不匹配。例如统租类改造项目的前期装修资金缺乏对应贷款产品支持。金融机构面向居民推出的个人贷款产品也还不够完善——居民承租的危旧公房在更新过程中需要居民出资购买新增厨卫等配套面积，加大了改造过程的居民谈判难度，可以开发针对此类居民的购置贷款产品进行支持。四是第三方担保公司介入不充分。第三方担保公司介入会收取较高担保费用，因此可以考虑在合理范围内发挥政府性融资担保机构的作用，并完善居民使用住房公积金的支持路径。

（3）**贷款产品的管理制度待改善。**一是金融管理部门对城市更新项目仍缺乏精准的项目界定和划分标准，一些无增容、利用存量空间经营的业务也可能会被统计在《房地产融资风险监测统计表》（S67 报表）范围内（即归属房地产项目），由此给项目带来风险管理、信息披露、贷款额度等限制要求，影响了城市更新贷款的获得与发放。二是政府补贴缺少信息公开，使得银行不敢发放贷款。老旧小区改造的企业还款来源时常有赖于政府补助，但补助是否纳入政府预算往往缺乏准确性公开信息，从而存在增加政府隐性债务的风险，由此降低了银行贷款意愿。三是对于统租型的改造项目存在监管制约，即市场主体常以租金收益权作为质押获取贷款，意味着银行需要掌握其租金监管账户和流水——而根据当前

---

① 目前针对信贷的考核为：涉农、绿色、制造业、普惠、科技等。

规定，一个公司只能有一个租金监管账户，这就限制了其寻求多家银行贷款的可能性。

（4）**权益支持工具尚难以应用在老旧小区改造中**。一是社会资本股权融资积极性普遍偏低。由于涉及股权变化的交易太复杂，且股权融资利率往往也较高，项目股东一般对权益融资的积极性不高，造成融资路径受限。二是城市更新基金尚难用于支持住宅类改造项目。城市更新基金资金池涉及的资本类型多样，使其达成共识投资老旧小区改造有一定难度。目前，各地成立的城市更新基金仍有较强的项目导向，基金的多类型项目统筹投资作用还未凸显，投向的具体项目中鲜有老旧小区改造类型。三是老旧小区改造难以达到 REITs 发行门槛。发行 REITs 需要项目原始权益人具有完全所有权或特许经营权，不存在法律和经济纠纷——这意味着重资产或完整产权的产业园区、保租房、商业中心等城市更新项目更能满足发行条件。老旧小区改造、城中村统租等租赁住房项目和仅有房屋经营权的消费类空间的产权划转并不完整，能否以经营收益权发行 REITs 尚没有明确。资金收益方面，REITs 发行需要项目原则上已运营 3 年以上，且总体保持盈利或经营性净现金流为正，不依赖第三方补贴等非经常性收入，产权类项目未来 3 年每年净现金流分派率不低于 3.8%，经营收益权类项目 IRR（Internal Rate of Return，内部收益率）不低于 5%，老旧小区改造项目要达到这些要求相当困难。

（5）**政府财政资金下达的时间线和统筹程度有待优化**。可用于支持老旧小区改造的中央预算内资金每年下达的时间点不同，有时到了下半年才下达至具体项目，而此时项目可能已经安排了其他融资渠道，可能导致中央预算内资金未完全使用的情况，而这会进一步降低资金使用效率并影响绩效考核。中央补助资金相对而言限制较少，在目前中央资金不能重复安排给同一项目的限制要求下，地方采取了不同应对做法：有的将老旧小区内不同改造内容分类打包为多个项目申请不同资金，有的则按照同一老旧小区只能申请一项资金的规则执行，同等条件下后者的落选概率更高。因而，有必要进一步优化完善资金安排细则，倡导公平竞争。

（6）**税收优惠力度小，运营成本高**。推行长效可持续的老旧小区改造涉及建设施工、物业服务、商业运营等多个环节，但目前缺少对社区配套服务、经营空间运营等环节的税收优惠。当前，北京相关的"落实税费优惠政策"的细则只有《老旧小区综合整治中养老、托育、家政等社区家庭服务业税费减免工作指引》①涉及对社区提供家庭服务业的增值税减免、契税免征内容（落实财政部《关于养老、托育、家政等社区家庭服务业税费优惠政策的公告》和国办《关于全面推进城镇老旧小区改造工作的指导意见》），一些仅靠经营性物业租金回收成本的项目，实施主体仍在期待更多的税收优惠支持。

7.2.3 多方出资机制不完善

（1）政府资金支持范围有待拓宽。在老旧小区综合整治项目中，由于老旧住宅楼建成年代久远，建筑图纸、产权证等原始资料缺失等情况较为普遍，多数施工方在改造工作中需进行地形数据测绘、结构检测等基础类工作，以减少因历史资料不足造成的设计偏差。但过去市区两级财政针对老旧小区改造所提供的 5786 元 / m² 的财政补贴中，并未列出项目清单的二类费用支出，对已经列出的补贴项目也是按照最低标准进行补贴，需要参与改造企业自行承担超出部分费用，额外增加了企业的改造成本。以石景山区鲁谷项目为例，由于政府补贴清单中对于户内上下水改造给出的价格偏低，改造后难以为业主恢复至改造前装修水平，由此造成额外的建设成本支出或者居民协商困境。

危旧楼改建不仅涉及老旧小区综合整治的支出难点问题，而且涉及非成套住房承租问题，即在公房禁止转租转售的政策制约下，社会资本需要承担继续承租住户的持续低租金支付和部分退租住户的高额补贴这样的"双重压力"。此外，危旧楼拆除重建项目在改造过程中涉及的居民安置周转费并未在财政补贴文件中列出，需要改造企业（产权单位）自行承担，或与居民协商无周转费的期限。同时，光明楼项目涉及居民安置费 552 万元，这得益于 29 户居民的全部回迁，才使得企业无需支付高昂的退租成本。而首都核心区内尚存在大量的简易楼改造项目，在"减量疏解"背景下无法也没必要实现改造后居民全部回迁，还需进一步

---

① 《老旧小区综合整治中养老、托育、家政等社区家庭服务业税费减免工作指引》规定："为社区提供养老、托育、家政等服务的机构提供社区养老、托育、家政服务取得的收入，免征增值税。"为社区提供养老、托育、家政等服务的机构提供社区养老、托育、家政服务取得的收入，在计算应纳税所得额时，企业所得税优惠内容为："减按 90% 计入收入总额。""为社区提供养老、托育、家政等服务的机构承受房屋、土地用于提供社区养老、托育、家政服务的，免征契税。"

划定政府及改造企业双方的责任边界，商定相对明确的腾退补贴标准。

部分项目也存在政府承诺的财政支持难以到位的情况。一些老旧小区改造项目在实施之前由政府承诺提供补贴或购买服务等，以保障社会资本参与项目改造的资金回款，但在具体落实时受阻。例如在物业费收缴上，由于实际收取的物业费有时会打折，政府原本承诺按照应收额度计算补贴的做法难以兑现，可能存在延迟发放情形。同时，政府也存在购买市政养护、养老等服务项目额度逐年递减等情形，导致社会资本前期测算的回报收益率无法实现，给项目持续运营带来压力。

（2）居民购买服务意识亟待增强。老旧小区中，很多居民已经习惯了政府大包大揽、提供福利保障的生活状态，其自主出资参与改造或购买服务的意识较弱。愿景集团介入老旧小区综合整治时，早期的物业服务多采取"先尝后买"的方法来激发居民缴费意识。以劲松小区为例，第一年以 0.43 元/（m²·月）进行物业费收缴，按照居民物业缴费 85% 的收缴率计算，物业费收入为每年 75 万元；然而物业公司每年人力及管理成本的持续性投入为 280 万元，若后续不能实现物业费的合理上调，并加大收费力度，企业运营的负担将长期存在。此外，多数老旧小区还未建立管理维护资金制度，如何落实居民出资责任或引导业主支付公共维修资金等[157]，在很多改造项目中依旧是个难题。

7.3 　困境二：规划政策缺位带来的高交易成本与收益受限

7.3.1 　功能调整缺乏畅通机制，部分项目存在合规性风险

老旧小区内部空间普遍紧张，在难以新建服务配套用房的情况下，将社区内非经营性用房、自行车棚等空间转化为商业经营空间已成为社会资本介入老旧小区改造的惯用做法。2021 年，北京市规划和自然资源委员会出台"1+4"文件，明确在老旧小区改造中，可以"利用现状房屋和小区公共空间补充社区综合服务

设施或其他配套设施"[①]，但在实际操作过程中，各类流程细则仍有待完善。与愿景集团的相关座谈反馈表明[②]，《关于老旧小区更新改造工作的意见》虽然对利用老旧小区中因年代久远造成手续不全的闲置建筑提供了政策支持，但未出台相应的实施细则及办理流程要求，导致改造后项目依然存在违规经营的风险，社会资本在运营环节的收益可能受损。以鲁谷六合园项目为例，在小区空地内新建立体停车综合体这一创新举措，是以区政府工作会议纪要来通过审批，但在规划土地相关手续补办方面尚未成功，证件手续不齐全为后续运营带来潜在风险。此外，部分小区锅炉房层高较高，在后期空间利用中势必会面临加层、面积增加等问题，受制于建设规模指标限制，缺乏针对锅炉房类建筑更新改造面积增量的明确政策文件或指导标准，造成此类建筑增加的面积不合规，企业无法办理工商注册等经营许可手续。

7.3.2 规模管控下的容量增加与产权变更制约使得建设收益有限

（1）非成套住宅改造中的增容限制。在北京严格执行减量发展要求的大背景下，街区控规确定的容积率指标难以放宽，导致建筑面积增加难，社会资本获取空间增量盈利的难度大，在较大程度上制约了社会资本的参与动力。非成套住房按照拆除重建方式进行成套化改造时，相应的住宅设计标准、厨卫配置等可参照《住宅设计规范》（GB 50096—2011）最低标准执行，即厨房的使用面积约4 m^2，卫生间的使用面积约3 m^2，但有限的增容面积依然难以满足居民生活需求，也使其缺乏出资改造的动力。危旧楼房改建的整体增容标准按照2023年发布的《关于进一步做好危旧楼房改建有关工作的通知》（京建发〔2023〕95号）执行，"地上建筑规模增量原则上不超过30%，超过30%的，改建设计方案需经区政府审定后报市规划自然资源委会同市住房城乡建设委审定"。马家堡路68号院2号楼项目在此标准出台前完成审定，故能够实现增加1倍以上的面积，大幅提升了居民的居住条件，若按增容不超过30%的标准，则该项目不可能实现成套

---

① 来源：《关于老旧小区更新改造工作的意见》。
② 座谈时间为2021年9月。

化改造，居民同意改造意见达成的过程也就难以如此顺利。因此如何进一步统筹各区改造项目的增量指标、合理制定及分配建筑规模增量，还需进一步探索解决思路。部分危旧楼拆除重建项目按照《关于开展危旧楼房改建试点工作的意见》实现规模合理增加 30% 后，却会面临市政热源供热不足等其他问题。虽然这类改造项目实现了居民出资分摊项目改造成本，但往往仅覆盖新增面积部分（按照不低于综合改建成本负担），并未考虑到增容后市政、交通等基础设施承载力不足的扩容成本问题，由此导致改造后规模增加的收益被居民获取，但市政基础设施等成本无人负担，需要政府或产权方承担解决基础设施接入城市大市政的"最后一公里"问题。此外，部分项目还存在合居户、楼道户、地下室住人等历史遗留问题，以及早期私搭乱建房屋的退租协商困难、周边平房联动改造所缺乏的政府补贴需实施主体承担等情况。

（2）**产权不可分割对物产交易形成制约**。在危旧房和简易楼拆除重建项目中，合居现象普遍存在，居民也有强烈的分户意愿。2018 年，为进一步规范房地产市场，贯彻执行"房住不炒"的政策要求，北京市出台《关于加强国有土地上住宅拆分管理的通知》，明确规定现有户数不得拆分[①]。这一政策导致改造后房屋产权无法分割，社会资本无法通过产权售卖回收改造成本，这也制约了社会资本参与改造的积极性。2023 年发布的《关于进一步做好危旧楼房改建有关工作的通知》修订规定，提出："改建项目原则上不增加原有居民户数，对于改建前存在多户合居情况的，经区政府认定后，改建后可以原地分户安置。"但这一政策的"原则突破"执行机制和难度尚不确定。以光华里 5、6 号楼项目为例，住宅套数（36 套）与居民户数（58 户）不对等，改造后虽通过压缩公共走廊及楼梯的面积，实现总建筑面积仅新增 245.7 m²，增加比例约 10.31%，但改造后房屋因无法分户来向居民出售产权，只能以低租金继续向居民出租，社会资本的回收周期将达 70 年之久。首开集团作为国企及项目产权单位，发挥责任担当精神配合政府推进实施项目，但该示范项目对于其他社会资本介入的借鉴性有限。

此外，在愿景集团针对首都功能核心区探索的租赁置换模式中，也受制于

---

① 2018 年 5 月 28 日，北京市住房和城乡建设委员会、北京市规划和国土资源管理委员会发布的《关于加强国有土地上住宅拆分管理的通知》规定："多套（间）房屋已按同一户号整体测绘、登簿确权的成套住宅及住宅平房，其不动产登记单元不得拆分。"

直管公房转租管理政策①，导致目前的租赁置换模式仅限于商品房和房改房业主，这种限制使得可用于租赁置换的房源过于零散、分散，仅能以企业收房的多少确定置换房比例及社会资本投资改造内容，未能建立起具备推广性的"综合整治＋租赁置换"组合模式，限制了企业参与改造的商业模式探索。目前，首都功能核心区推行成功的西城区真武庙小区和东城区甘柏小区，都是以租金差的形式改造了十几户居民，换租成功的群体多为在北京拥有不止一套房、已不在本小区居住的房改居民。据愿景集团介绍，租赁置换项目的选取需要在前期花费大量的人力成本梳理潜在的空间资源，但受制于央产、军产、街道产等产权类型的复杂性，实际谈成的项目寥寥无几；该模式本质上与链家自如收房改造的商业模式并无差别，但改造成本却远高于链家自如，未来或许公房转租政策的突破才是该类项目形成稳定商业模式的基础。

7.3.3　建设管理程序不完善导致成本增加

（1）审批管理程序不明晰，一事一议交易成本高。老旧小区因建成年代久远，在房屋基础信息缺失的情况下，实施主体无法向规划审批部门提供完整的手续材料，如房产证明、土地性质等相关文件，但消防日照审查、闲置房屋经营权办理等都需要相关文件作为参考依据。因此大部分社会资本参与的改造项目都需要"一事一议"，采取区级专题会议的形式对相关问题予以明确，出具会议纪要并以此衔接后续审批流程。目前这种做法，在相关会议的调度中需要耗费社会资本大量的时间成本，使得改造项目进展缓慢。根据首开集团相关座谈反馈，当前政府部门在优化营商环境中虽简化了部分审批发证等工作环节，但对于小区内部分建筑面积因历史遗留问题未取得产权认定的，在相关手续办理环节无法取得施工许可，仅能作为装修工程施工报批，在改造中若涉及结构改造等问题，则存在施工后无法完成验收的风险。

此外，在相关工程协调方面，老旧小区综合整治工作复杂，其中涉及停车

---

① 《中央国家机关公有住宅出租管理暂行办法》（[97]国管房地字第261号）规定："本办法所称公有住宅出租，系指中央国家机关各部门对享有所有权和国家授权管理的住宅，分配给本单位职工或其他人员居住使用，并收取房屋租金的行为。……承租人不得将承租的住宅擅自转租、转让转借、私自交换使用、出卖或变相出卖使用权。"

位重新划分、飞线入地管理、违建认定及拆除等，多需要市区及属地多个主管部门共同推进。由于参与改造企业的协调力度有限，相关部门有时还存在不配合问题，往往造成审批周期过长甚至相关工作无法推进。

（2）现行技术标准规范不完善，增加改造成本。在技术标准创新方面，适用于更新项目的非标准化技术体系尚未形成。在方案审批阶段，可能存在规自、城管、环保、消防等各部门对相关标准的认定不统一、缺乏更新类项目技术标准规定等情形。改造过程中，也可能出现操作流程低效、协调困难的问题。例如，部分老旧小区由于建设年代早，在维持原有建筑体量不变的前提下，改造中因与相邻建筑的消防间距及疏散通道宽度难以满足施工要求，造成更新改造工作推进困难。2023 年 4 月出台的《北京市既有建筑改造工程消防设计指南》（京规自发〔2023〕96 号）对此进行了较为详细的补偿措施说明，在一定程度上减少了这类问题。劲松老旧小区改造在协调加装电梯与强电入地问题上存在协调困难，增加了改造成本。真武庙小区在改造中只进行了小区环境改善与户内装修工程，基础类和提升完善类改造内容不同步现象将导致后续施工环节的"反复拉链工程"，延长改造工程周期、提高改造和运营维护环节的成本投入。租赁置换类项目通过在户内加装装配式卫浴，使每个房间都带有独立卫浴，便于分户出租，但由于相关政策要求 ① 及卧室安装装配式卫生间招致楼下居民投诉等现实挑战，这种作法可能无法实现。

7.4　困境三：多元主体协调的复杂性推高交易成本

7.4.1　社会资本参与路径不清晰，缺乏主体授权机制

当前，老旧小区改造普遍以政府投资为主，未来需要通过"政府采购服务、新增设施有偿使用、落实资产权益"等方式进一步吸引社会资本参与老旧小区改

---

① 《住宅室内装饰装修管理办法》规定，住宅室内装修禁止"将没有防水要求的房间或者阳台改为卫生间、厨房间"。

造的设计、改造、运营等环节，促进政府和社会资本合作模式的形成。然而社会资本参与老旧小区改造的实际情况表明，社会资本普遍面临难以获得主体介入身份、无法拿到产权单位授权对小区内闲置建筑进行改造的情况，在介入改造、后期经营利用等方面都存在一定的政策阻碍与违规风险。当前，大量国有资产老旧小区亟待改造，对于一些央产单位，如国管局、国资委附属的老旧小区，社会资本在介入过程中存在与产权单位沟通协调困难且无法取得相应授权机制的问题。在劲松小区改造中，其经营性房屋原为国有资产，改造中由街道代管，街道通过与社会资本签订战略协议，授权给愿景集团实施改造并持有运营，但由于这一程序缺乏国有资产管理及运营的相关政策依据，故为社会资本后期运营环节带来较大的不确定性及政策风险。愿景集团在属地街道的帮助下，就玉桥南里社区内14个闲置车棚与产权主体进行沟通协调长达一年，但截至 2021 年 9 月，[①] 依旧有5个车棚无法取得产权单位授权，尚存单位职工私自占用、堆放杂物、居住等现象（图 7.2）。如此巨大的闲置空间获取阻力与时间成本投入，亟需在更多政策机制支持下得到改善。

图 7.2 玉桥南里社区尚未移交使用权的自行车棚

资料来源：作者自摄。

7.4.2 多主体统筹协调机制未建立，责任边界划分不清晰

（1）科层管理下的多主体协商困境导致协调成本高。老旧小区改造工作是一项综合的系统工程，涉及规划、住建、城管、民政、房管等多部门管理内容，

———————

① 根据 2021 年 9 月座谈获取信息。

由于各部门的权责不清晰及工作的相互掣肘，经常出现"谁都可以管、又谁都不愿管"的尴尬局面[158]。一般而言，发改部门负责老旧小区综合整治及固定资金的保障；规自部门负责规划用地调整及简易楼拆除重建的许可审批；住建部门负责房屋建筑抗震加固、节能改造；民政部门负责社区治理与服务等。各部门都有各自的执行操作系统，并没有建立统一的政策管理口径，存在涉及的相关政策由不同委办局牵头颁布，各部门对其他部门出台的政策不了解、不执行等问题，以及落地执行层面的政策互认欠缺①，例如，工商注册部门有时不认可规自部门核发的临时许可意见，导致部分项目因产权证缺失而无法办理营业执照。这类情况使得社会资本需要在方案审批、施工改造等环节花费大量人力、物力，增加了成本投入，导致工期延长、交易成本及资金使用成本增加。根据玉桥南里项目负责人反馈，自 2020 年 12 月中标至 2021 年 9 月 26 日正式取得开工许可证，耗时近一年。作为全市第一个探索社会资本介入老旧小区综合整治"设计＋施工＋运营"一体化（EPC）的改造项目，EPC 流程尚不完善，存在规自部门和住建部门审查标准不统一的情况，使得参与企业需要与多个部门进行协商，致使项目交易成本较高。

目前，各示范项目普遍采取区政府协调会"一事一议"的形式推进改造工作，虽在一定程度上建立了多主体的沟通协商制度，但供水、供电、燃气等基础改造工程均为市级垂直管理体系，区级政府有限的协商权并不能完全解决问题。在条块分割、交叉管理的体系下，老旧小区改造工作缺乏市级部门统一领导，多头管理难以形成政策合力来激发社会资本参与动力。此外，在小区基础类改造项目中，存在电力部门的强电入地计划与老旧小区综合整治计划不同步现象。强电能否入地对后续老旧小区改造方案的影响非常大，涉及加装电梯、增设停车位、空间设计方案重新调整等问题，会影响项目后期的施工成本。

（2）政府、企业与居民的责任边界划定不清晰。老旧小区改造是政府部门推行的公共性与福利性保障工程，对社会资本参与过程中的权责边界划定十分重要，即需要明确政府、社会资本及居民三大主体分别承担的责任和享有的权益。

---

① 《关于老旧小区更新改造工作的意见》规定："利用现状房屋和小区公共空间作为经营场所的，有关部门可依据规划自然资源部门出具的临时许可意见办理工商登记等经营许可手续。"

政府、企业与居民通常存在不同的利益诉求：政府要保障城市运行的安全底线，主要在城市兜底解困工作中投入大量财力；社会资本虽然是城市更新的主力军，但有"逐利"的天性，若缺乏相应政策支持，其参与的积极性会降低；居民作为改造后主要的受益方，存在权益与责任不对等问题[30]。

目前示范项目存在的主要问题在于：针对三大主体，尚未形成均衡的合作机制。以光华里 5、6 号楼项目为例，政府主要承担被鉴定为 D 级危房的解围解困工作，对改造项目一次性补贴 1378 万元；产权单位首开集团作为社会资本方参与改造工作，共投入资金 900 万元；但受制于改造后无法为合居户办理产权分割的政策制约，当前项目只进行了"物理空间分割"改造，并以低租金继续出租给原居民。由此可见，居民作为本次改造最大的受益方，并没有付出相应的成本，该项目存在三大主体责任和利益分配不均衡的问题。即使是进行了产权转换的马家堡 68 号院 2 号楼项目，居民仅以十分之一的价格便获得了可交易的房屋产权。产权单位在失去房屋产权的基础上，也无法依靠物业费和地下商业运营等有效地收回所有投入成本。

7.4.3　居民参与决策及维护运营环节的高交易成本

在方案设计环节，存在因居民不信任、不认同引发的改造过程不确定性及相应风险成本。产权关系的复杂性导致一些老旧小区长期无人管理，随着住房福利与政府兜底服务的政策消失，需要居民缴纳物业费参与后续维护工作，但部分原居民对社会资本介入身份不认同且不配合，时常会导致前期设计环节的大量工作功亏一篑[133]。在劲松北社区推进综合整治项目中，由于不同居民对老旧小区改造的诉求不同，且老旧小区现有空间条件难以满足居民所有个性化诉求，导致设计方案根据居民的反馈和实际需要反复调整，出现推翻已建成公园设施并重新设计改造方案的情况，给社会资本带来一定的返工成本和额外支出。

在简易楼拆除重建工作中，《关于开展危旧楼房改建试点工作的意见》规定，在规划设计方案及改建实施方案公示环节，"改建意向征询、方案征询需经不低于总户数三分之二的居民同意"；在实施主体与居民签订改建协议环节，需取得不低于 90% 的居民同意，否则改建项目自动终止。这些政策规定在保障居民权益的同时为社会资本参与实施的改造工作带来了不小的风险性。因不同老旧小区资源禀赋条件各异以及居民特性不同，各改造方案之间相互借鉴的可能性不大，都需要社会资本在介入过程中慢慢与居民取得信任，逐步推进改造；而居民在改造过程中拥有的"一票否决权"往往会给改造工作带来较大的不可预期性，从而使协商陷入"交易费用陷阱"①。

在维护运营环节，大量老旧小区缺乏有效的物业管理及业主自治机制，导致改造成果难以得到长期维护。在推进物业服务供给侧结构性改革中，尚未建立原产权单位物业退出及新物业服务企业进入的有效更替机制[156]，造成新物业引入后依旧收费困难等问题。在这一方面，愿景集团在与基层街道合作的基础上，探索出"党建引领下的五方联动工作机制"，对于社区治理起到一定的推动作用。而在以国企为代表的拆除重建案例中，由于项目多是一栋楼的单体改造工程，涉及居民户数相对较少，所以采取"挨家挨户"分别协商谈判的方式推进改造工作，并未与基层政府建立稳固的社会网络关系，对改造后的维护工作机制建立的支持有限。

7.5　小结

当前，制约社会资本参与老旧小区改造的困境主要来源于资金运作的不可持续性、规划政策的不确定性、多主体协调的复杂性三个维度，需要针对不同侧重点进行制度设计，从"成本端"和"收益端"增加社会资本参与改造的动力。

从资金运作方面看，一是基础管线建设、市政设施扩容、居民周转安置等前期投入成本高，但经营收益模式单一、资金回收周期长；二是金融财税政策的支持作用不明显，工具的应用存在困难，贷款发放在项目、设计、管理方面都有困境，权益支持的金融工具应用于老旧小区、财政资金应用与税收优惠政策也有优化空间；三是多方出资机制未建立，存在政府资金支持范围过窄、政府承诺的

---

① 所谓交易费用，是指企业用于寻找交易对象、订立合同、执行交易、洽谈交易、监督交易等方面的费用与支出，主要由搜索成本、谈判成本、签约成本与监督成本构成。而当企业获取信息的成本过高时，就会陷入"交易费用陷阱"。

财政补贴与购买服务难兑现、居民购买服务意识弱等现象，导致社会资本参与积极性受阻，亟需完善财政补贴、财税优惠等支持性政策出台，针对不同主体扩大老旧小区改造资金来源，提升社会资本盈利的可能性与稳定性。

从规划政策方面看，一是功能变更及规模增加缺乏畅通的合法化机制，在引入社会资本补充便民服务设施过程中存在经营工商营业执照办理困难，导致部分项目的经营面临合规性风险。二是规模管控下，非成套住宅改造中的增容限制与产权不可分割对物产交易的制约问题，导致社会资本参与改造的建设收益受损，或增容后进一步引发管线扩容难题，需面临额外的市政基础设施改造成本。此外，由于公房禁止转租政策尚未松动，租赁置换模式常常面临成本投入远超租金收益的问题，仅依靠零散房源的租金差，难以支撑起该商业模式的可复制推广性。三是审批管理程序的不完善进一步增加了项目的改造成本和交易成本，社会资本投资项目报规报建流程的不明确造成立项时间过长、资金周转成本过高；此外，改造项目往往因不符合现行技术标准规范而进程受阻，导致成本上升。

从主体协同方面看：一是社会资本参与路径尚不明确，缺乏主体授权机制，给项目运营带来了潜在的风险；二是多主体统筹协调机制不完善，既体现在政府内部各部门的协同困境上，也反映在政府、企业与居民三方的责任边界划分不清晰上，这种不明确的责任划分进一步推高了交易成本；三是居民参与决策环节的不确定性及维护运营环节的难以持续性，同样带来交易成本的不断增加。

第 8 章

社会资本参与老旧小区改造的政策激励路径

基于第 7 章揭示的社会资本参与老旧小区改造的瓶颈问题和制度症结，本章聚焦讨论"成本－收益"视角下，激励社会资本参与老旧小区改造的政策框架和制度措施。从普遍性的激励措施看，调节社会资本参与改造的"成本－收益"构成，需要围绕生产成本、交易成本、建设收益、运营收益四方面提供激励措施；具体到北京老旧小区改造的制度供给框架，则需要将影响"成本－收益"的关键点聚焦在"资金－规划－主体"三个维度上，为社会资本参与北京老旧小区改造提出细化的支撑政策改进方向。

8.1 "成本－收益"视角下的制度供给框架与潜在激励措施

针对社会资本参与老旧小区改造的实践经验创新与问题挑战，可将影响社会资本参与的"成本－收益"关键点归结到"资金－规划－主体"三方面，从而以此搭建从要素构成到瓶颈问题、再到策略应对的制度供给分析框架（图 8.1），探讨相关激励措施的具体建设内容。

从普遍性的激励措施看，激励社会资本参与老旧小区改造的制度供给，需要调节其参与改造的"成本－收益"构成。借鉴国外老旧小区改造的先进经验与做法，本研究提出涵盖"优化生产成本""降低交易成本""稳定建设收益""扩大运营收益"四方面的主要干预措施（图 8.2）。

图 8.1　基于"成本 – 收益"的制度建设分析体系

资料来源：作者自绘。

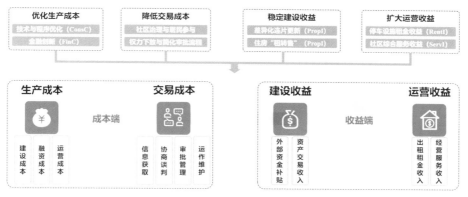

图 8.2　基于"成本 – 收益"视角下的激励措施

资料来源：作者自绘。

8.1.1　优化生产成本投入

社会资本参与老旧小区改造的生产成本（ProC）投入主要由居民周转安置和施工环节的建设成本（ConsC）、获取银行等金融机构贷款的融资成本（FinC）以及项目后续管理阶段的运营成本（OperC）三部分成本构成，参考德国、新加坡、美国等相关做法，可以在施工阶段降低建设成本（ConsC）、在融资及运营阶段降低金融成本（FinC/OperC）。

（1）注重技术与程序优化，降低建设成本投入。老旧小区改造采取的入户施工作业方式会对居民生活带来干扰，而采取将居民周转安置的方式又会带来极高的改造成本，并会随着施工周期的延长而逐步增加。德国在柏林街坊内"合院式住宅"的更新项目中，通过探索适用于"渐进式更新"的技术，来降低施工团队的建设成本。具体包括采用胃镜技术 ① 进行房屋结构检测，以及通过以楼梯间为基本单元的有序改造方式，减少改造过程中的房屋空置数量和缩短居民周转时间，有效降低改造支出[159]。新加坡在住宅单体的改造中，通过预制技术，将新增房间在场地外安装好后吊装到居民楼上，使得施工期间居民无需搬出住宅[45, 160]，以此降低建设成本投入。

（2）通过金融创新降低改造项目融资成本。社会资本参与老旧小区改造并获取经营收益的过程，实际是对房屋资产进行管理和价值再提升的过程，而这部分收益往往是进行金融创新的基础，可以通过经营权质押、资产证券化、贴息贷款等多种方式为社会资本筹集更多的改造资金，以此补贴社会资本参与改造的融资成本及运营成本。如美国在进行公共住房更新时涌现出各种以促进经济发展为目标的政策工具，包括通过物业税增值、基金融资、税收融资等方式为社会资本参与住房改造减少开发费用、债务费用、运营费用等支出（表 8.1）[68]。新加坡在 1968 年推出公共住房计划（Public Housing Scheme），允许购房者使用中央公积金（Central Provident Fund，CPF）储蓄来支持购房首付款、抵押贷款、印花税等，中央公积金局通过购买债券的形式支持政府融资。这类金融创新方式同样适用于我国老旧小区改造，如通过允许居民使用住房公积金承担改造费用、发行政府专项债筹集建设资金以吸引社会资本参与改造等。

表 8.1　美国 20 世纪 70 年代的金融激励措施

金融激励政策工具	具体内容
公共融资	提供贷款抵押担保（loan guarantee）、再开发补助金、税金减免（tax credits）、债券融资（bond financing）等方式
税金增额筹资（TIF）	利用再开发后的土地增值收益作为城市再开发的资金抵押支出
商业改良区（Business Improvement Districts，BIDs）	由社会主体申报形成商业改良区，通过向区内的企业和居民进行募款、申请捐赠，以及自营项目运营获得收益，用于城市更新支出

资料来源：参考文献 [68]。

---

① 在地板上开一个小口，把"胃镜"伸进去，以此检测房屋结构问题。使用这种检测方式，极大降低了居民安置周转的费用，节省了改造前期的资金投入。

8.1.2 降低交易成本投入

社会资本参与老旧小区改造的交易成本（TranC）投入，主要是"信息获取—协商谈判—审批管理—运作维护"四大环节所产生的各项"摩擦"成本总和。为降低社会资本在参与改造中交易成本的投入，可以从各个环节的干预措施入手（图 8.3）。英国在社区更新方面探讨了针对"方案制定"及"实施改造"两大关键环节降低交易成本的具体做法。

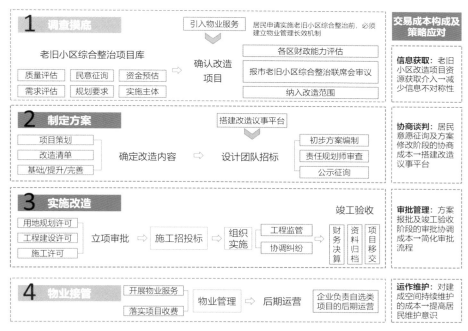

图 8.3 社会资本参与老旧小区改造各阶段的交易成本构成及策略应对

资料来源：作者自绘。

（1）注重居民参与对降低交易成本的关键作用[①]。居民能否顺利同意改造方案，对社会资本实施改造项目的时间进程具有重要影响。英国在城市及社区更新方面一直秉承着"多方互动合作"的理念，注重"社区参与"，鼓励社区治理的自主化和参与主体的多元化。英国通过政策计划的不断出台与完善（表 8.2），持

[①] 研究成果为刘思璐在中国城市规划设计研究院实习期间成果，详见：CAUPD 课题组：《城镇老旧小区改造的国际经验借鉴——新加坡、日本、英国》，https://mp.weixin.qq.com/s/KcV4k161XB6liZcdlAsybg，2020。

续鼓励居民在社区更新中发挥更大作用，有效降低市场主体与居民的沟通协商成本，提高社区服务的供给效率。此外，在专业人员进社区、推动居民参与方面，英国积极成立"服务社区的建筑咨询组织""社区建筑小组""社区技术协助中心协会"等多样化的市民团体，为居民参与改造工作提供技术支撑。

表 8.2　英国有关社区参与的公共政策

阶段	年份	主要政策计划	主要内容
竞争和城市政策（1991—1997 年）	1991 年	城市挑战计划	通过招标的形式分配更新资金，要求更新项目需要社区、私人部门和志愿组织三方合作，并反映社区需求
	1994 年	单一更新预算	为协调更新中多部门沟通的问题，将涉及更新计划的资金统一归口环境事务部管理以更好地服务社区
城市复兴和街区更新（1997—2010 年）	1998 年	社区新政计划	向以社区为基础的合作组织分配资金来解决当地社区住房和物质环境、教育、健康等 6 个方面的问题
	2002 年	住房市场更新探路者计划	政府提供"可持续社区计划"框架，并在框架内落实行动计划，"住房市场更新探路者计划"就是通过各种可持续行动以及拆迁、新建等措施，提供高质量服务，解决地区内住房需求低、房屋因质量差而被遗弃等问题
紧缩时代的更新（2010 年至今）	2012 年	邻里发展决议	由社区组织为迅速响应社区需求提出，当社区需求与开发商的规划申请相吻合时，简化审批流程

资料来源：作者根据参考文献 [161] 总结。

（2）简化审批流程，降低交易成本。原有改造标准的不适用与新法规出台的滞后性，往往导致社会资本在改造实施环节面临审批手续复杂、项目进展缓慢等问题，由此推高交易成本。英国在简化规划程序方面的做法是，通过《地方主义法》（*Localism Act 2011*）将规划权限最大限度地下放到地方政府和邻里社区，充分赋予邻里社区自主规划权，由此提高社区改造项目的规划审批效率；此外，英国政府还通过《发展和基础设施法》（*Growth and Infrastructure Act 2013*），进一步提出三类"精简规划审批制度"的措施（表 8.3）[162]，由此削弱规划管理对更新改造项目的制约，在降低交易成本的同时，也在一定程度上削减了政府的行政审批费用。

表 8.3　英国三类精简规划审批制度的措施

类别	实施措施
第一类	免除一定规模内的扩建项目的申请规划许可： 例如民居向后院扩建 3~4 m 或将现有车库改建成办公室，无需向城乡规划部门递交开发项目的规划许可申请
第二类	对于仍需规划许可的项目： 减少申请许可所需的文件要求，简化流程以避免不同部门间的重复性工作
第三类	对于未被地方规划部门许可的项目或地方规划部门未按时审批的项目： 开发商可直接向规划督察提交申诉，规划督察有权及时做出最终裁决

资料来源：参考文献 [162]。

8.1.3　稳定建设收益来源

社会资本参与投资、改造环节获得的建设收益（ConsI）主要包括政府资金补贴（SubI）、用途 / 容量 / 产权等指标增量或变化下带来的资产交易收益（PropI）。在相关激励措施上，可以借鉴新加坡组屋的"连片化更新"与荷兰公共住房的"租转售"机制。

（1）**差异化更新策略及支持政策推动连片更新**。针对老旧小区改造单个项目规模小、可腾挪空间有限、资金无法平衡的现实制约，新加坡针对不同改造内容确定的差异化更新策略，以及政府在资金使用和资源整合方面所制定的"三级社区更新体系"值得借鉴 ①。新加坡在组屋更新中推行"多个社区整合资源、大型项目改造共用、多层级联合更新"的做法，探索出在单个项目无法平衡资金时综合利用社区、街区、城区各层级的空间资源，进行"统筹谋划、连片更新"的改造模式，以此实现资源整合和更新效益的最大化[45]。此外，新加坡组屋通过"空间添加项目"将公摊面积用于居民使用面积的增加，同样适用于危旧楼拆除重建项目，通过激发居民出资的积极性，间接增加社会资本的建设收益。

（2）**进一步探索住房"租转售"机制**。在危旧住宅楼改造中，良好的机制设计可以合理推动改造成本的"社会化分担"，在降低政府资金补贴压力的同时，缩短社会资本投入资金的回收周期，推进实现"利益均衡"的合作机制。荷兰自 20 世纪 70 年代末开始推行社会住房的"租转售"机制，按照有无回购保障以及

---

① 具体可参见第 3 章新加坡组屋更新相关内容。

市场价格、折扣价格等不同方式出售（表 8.4），在保障承租人优先购买社会住房的同时，有效缩短社会资本建设住房的回收周期，在政策监管下实现社会主体与住房机构的"风险共担"[84]。

表 8.4　荷兰社会住房面向个人的出售方式

社会住房的出售方式		具体操作	风险共担方式
无回购保障	市场价格出售方式	以市场价格或较低折扣（折扣率低于 10%）价格出售社会住房，购房者获得完整产权	再次转让不受限制，无需与住房协会分享收益（或风险）
	折扣价格出售方式	类似于共有产权的出售方式，购买者在购房时获得一定折扣	在转售房屋时要与住房协会分享转售所得利润
有回购保障	市场价格出售方式	购买者以市场价格向住房协会购买社会住房，再次出售时由住房协会同样按市场价格回购	为购买者提供了在任何时候都可以出售已购社会住房的担保，但需要购房者自担房价变化的风险
	折扣价格出售方式	购买者以低于市场价值 90% 的折扣价格购买社会住房，再次出售时由住房协会回购	与住房协会分享收益（或风险）
	租买任选的方式	在混合开发的新建社会住房项目中，申请家庭可以选择承租社会住房或购买住房协会新建住房（以市场或折扣价格）	家庭可自由选择租赁或购买合同，租售结构为 50% 租赁，30% 以折扣价格出售方式销售，20% 以市场价格出售方式销售

资料来源：作者根据参考文献 [84] 总结。

8.1.4　扩大运营收益来源

社会资本获得的运营收益（OperI）主要包括由房屋出租、停车收费等形式所获得的租金收入（RentI），以及提供物业服务、社区增值服务等形式所获得的服务收益（ServI）两方面来源。美国的"停车受益区制度"及当下逐渐盛行的"社区商业运营新模式"，充实了提升租金收益和经营服务收入方面的经验做法。

（1）停车设施租金收益。老旧小区内停车设施面临的主要问题在于停车设施的建设投入成本高与专业的市场化管理团队介入不足，使得具有较高"资产专用性"的停车设施并不具备与之相匹配的收益属性。美国的"停车受益区制度"①通过停车位占用率的"弹性费率"政策提高停车位利用率，并在居住区实施"停车许可制度"，将停车收益返还用于本地公共设施建设（表 8.5）[163]。这种以综合运营的市场化手段来规范停车收费管理的做法值得我国老旧小区改造借鉴，即通过社会资本参与改造并修建停车位、增设停车设施，或采取政府授权社会资本统一经营管理改造项目周边的停车位资源等方式，推动建立街区内合理的停车收费标准，在反哺社会资本前期建设成本的同时，部分收益还可合理返还街道，用于街区环境品质的整体提升。

表 8.5　美国停车受益区制度设计

停车收费相关规定	具体内容
停车费率根据停车位占用率调整	以旧金山为例： 80%≤停车位占用率<100%，收费单价增加 0.25 美元 /h； 60%≤停车位占用率<80%，收费单价不变； 30%≤停车位占用率在<60%，收费单价降低 0.25 美元 /h； 停车位占用率<30%，收费单价降低 0.5 美元 /h
停车费率根据居民类型调整	以加利福尼亚州西好莱坞为例： 本地居民停车许可费为 9 美元 / 年； 非本地居民停车许可费为 360 美元 / 年
停车收益返还本地社区	以圣迭戈为例： 市中心实施停车受益区政策，其 45% 的停车收费用于市中心公共服务支出，55% 纳入全市公共财政

资料来源：根据参考文献 [163] 总结。

（2）社区综合服务收益。针对老旧小区改造后依旧面临的居家养老难、育儿托幼难等现实问题，可以借助社会资本的运营能力，强化基础物业服务（如上门维修、投诉反馈、环境维护），拓展社区服务（居家养老、托幼、家政服务等综合服务）及商品服务（为居民提供社区食堂、快递服务、家政服务、家电维修、远程医疗、金融保险等各类居民生活所需的服务种类）等多元服务的提供，推动构建"以物业服务为核心的社区商业运营模式"（图 8.4）。在此种模式下，社会资本可以对老旧小区及片区内低效资源进行管理升级，整合各类商业资源、服务

---

① 停车受益区 (parking benefit district, PBD) 制度：在一个确定的城市区域内对停车位征收费用，并将停车收益按一定比例返还给征收区域，用于社区公共服务改善的政策。

资源与社区消费进行对接，通过提供优质服务获取服务收益，并赋予城市低效资产流动性，推动社区消费升级[164]。伴随住房城乡建设部发布《完整居住社区建设指南》（建办科〔2021〕55号）及国家发展改革委出台《城市社区嵌入式服务设施建设工程实施方案》（国办函〔2023〕121号），"完整居住社区建设"①与"城市社区嵌入式服务设施"②的新理念对推动社区商业运营模式的升级具有重要作用。通过满足社区居民日常生活需要的完整社区打造与利用现有存量空间嵌入符合特定群体需要的服务设施相结合的方式，提高居民生活质量，促进社区商业良性发展。

图8.4　以物业服务为核心的社区商业运营模式

资料来源：根据参考文献[164]改绘。

8.2　激励社会资本参与北京老旧小区改造的政策工具建议

前述研究表明，北京已有的社会资本参与老旧小区改造案例主要存在资金运作、规划引导、主体协同三方面问题，在极大程度上影响着改造项目"成本－收益"的平衡关系，需要对当前已出台制度进行优化或通过新的制度供给加以解

---

① 完整居住社区是指在居民适宜步行范围内有完善的基本公共服务设施、健全的便民商业服务设施、完备的市政配套基础设施、充足的公共活动空间、全覆盖的物业管理和健全的社区管理机制，且居民归属感、认同感较强的居住社区。这些设施的完善可以满足社区居民日常生活需求，提升他们的生活品质和幸福感。

② 城市社区嵌入式服务设施是指以社区（小区）为单位，通过新建或改造的方式，在社区（小区）公共空间嵌入功能性设施和适配性服务，为社区居民提供家门口服务。这些设施主要针对特定区域或群体，具有更强的针对性和便利性。

决。因此，为破解社会资本参与北京老旧小区改造深层次障碍提供制度保障，本节建立了由"资金供给""规划引导""主体协同"组成的政策激励体系（图 8.5），结合北京相关政策文件的出台及应用情况，提出北京政策优化的具体工具，以期为困境破解及政策建设提供思路，推动社会资本参与下的"微利可持续"北京老旧小区改造路径的建立。

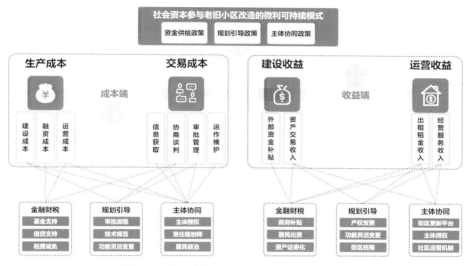

图 8.5　基于"成本 – 收益"的政策激励体系

资料来源：作者自绘。

根据北京城市更新类型划分特点①，以老旧小区综合整治、危旧楼拆除重建为主的居住类型项目多存在以单个项目补贴为主、资金使用效率低等问题，这种以"啃骨头"为主的更新方式，一方面导致政府财政压力过大，另一方面使得大多数改造项目难以依靠自身价值提升实现社会资本参与的"成本 – 收益"平衡，"插花式""盆景式"更新成为普遍现象，难以形成可持续的系统性改善。区域性综合更新是《北京市城市更新条例》中明确的重要更新类型，这种更新方式通常是在特定的片区或街区范围内，以整体性统筹和有计划推进的方式进行。通过整合各类资源要素、协调各类参与主体、统筹各种更新类型，同时引入社会资本，推

---

① 根据《北京市城市更新行动计划（2021—2025 年）》，北京城市更新项目共划分为六种类型，包括：①首都功能核心区平房（院落）申请式退租和保护性修缮、恢复性修建；②老旧小区改造；③危旧楼房改建和简易楼腾退改造；④老旧楼宇与传统商圈改造升级；⑤低效产业园区"腾笼换鸟"和老旧厂房更新改造；⑥城镇棚户区改造。

进规模化的实施和专业化的运营，区域性综合更新能够高效地盘活存量资产，实现城市发展综合效益的最大化，并达成多元化的更新目标。在政策激励路径的探索中，最关键的就是要转变以单一项目平衡为主的固有思维，探索资金平衡方式与融资方案、空间资源支持以及更新项目类型密切结合的区域综合性更新方式，建立街区更新平台及项目统筹主体，通过跨项目、跨类型、全流程的综合统筹更新为社会资本参与创造更多的盈利空间，真正实现城市更新的市场化运作。

8.2.1　资金供给型政策

为实现"成本 - 收益"平衡，从资金方面看，一方面要不断提升金融财税政策的支持力度，降低社会资本在融资、运营环节的成本投入；另一方面则需要构建起多方共担的出资机制，通过统筹政府资金使用、提高居民出资意识，从而提高社会资本在建设及运营环节的收益。

（1）加强金融财税支持。社会资本参与改造项目的融资链条可以划分为"投资—建设—运营"三个环节，与之对应的投融资创新方式，可以总结为"投资基金化""建设信贷化""运营证券化"三种手段[165]（表 8.6）。①在基金方面，加大金融产品支持范围，以股权融资、债券融资等多种形式出台用于拆迁安置、建设施工、运营管理等全周期的城镇老旧小区改造的基金产品。如山东济宁市任城区项目成功采用 EPC+O 模式①，获得了国家开发银行提供的全国首笔老旧小区改造专项贷款，在支持社会资本在市场中开展融资方面进行了较好的探索。②在信贷支持方面，面对社会资本以闲置空间经营收益权融资的普遍需求，需要进一步完善融资审批程序，明确可供抵押融资的经营权边界，支持社会资本通过质押老旧小区改造项目中的存量空间经营权、物业服务收费权等方式，获取金融机构的低息贷款，通过金融机构的长期低息贷款支持、灵活的质押担保等方式，增强将运营收益作为还款来源的可行性。③在运营证券化方面，探索老旧小区改造项目的资产证券化方式，利用房地产投资信托基金（REITs）、抵押贷款证券化

---

① 改造包括三个组团，共计 10 个居住小区，采用 EPC+O（设计、采购、施工、运营）模式建设，主要包含基础类改造、完善类改造、提升类改造和平衡资源建设四种方式。该项目采用"4+N"筹资模式，即在原有老旧小区四种改造方式和筹资模式基础上，鼓励各小区结合实际探索"N"种模式，引入企业参与老旧小区改造，吸引社会资本参与社区服务设施改造建设和运营等。

（Commercial Mortgage-backed Securities，CMBS）和收益权资产证券化（ABS）
等金融工具，允许企业将资产优良、现金流稳定的项目打包发行相关产品，丰富
社会资本退出渠道，以此吸引更专业的市场机构参与老旧小区资产的运营管理，
实现良性投资循环。

表 8.6　关于"加强金融财税支持"的政策建议

类型	举措	北京政策建议
加强金融财税支持	投资阶段的基金支持	鼓励金融机构设立老旧小区改造基金产品； 探索地方政府专项债（长期，20~30 年）用于老旧小区改造
	更新阶段的信贷支持	完善融资审批程序，允许社会资本以闲置空间经营收益权进行项目融资； 金融机构提供长期低息的贷款支持； 鼓励金融机构灵活设计金融产品：流动性资金周转支持、金融服务支持
	运营阶段的证券化支持	探索房地产投资信托基金（REITs）、抵押贷款证券化（CMBS）和收益权资产证券化（ABS）等金融工具

资料来源：作者整理。

（2）统筹政府资金使用。政府通过设立专项资金、财政拨款等方式推进老
旧小区改造项目是支持社会资本资金收入的一个重要渠道，因此统筹优化政府资
金使用的关键在于如何充分发挥市区两级财政资金的"撬动"和"整合"作用
（表 8.7）。具体措施可包括：①设立纳入年度老旧小区改造计划项目的"专项资
金池"，使资金补贴额度与改造计划相匹配，并可探索如何将各部门改造资金归
集到同一实施主体用于统一发包使用，避免资金分散使用造成浪费或局部支持不
足导致改造项目搁浅。②对于因小区原始资料缺失或首都功能核心区历史风貌保
护要求等情况，使得改造成本增加的，应对项目实施主体给予一定期限的贴息支
持或发放补贴，制定老旧小区改造"以奖代补"资金使用管理办法。③明确政府
对老旧小区改造项目的采购服务范畴，如提供社会资本参与实施一体化工程的建
设费用支持，对物业管理、社区养老等运维阶段的产业导入提供补贴支持。④结
合老旧小区改造不同项目的"成本－收益"情况，进一步制定关于补充便民商业
设施和社区服务设施、提供额外公共空间、社会资本参与养老、托育、家政等社
区家庭服务业的税费减免细则标准。

表 8.7　关于"统筹政府资金使用"的政策建议

类型	举措	北京政策建议
统筹政府资金使用	专项资金池	改造经费整合：整合并适当扩大涉及老旧小区基础设施改造、环境提升、小微空间基金等相关改造资金，统筹归集到实施主体处综合使用； 管理经费整合：将街区内原本由相关部门承担的城市绿化、保洁、设备维护等公共管理经费打包交给物业服务企业，由其为片区内大小物业提供服务，综合提升管理水平
	发放补贴	市级财政对首都功能核心区历史风貌保护地块的危旧楼改造项目给予"贴息补贴"（贴息 2%，不超过五年）； 在老旧小区改造中涉及的建设基础工作，因原始资料缺失造成改造企业自行承担测绘费用的，政府应对实施主体发放补贴
	政府购买服务	扩大政府购买服务范畴，包括建设阶段的一体化工程费用、运营阶段的物业、养老、教育等产业导入补贴支持； 落实对社区养老服务机构在服务、托养、运营等多维度的补贴扶持政策
	税费减免政策	完善居民公共服务配套设施、基础设施、增加公共空间等方面的税费减免细则； 涉及老旧小区内便民商业设施的运营收益，建议进行税收减免或按经营权转让缴纳增值税（6%）； 对社区内养老、托育、家政等服务机构收入，免征增值税

资料来源：作者整理。

（3）**吸引居民出资**。强化居民出资，一方面需按照"谁受益、谁出资"的原则合理落实居民出资责任，强化居民物业缴费意识，培育其"花钱买服务"习惯；另一方面要借助住房成套化改造、权益转移、购买改造后房屋产权等方式，通过房屋重置、房产升值等直接动力，激发居民出资的积极性（表 8.8）。具体措施可包括：①完善共有资金筹集和相关管理制度，可通过业主决策、建设审批程序、强化事中／事后监管等方式优化住宅维修资金使用，确保空间日常维护与修缮费用的落实。如长沙、青岛等多地老旧小区改造中，为强化居民出资意识，鼓励居民使用住宅专项维修资金、小区公共部分使用权及设施补偿资金等方式出资。②完善公有住房出售政策，对于将改造后公房出售给承租人的做法，还需进一步加大居民（受益主体）出资对改造项目的支持力度，尽量对标市场价格实现合理定价，适当提高居民出资比例[①]，对于出资困难的居民，可以改造后房屋作为抵押获取贷款或采用共有产权的方式，减轻居民出资负担。③在社区增值服务收费方

---

① 如在光明楼 17 号楼项目中，改造完成后，居民以 1560 元 /m² 的价格购买原有房屋面积，这与核心区 10 万 /m² 的房屋价格市场相差甚远。应对标市场价格适当提高居民出资比例，反哺社会资本前期投资建设的成本投入。

面，探索"物业＋养老"的新模式，进一步扩大项目服务类别，通过建立市场化养老服务清单，将商业运营思维应用于老旧小区改造的产业导入环节，为老旧小区改造带来新内容与新价值。此外，还应开发小区智慧服务平台、建设运营停车设施、搭建社区商业平台和金融服务平台等，通过创新物业服务方式，实现物业管理提质增效，提升居民物业服务付费比例。

表 8.8　关于"吸引居民出资"的政策建议

类型	举措	北京政策建议
吸引居民出资	共有资金筹集与管理制度	住宅专项维修资金支持改造：简化维修资金拨付程序并加强维修资金使用事中事后监管； 住房公积金支持改造：明确危旧楼改造项目与住房直接相关的楼本体改造，允许居民申请公积金个人住房贷款
	公有住房出售	在成套化改造中，结合市场化定价，适当提高居民出资比例
	社区增值服务收费	引导企业探索"物业＋养老"的新模式，建立养老消费、物业打折的服务新思路，引导企业建立市场化养老服务清单； 创新物业服务方式，开发小区智慧服务平台、建设运营停车设施、搭建社区商业平台和金融服务平台等

资料来源：作者整理。

8.2.2　规划引导型政策

增强规划政策对老旧小区改造工作的引导，一方面体现在通过"刚弹结合"的空间管控手段，即优化"产权—容量—用途"规制，保障社会资本在建设及运营阶段的收益；另一方面则在于通过清晰的审批管理流程设计与技术标准细则制定，降低社会资本在前期研究、方案编制、改造实施及运营管理各个环节的成本投入。

（1）**完善产权变更支持**。在完善产权变更机制方面，主要涉及支持公有住房产权变更、新增设施与历史未认定面积的产权认定政策的制定（表 8.9）。具体措施可包括：①在产权分割机制设计上，一是老旧公房在实现物理空间分割、成套化改造后，允许不动产登记部门向承租人办理产权分割；二是突破诸如租赁置换项目中"公有住房禁止转租"的政策限制[①]，进一步探索将直管公房授权转租

---

① 《中央国家机关公有住宅出租管理暂行办法》第十条规定："承租人不得将承租的住宅擅自转租、转让、转借、私自交换使用、出卖或变相出卖使用权。"对于市属直管公房，《关于加强直管公房管理的意见》（京政办发〔2018〕20 号）文件规定，承租人应按租金标准及时足额缴纳租金，不得擅自转租、转让、转借。而租赁置换模式作为核心区老旧小区改造的重要手段，需要加强对于直管、自管公房的政策研究，争取在公房转租方面提供相应政策支持，明确社会资本介入路径。

给社会资本进行改造运营的政策支持。②在产权认定上，针对老旧小区内历史无证存量用房及新增设施的权属认定问题，明确未登记建筑合法性认定标准和处置原则，需要北京市规划和自然资源委员会不动产登记部门进一步完善产权办理规则，明确更新后空间经营证照办理政策，与既有"1+4"政策形成有效衔接，保障社会资本的合法权益。

表 8.9　关于"完善产权变更支持"的政策建议

类型	举措	北京政策建议
完善产权变更支持	产权分割机制	进一步支持公有住房出售：符合公房出售条件（承租满五年）的成套化改造住房，按照房改售房[①]政策向承租人出售产权，相关部门办理不动产移交手续； 公房抵押与转租机制：探索直管、自管公房转租方面的政策支持，明确社会资本介入路径
	产权认定机制	设施权属认定：增设或改造服务设施需要办理不动产登记的，不动产登记机构依法积极予以办理； 危旧楼改造后的增量房屋或腾退房屋，在安置回迁居民后有剩余的，可将房屋使用权转让给改造企业用于平衡资金

资料来源：作者整理。

（2）空间资源统筹支持。统筹可利用存量空间资源，统筹各类配套设施经营权、公房承租权、腾退用地使用权等权利，通过制度设计完善用途变更、规模指标池、资源统筹等政策支持（表 8.10）。具体支持措施主要包括：①在用途变更方面，需要对北京已出台的"1+4"文件进行持续优化，打通各部门政策管理的闭环，加快为功能兼容和用途灵活转换提供全流程的政策支持，以满足社会资本在短期建设和长期运营中对业态功能的调整需求。目前，部分城市正在探索更新项目的功能混合与兼容机制，如上海出台《关于促进城市功能融合发展　创新规划土地弹性管理的实施意见（试行）》（沪规划资源详〔2023〕449 号）[②]，北京出台《北京市建设用地功能混合使用指导意见（试行）》（京规自发〔2023〕313号），在规划编制、实施、建筑更新等不同阶段，通过引导街区功能混合、地块用地性质兼容和建筑用途转换等方式来满足不同发展阶段的需求。②在规模定投

---

① 注：房改售房即房改房，指城镇职工按规定以成本价或标准价购买的已建公有住房。
② "允许在规划编制阶段，对商业服务业、商务办公用地地块叠加居住融合管理要求（R₀）。规划实施中，按照确保规划主导功能不受影响、建设规模合理的总体要求，相应地块用地性质可混合设置或部分调整为居住功能，为城市核心功能配套，并需按标准配置公共服务设施。"

表 8.10　关于"空间资源统筹支持"的政策建议

类型	举措	北京政策建议
空间资源统筹支持	用途变更及手续补办	为满足居民生活需要，允许用途灵活变更与转换； 对用途变更及业态调整需要，明确更新项目经营证照办理政策； 对手续不全的相关历史用地，及时补办规划土地手续或出台相应的建筑处置规则
	规模定投与转移	探索容量增减平衡挂钩机制：推动危旧楼改造规模增量与平房区拆违减量的统筹平衡； 探索危旧楼补充公服配套不计容政策：对于增加非独立占地（如利用地下空间）的社区公益性设施、公用设施、交通设施等公益属性设施，可不纳入容积率计算
	街区统筹更新	采取小区内自平衡、大片区统筹平衡、跨片区统筹平衡等多种模式，实现老旧小区内外资源统筹平衡模式的创新； 绑定片区内停车位、闲置空间、地下空间等经营权，实现基础类与完善提升类项目"肥瘦搭配"； 对片区内更新项目所涉及的立项、土地、规划、建设等审批流程予以进一步优化，并在用地性质、容积率、建筑面积等规划指标上予以一定倾斜

资料来源：作者整理。

与转移方面，针对北京相对严格的"减量发展"要求与改善居民生活的迫切需求，整体明确新增建筑规模由各区单独备案，并通过区域统筹的方式确保总量平衡。一是可以进一步探索同一实施主体参与项目的"增减平衡挂钩机制"，推动危旧楼改造规模增量与平房区拆违减量的统筹平衡；二是利用地下空间补充公共服务配套设施，对实施主体予以一定的用地指标倾斜，探索不计容政策在危旧楼改造项目中的应用；三是分类研究锅炉房等各种需要加层改造的建筑空间，加强政策支持。对改造为便民或公共服务设施的项目，优先探索不计容或建立区级建筑规模指标池支持机制，通过加强政策支持推动建筑空间合理改造，优化空间资源配置。③探索街区统筹更新方式，将街区内有一定经营性的完善类、提升类改造内容与没有空间资源的老旧小区共同打包改造，通过绑定片区内停车、闲置空间、地下空间等经营权，由单个项目资金平衡的改造模式转向"肥瘦搭配"的更新方式。同时，可以基于小区自身资源禀赋，鼓励采取小区内自平衡、大片区统筹平衡、跨片区统筹平衡等多种模式，实现跨片联动、资源互补，提升综合效益。

（3）建设管理流程支持。在建设管理上，一方面要完善审批流程、简化审批手续；另一方面，要不断细化现有规范标准，健全老旧小区改造前、中、后不同阶段的政策支撑（表 8.11）。具体措施可包括：①优化审批手续办理流程，探索建立项目改造方案并联审查审批制度，在区级层面放开一体化招投标"绿色通道"，优化老旧小区改造"规划许可—建设许可—施工许可—竣工验收"四个阶段的审批流程，通过设立"既有建筑综合改造的行政管理部门"实现"一门审批"①，使项目相关审批材料实现同步验收[166]。对于缺乏相关手续或改变主体结构的改造项目或新建、改扩建的便民服务设施，应在符合民生补短板需求的前提下，由相关部门给予面积认定及手续办理支持，或提供简易低风险手续办理渠道。对于改造完成的项目，由主管部门组织实施主体、相关单位、居民代表等进行联合竣工验收。②在完善设计标准细则上，一方面需要出台城市更新类项目技术标准的特殊规定，化解绿化、消防、交通等各部门对既有建筑改造指标管理的冲突，另一方面需进一步明确老旧小区管线改造中统一编制方案、统一施工及联合验收的工作流程，对工程实施方式、建设时序等相关要求予以明确，完善各专业单位之间的统筹协调机制，缩短项目施工周期。目前，北京市已出台《关于进一步加强老旧小区改造工程建设组织管理的意见》（京建发〔2022〕67 号），有利于统筹同步实施各类市政专业管线改造，降低改造工程建设成本。

表 8.11　关于"建设管理流程支持"的政策建议

类型	举措	北京政策建议
建设管理流程支持	简化审批流程	探索并联审批制度：优化老旧小区改造"规划许可—建设许可—施工许可—竣工验收"四个阶段的审批流程，探索建立项目改造方案并联审查审批制度，优化审批手续办理流程； 相关认定支持：对于主体结构改变的改造项目，应先由不动产部门给予面积认定支持，再办理相关审批手续。因房屋资料缺失无法向相关审批部门提供所需手续的，相关部门应给予认定并为实施主体补办相关文件； 联合验收：由主管部门组织联合竣工验收，简化竣工验收备案材料
	完善设计标准细则	完善出台更新类项目技术标准的特殊规定，化解绿化、消防、交通等各部门对既有建筑改造指标管理的冲突； 统筹同步实施各类市政专业管线改造，明确老旧小区管线改造中统一编制方案、统一施工及联合验收的工作流程

资料来源：作者整理。

① 将相关审批汇集到一个部门，可由住建部门牵头负责"一门审批"，包括：住建部门负责协调老旧小区改造项目实施中相关部门的审批文件和材料，负责报各部门审批并给予审批时限限制，并报规自部门备案。

8.2.3　主体协同型政策

从主体角度看，为了降低老旧小区改造中因多主体协调沟通、权利界定不清晰导致的高昂交易成本，需要进一步聚焦街区更新平台搭建、责任规划师制度深化、居民自治制度完善等机制建设。

（1）建立街区更新平台制度 ①。国内外经验表明，搭建老旧小区改造的合作平台是推动政府、社会资本、居民三方合作的有效突破点。在区级层面，目前国有企业和民营企业都表现出各自的优势与不足，能将二者作用有效结合才能最大化发挥整体效益。一是鼓励各区授权符合条件的市区属国有企业，构建集投融资、改造、运营等能力于一体的老旧小区改造实施平台，以此实现政府引导授权、国企资源统筹能力、民企运营服务能力的优势互补。二是平台公司运用财政资金作为项目资本金，统一管理、申请及调配改造资金，同时整合存量空间资源、统筹各类配套设施经营权等权利，通过对平台公司进行赋权、注资等方式，增强老旧小区改造项目的融资能力。三是通过"平台 + 社会资本"模式，允许平台公司与社会资本成立项目公司，一方面解决民营资本在介入改造过程中法律身份不明问题，另一方面实现产权与运营权分离、有效防止国有资产流失，从而实现"国企 +民企"双赢的可持续合作模式。

综合来看，老旧小区改造工作需要在任务制定、资金筹集、产权归集、利益协调等方面提供综合的制度保障，建议搭建集合"属地协调、资源统筹、运营服务"三项关键机制的街区更新平台（表 8.12）。具体措施可包括：①属地协调机制，针对社会资本介入央产老旧小区改造中身份不明的困境，重点在于建立授权路径，明确闲置空间改造的经营利用方式；同时，针对各区行政部门条块分割管理的弊端，搭建统筹协调平台，明确相关行政部门的工作流程，打通政策落地的"最后一公里"。②资源统筹机制，旨在为片区内多个老旧小区改造或区域综合性更新项目建立统筹实施主体，形成统一规划、统一立项、捆绑实施的工作路径，同步完善资金配套、项目报批等方面的政策支持。③运营服务机制，重在建立老旧小区改造的智能物业管理平台，进一步与基层治理信息平台、城市管理服务平台对接，在以智能化降低物业管理成本的同时，推动物业服务与商业服务资

---

① 具体参见：卓杰，任之初．住宅类：促进社会资本参与老旧小区改造问题研究［M］// 北京市发展改革政策研究中心．北京城市更新研究报告（2023）．北京：社会科学文献出版社，2024.

源对接，建立市场化物业运营管理模式。

表 8.12　关于"建立街区更新平台制度"的政策建议

类型	举措	北京政策建议
建立街区更新平台制度	属地协调机制	加快国有企业与中央单位在央产老旧小区改造方面的接洽工作，明确社会资本介入改造路径，明确社区内闲置建筑的经营利用授权； 各部门在条块分割的管理体制下，容易形成"政策孤岛"，需要进一步搭建统筹协调平台，明确工作流程、政策使用，推动相关政策落地实施
	资源统筹机制	建立更新统筹主体； 建立街区内由统筹主体开展的多个项目捆绑实施、统一立项的工作机制，同步完善资金配套、项目报批等流程设计
	运营服务机制	建立物业综合管理平台，进一步对接城市管理服务平台，实现信息的互联互通与资源共享，降低管理成本，构建可持续的市场化物业管理模式

资料来源：作者整理。

（2）**深化责任规划师参与制度**。"责任规划师"作为北京市服务基层、加强基层治理纵横向链接的重要工作纽带，正在逐步成为支持北京老旧小区改造工作有序推进的重要力量。继续强化责任规划师专业团队在老旧小区改造中所提供的全流程支撑服务作用，将帮助社会资本在与居民、政府等多主体沟通的问题上降低协商成本、提高方案可操作性。根据《关于责任规划师参与老旧小区综合整治工作的意见》，通过深化责任规划师在老旧小区改造工作的前期研究、项目申报、建设实施及运营维护全流程的参与工作，从而推进"自下而上"的需求反馈与"自上而下"的任务传导，建构"双导向"下的互动机制，进一步发挥责任规划师在统筹老旧小区改造力量、优化老旧小区更新路径、提升基层治理水平等方面举足轻重的作用，助力社会资本更顺畅地实施老旧小区改造工作（表 8.13）。

表 8.13　关于"深化责任规划师参与制度"的政策建议

类型	举措	北京政策建议
深化责任规划师参与制度	前期研究阶段	深入调研，协助开展公众参与工作；对改造项目提出规划要求，提供项目咨询服务
	项目申报阶段	对实施主体参与的改造项目出具书面意见，并将项目的重要节点情况上传至信息管理平台，以便后续管理
	建设实施阶段	及时向属地部门/责师专班反映施工进展情况及问题，参与项目评估及验收工作
	运营维护阶段	积极与属地政府/主管部门沟通，及时反馈工作问题

资料来源：作者根据《关于责任规划师参与老旧小区综合整治工作的意见》整理。

（3）**完善居民自治制度**。针对居民参与决策及维护运营环节的高交易成本现状，结合改造项目的实际工作经验与相关政策支持需求，应从"自上而下"的党建引领工作机制与"自下而上"的居民自治组织建立两端完善相应制度（表 8.14）。具体措施可包括：①持续强化党建引领工作机制，建立由党组织领导下的多方共同参与的协商议事机制，畅通公众参与渠道，汇集民意民智，以此降低由居民不信任、不认同引发的改造过程中的不确定性，以及方案终止和改造项目搁浅的风险成本。②针对老旧小区改造中居民意见分歧大、众口难调的情况，需要小区内业委会、物管会等居民自治组织的协助，通过建立每日沟通议事机制，为施工推进及居民沟通提供便捷的反馈渠道，从而更好地达成更新诉求及意愿的归集，降低社会资本与居民沟通协商的交易成本。

表 8.14　关于"完善居民自治制度"的政策建议

类型	举措	北京政策建议
完善居民自治制度	党建引领工作机制	社区议事协商机制：在社区党组织领导下，推动建立由居民委员会、业主委员会或物业管理委员会、物业服务企业、产权单位、居民代表等共同参与的议事协商机制
	完善业委会 / 物管会等居民自治组织	建立每日沟通议事机制，引导居民参与改造的全过程，协商确定改造后小区的管理规约及业主议事规则

资料来源：作者整理。

8.3　北京政策工具应用

北京关于吸引社会资本参与老旧小区改造方面的政策文件，正在如雨后春笋般地出台，上述一些案例在引入社会资本参与改造的过程中并没有应用到新出台政策的"红利"。因此，十分有必要结合上述研究提到的若干制度困境，进一步剖析已经出台的政策对这些问题的回应，明确哪些瓶颈问题是已有政策文件出台但尚未落地的，需要政府各部门进一步解决政策落地的"最后一公里"问题；哪些瓶颈问题是当前政策中没有予以回应，需要进一步研究出台政策细则的问题。

（1）从"资金类"政策方面看，当前北京已经出台的《关于引入社会资本参与老旧小区改造的意见》《关于老旧小区综合整治市区财政补助政策的函》《关于住房公积金支持北京老旧小区综合整治的通知》等系列文件，对引入社会资本参与、鼓励产权人授权实施主体利用存量资源改造经营、加大财税和金融机构支持力度、支持居民提取住房公积金参与改造等方面均有所回应，但这些"政策红利"离实际应用于改造项目还有一定距离。此外，在规范经营权质押融资方式、金融机构融资监管方式、整合政府资金用于改造前期基础工作的额外费用支持等方面还需要加快政策细则的研究（表 8.15）。

表 8.15 "资金类"政策工具应用

类型	问题／重点	已出台政策文件	政策优化与细化路径
加强金融财税支持	社会资本介入路径不清晰，缺乏授权机制	《关于引入社会资本参与老旧小区改造的意见》	建议加快推进政策落地，进一步细化对社会资本参与改造的授权路径
	金融财税支持力度不足	《关于引入社会资本参与老旧小区改造的意见》	建议研究进一步规范经营权质押融资、提供长期低息贷款利率的融资方式及监管细则
统筹政府资金使用	政府资金支持范围尚未涵盖老旧小区改造前期基础工作费用	《关于老旧小区综合整治市区财政补助政策的函》	建议研究整合政府财政资金用于改造前期基础工作的额外费用支持的政策
吸引居民出资	居民出资对老旧小区改造工作的支持力度不足	《关于住房公积金支持北京老旧小区综合整治的通知》	建议加快推进政策落地，进一步规范危旧楼改造中的居民出资比例要求
	居民缴费及购买服务的意识不强	《北京市"十四五"时期老旧小区改造规划》	建议研究关于引入专业化物业运营管理的意见

资料来源：作者整理。

（2）从"规划类"政策方面看，当前北京已经出台的《建设项目规划使用性质正面和负面清单》《支持首都功能核心区利用简易楼腾退建设绿地或公益性设施实施办法》（京发改规〔2021〕7 号）、《关于开展危旧楼房改建试点工作的意见》（京建发〔2020〕178 号）、《关于进一步做好危旧楼房改建有关工作的通知》（京建发〔2023〕95 号）、《北京市进一步深化工程建设项目审批制度改革实施方案》（京政办发〔2019〕22 号）等系列文件，对功能混合与转换、规模与流量定投、产权变更与登记、项目建设审批流程优化等方面虽有所回应，但对于如何进一步完善功能复合利用后相关手续的补办细则、如何实现首都功能核心区腾退指标减量与外围区域增量指标联动、如何完善危旧楼房改建项目合居户分户流程规范与技术标准等方面都需要进一步研究相应的政策细则（表 8.16）。

表 8.16　"规划类"政策工具应用

类型	问题 / 重点	已出台政策文件	政策优化与细化路径
完善产权变更支持	对于改造成本投入大的项目，允许对实施主体进行改造后产权登记	《关于开展危旧楼房改建试点工作的意见》	建议加快推进政策落地，完善对实施主体进行产权登记的后续流程
	解决危旧楼房合居户分户需求与《关于开展危旧楼房改建试点工作的意见》中"户数不增加"要求不适应的问题，明确改造规模标准	《关于开展危旧楼房改建试点工作的意见》	建议研究危旧楼房改建项目合居户分户流程与技术标准
空间资源统筹支持	功能混合与转换：设立正面清单，鼓励社会资本参与改造项目推动非首都功能疏解、补齐配套短板，解决合规性问题	《北京市建设用地功能混合使用指导意见（试行）》（京规自发〔2023〕313号）	建议研究关于老旧小区利用闲置用房转变功能和空间复合利用补充公共服务设施后的相关手续办理细则
	规模定投与转移：核心区简易楼腾退的规模增量问题与跨区、跨项目指标转移机制不清晰	《支持首都功能核心区利用简易楼腾退建设绿地或公益性设施实施办法》《关于开展危旧楼房改造项目"腾退置换"试点工作的通知》（京建发〔2023〕7号）	建议研究在资金补贴的基础上，如何实现核心区腾退指标减量与外围区域增量指标联动机制
	规模增加与区级统筹：为改善居民居住条件，增加的建筑规模由区政府在全区建筑规模总量中统筹平衡；增加建筑规模涉及经营性用途的，加快办理土地有偿使用手续问题	《关于进一步做好危旧楼房改建有关工作的通知》《北京市建筑规模管控实施管理办法（试行）》	建议加快推进政策落地
建设管理流程支持	建设管理程序不完善，项目审批环节与各部门对接路径不清问题	《北京市进一步深化工程建设项目审批制度改革实施方案》（京政办发〔2019〕22号）	建议研究更新项目申请、立项、规划编制、审批、实施、验收等全流程管理规定
	老旧小区管线改造实施流程不清晰，导致工程反复拉锯	《北京市老旧小区综合整治市政专业管线改造统筹工作方案（试行）》《关于进一步加强老旧小区改造工程建设组织管理的意见》	建议加快推进政策落地，明确管线改造的协调统筹方案

资料来源：作者整理。

（3）从"主体类"政策方面看，当前北京已经出台《北京市城市更新行动
计划（2021—2025 年）》《北京市"十四五"时期老旧小区改造规划》《关于责任
规划师参与老旧小区综合整治工作的意见》《2021 年北京市老旧小区综合整治工
作方案》等文件，对于主体方面的社会资本参与路径不清晰、多主体统筹协调难、
资源统筹力度弱、居民参与决策成本高等问题在部分条目中有所提及，但对于如
何进一步搭建街区更新平台制度、明确同一实施主体连片改造的具体授权路径、
规范居民议事及物业管理的具体实施细则等方面，还需要继续明确政策后续的细
化工作（表 8.17）。

表 8.17　"主体类"政策工具应用

类型	问题／重点	已出台政策文件	政策优化与细化路径
街区更新平台制度	社会资本参与路径不清晰，多主体协调及资源统筹难度大	《北京市城市更新行动计划（2021—2025 年）》	建议研究关于制定成立市／区级城市更新平台公司的意见
	单个项目资金平衡难，连片实施、平衡成本－收益路径未打通	《北京市"十四五"时期老旧小区改造规划》	建议研究进一步明确由同一实施主体进行连片改造的具体路径，明确授权方式
责任规划师制度	为老旧小区改造工作提供全流程专业服务，降低规划实施的交易成本	《关于责任规划师参与老旧小区综合整治工作的意见》	建议加快推进政策落地
	推动主动治理，"未诉先办"，[①]化解基层治理矛盾	《关于建立北京市责任规划师意见反馈机制的通知》	建议加快推进政策落地
居民自治制度	居民诉求多元，协调难度大，交易成本高	《关于解决"老旧小区改造项目推进难"问题工作方案》	建议研究关于搭建居民议事平台的工作路径及管理办法
	改造效果的持续维护与物业管理的可持续运营	《2021 年北京市老旧小区综合整治工作方案》	建议研究组建业主委员会、明确改造后续的维护责任及物业管理方案实施细则

资料来源：作者整理。

2022 年 11 月，北京市人民政府办公厅正式印发《北京市老旧小区改造工作
改革方案》，改革方案围绕老旧小区改造工作统筹协调、项目生成、资金共担、

---

① 未诉先办指部门主动履职尽责，从源头上减少群众诉求，将民生问题超前解决。

多元参与、存量资源整合利用、改造项目推进、适老化改造、市政专业管线改造、小区长效管理等方面，提出一揽子 32 项"小切口"改革举措及负责落实的相关责任单位，旨在破解老旧小区改造中的难点堵点问题，针对社会资本参与老旧小区改造中的瓶颈问题也有所回应，是目前北京在吸引社会资本参与老旧小区改造方面改革创新力度较大的政策文件，关于完善社会资本参与路径、探索存量住房更新改造的可持续运营模式、完善存量资源整合利用的经验授权机制等关键问题均有所突破（表 8.18）。2022 年 11 月 25 日，该方案也被住房城乡建设部列为《城镇老旧小区改造可复制政策机制清单（第六批）》（建办城函〔2022〕392 号）（北京专篇）在全国推广。

表 8.18　《北京市老旧小区改造工作改革方案》的改革亮点

	类型	针对的问题 / 重点	《北京市老旧小区改造工作改革方案》政策细化方案
资金类	加强金融财税支持	社会资本介入路径不清晰，缺乏授权机制	探索存量资源统筹利用利益补偿机制，鼓励存量资源授权经营使用
		金融财税支持力度不足	①拓宽融资渠道，政策性银行长期、低息贷款支持，以设施经营权和物业服务协议作为质押获得贷款；②引入社会资本贷款贴息机制，给予贴息率不超过 2%、最长不超过 5 年的贷款贴息支持
	统筹政府资金使用	政府资金支持范围尚未涵盖老旧小区改造前期基础工作费用	完善财政补助资金拨付机制；合理打包改造项目，发行专项债
	吸引居民出资	居民出资对老旧小区改造工作的支持力度不足	①明确使用住房公积金支持老旧小区改造的操作办法；②健全专项维修资金补建续筹政策制度
		居民缴费及购买服务的意识不强	完善通过"先买后补"的方式引入专业化物业服务工作机制（先尝后买→先买后补）
	完善产权变更支持	对于改造成本投入大的项目，完善实施主体改造后产权登记安排	—
		解决危旧楼房合居分户需求与 178 号文"户数不增加"要求不适应的问题，明确改造规模标准	—

续表

类型		问题／重点	《北京市老旧小区改造工作改革方案》政策细化方案
空间类	空间资源统筹支持	功能混合与转换：设立正面清单，鼓励社会资本参与改造项目的非首都功能疏解、补齐配套短板，解决合规性问题	允许土地性质兼容和建筑功能混合。可利用现状使用的车棚、门房以及闲置的锅炉房、煤棚（场）等房屋设施，改建便民服务设施，依据规划自然资源部门出具的意见办理相关经营证照
		规模定投与转移：核心区简易楼腾退的规模增量问题与跨区、跨项目指标转移机制不清晰	全市设立老旧小区新建改建配套设施规划指标"流量池"，对于老旧小区改造过程中实施市政基础设施改造、公共服务设施改造、公共安全设施改造、危旧楼房成套化改造的，增加的建筑规模计入各区建筑管控规模，可由各区单独备案统计，进行全区统筹
		规模增加与区级统筹：为改善居民居住条件，增加的建筑规模由区政府在全区建筑规模总量中统筹平衡；增加建筑规模涉及经营性用途的，加快办理土地有偿使用手续问题	
	建设管理流程支持	建设管理程序不完善，项目审批环节与各部门对接路径不清问题	缩短规划建设审批时限，研究优化施工许可审批流程、招标公示程序
		老旧小区管线改造实施流程不清晰，导致工程反复拉锯	创新老旧小区红线内市政专业管线改造施工总承包模式，优化红线外市政专业管线改造审批流程，实现管线改造与综合整治同步实施
主体类	街区更新平台制度	社会资本参与路径不清晰，多主体协调及资源统筹难度大	鼓励市区属国企"平台＋专业企业"模式，推动"治理＋改造＋运营"一体化实施
		单个项目资金平衡难，连片实施、平衡成本－收益路径未打通	推动项目"由小变大、由散变整"，由老旧小区改造向街区更新转变
	责任规划师制度	为老旧小区改造工作提供全流程专业服务，降低规划实施的交易成本	细化责任规划师参与全流程工作指南
		推动"主动治理，未诉先办"，化解基层治理矛盾	
	居民自治制度	居民诉求多元，协调难度大，交易成本高	①坚持"先治理、后改造"，实施老旧小区改造前综合治理；②鼓励改造项目相关各方成立临时党支部和工作组
		改造效果的持续维护与物业管理的可持续运营	持续推进业委会（物管会）组建，引导其在老旧小区治理、改造和后期管理中充分发挥作用

资料来源：作者整理。

8.4　资金来源拓展思考：老旧小区改造的居民"自拆自建"

　　居民是住宅的实际所有者或使用者，是老旧小区改造的核心受益人，按照"谁受益、谁出资"原则，理应成为老旧小区改造的最关键出资方。然而当前老旧小区改造实践中，居民出资的情况寥寥。本书所分析的多个危房重建案例中，即便居民出资，也多是以建安成本价购买新增面积的形式，出资与收益依然不成正比，缩小了社会资本的利润空间，抑制了参与意愿。随着老旧小区改造需求的日益增长，培育居民自主出资更新的意识、探索居民主导的老旧小区改造模式已经成为重要发展趋势，相关支持政策也在陆续推出。

　　2024 年 1 月，南京市印发《南京市危险房屋翻建规划管理办法》（宁规划资源规〔2024〕3 号），文件提出，满足相关规定的危险房屋的所有权人可以申请房屋翻建，可以依法委托业主委员会或其他相关单位、个人提出申请并组织实施，一般应当按照原址、原面积、原高度的原则进行，确有特殊需要的，可以适当移动房屋原址、适当增加面积、改变屋顶形式、开发利用地下空间等。2024 年 3 月，《广州市旧城镇改造实施细则》公开征求意见，首次提出，旧城镇全面改造或混合改造项目，可由改造范围内的房屋所有权人直接出资，作为改造主体实施改造。2024 年 6 月，广州市政府常务会议审议通过《广州市城镇危旧房改造实施办法（试行）》，指出危旧房改造所需资金应由房屋使用安全责任人自主筹集；鼓励银行机构提供专项融资服务，支持通过房产抵押进行融资担保，支持房屋安全责任人按规定通过提取物业专项维修资金、单位住房维修基金、个人公积金（住房补贴）以及公积金贷款等方式筹集改造资金；有条件的城镇危旧房屋改造项目可增设电梯等配套及附属设施，补充必要的公共设施，新增建筑面积应按照有关规定计算规划容积率面积，其中地上建筑规模增量原则上不超过 30%。2024 年 4 月，浙江省印发《关于稳步推进城镇老旧小区自主更新试点工作的指导意见（试行）》，作为全国首个推进老旧小区自主更新的指导意见，该文件明确了老旧小区自主更新的程序路径与更新方案要点，以及多方面配套支持政策，包括允许适度增加面积与公共服务设施；居民可申请使用住房公积金；新增面积可移交政府以冲抵建设成本；免收（征）城市基础设施配套费、不动产登记费等行政事业性收费和政府性基金，经营服务性收费减半，水电等工程按成本价一次性收费等。该政策通过给予细化指引与充分便利，拉开了老旧小区自主更新规范化、规模化运作的序幕。目前，杭州、南京、广州等地已出现自主改造的成功案例，下面对其经验进行简要介绍和分析。

8.4.1 杭州浙工新村：居民出资为主的成片危旧楼房增容型重建

杭州浙工新村是浙江首个"居民主体，政府统筹"的城市危旧房有机更新试点项目。浙工新村始建于 20 世纪 80 年代，曾是浙江工业大学教工宿舍所在地，此次更新对象为其中 13 幢危旧房（其中 4 幢在 2014 年已被评定为 C 级危旧房），共涉及居民 548 户，由房屋业主作为主体推动连片改造、原拆原建，朝晖街道办事处为组织单位，拱墅区城市发展集团公司负责实施，计划于 2025 年竣工。项目用地面积 2 万 m^2，现状建筑面积 3.97 万 m^2，容积率不到 2.0；拆除后建设 7 幢 11 层小高层住宅，总建筑面积将达到 8.1 万 m^2（地上 5.7 万 m^2、地下 2.4 万 m^2），即地上的容积率增加到 2.85，同时将新建"一老一小"活动中心等配套设施超 1500 m^2，新设地下停车位 460 余个，绿化率提升至 25% 以上。

从出资模式上看，该项目超过 80% 的重建资金由居民自主承担，平均每户出资 100 万元左右。出资标准为：原有住房面积部分按 1350 元 /m^2 出资，其中不满 53 m^2 的房源，按照 53 m^2 计算；每户不多于 20 m^2 的扩增面积部分按市场评估价出资，约 34 520 元 /m^2；停车位按一个 20 万元出售。整个小区的更新费用约为 5.3 亿元，其中居民自筹资金达到 4.7 亿元，其余资金由政府相关旧改、加梯、未来社区改造等专项资金解决，在不新增政府补助的情况下实现了项目资金基本平衡。

从项目进程上看，政府依然在协商、实施中扮演了主导角色。在政府工作组的引导下，小区以"一楼幢一代表"为原则成立了由 13 人组成的居民代表自主有机更新委员会，代表多数居民行使权力，采用委托政府部门的形式实施项目改造，向政府提交自主改造申请，政府按照"一事一议"的方式进行审议，在一定程度上体现了居民的自主性 [167]。

8.4.2　南京虎踞北路 4 号 05 幢楼：政府支持、居民自筹的危房原地翻建项目

南京虎踞北路 4 号 05 幢楼是国内首个产权人自筹资金的危房翻建项目。该幢楼隶属于江苏省化工小区，建于 20 世纪 50 年代，在 2013 年城西桥改隧工程的影响下加快破败，于 2014 年被正式鉴定为 C 级危房。经过业主的联合努力，以 205 住户张玉延为代表的多位居民努力推动全体居民的意愿达成，向政府申请自行翻建，在缺乏相关具体指引、信息不对称等条件下跑部门、交文件长达数年时间，终于随着 2019 年鼓楼区政府项目专班的成立，在 2020 年 9 月 3 日拿到了建设工程规划许可证，由政府指定南京下关房产经营有限公司负责代建，2022 年 5 月交付。该楼建筑面积为 1890 m²，共有 24 套房子、26 户产权人，其中 5 套属于产权单位，每户面积为 15~88 m²，翻建按照"原址、原面积、原高度"的原则，由一梯三户变为一梯两户，由 4 个单元增加为 6 个单元，通过户型重新设计实现所有房屋南北通透[168]。

出资模式上，该项目总投资概算为 1100 万元，市、区和产权人按 2∶2∶6 比例分摊，产权人自筹约 3600 元 /m²。业主款项根据建设工期分三次付清，分别为签订代建协议后付至 50%、房屋封顶后付至 70%、具备交付条件后付清尾款。按照《南京市城市危险房屋消险治理专项工作方案》规定，列入消险治理计划的主要为 C 级和 D 级危房，C 级是指部分承重结构承载力不能满足正常使用要求，构成局部危房；D 级是指承重结构承载力已不能满足正常使用要求，构成整幢危房。危险房屋治理责任人可选择拆除、翻建、维修加固等治理方式，其中 C 级危房翻建费用按照市、区财政和产权人 2∶2∶6 的比例分摊；D 级危房翻建费用按照市、区财政和产权人 3∶3∶4 的比例分摊[169]。

2023 年 10 月，南京虎踞北路 4 号 05 幢楼住户拿到了新的不动产证，从 2014 年楼房被鉴定为危房以来已过去近 10 年。这一超长的项目周期反映出居民自主协商与利益分配的困难、早期摸索申请程序的艰难，是一个自下而上推动相关政策不断完善的过程。根据对居民的采访，项目实施过程中虽然有热心居民代表牵头推进，但在房产证收缴、房屋结构细节、费用变更、二层户主加建阁楼和一层户主加建架空防潮层实现利益均衡等环节中依然出现了较多矛盾，甚至严重

影响了后期的邻里关系，其他居民质疑牵头人从中谋取私利，牵头人则因"众口难调"感到委屈和无奈[168]。牵头人以"代表"身份与政府、代建方协商谈判，但这一"代表"性并非来自规范化的民主选举程序，也没有实际利益可图，其他居民也并不具备对其进行监督的有效权利，因此容易导致意见混乱、权责不清的局面。

8.4.3 广州集群街 2 号楼：财政激励、业主自筹的危房拆除重建项目

广州花都区集群街 2 号楼是广州市首例多业主自主筹资更新、政府给予激励的拆危建新试点项目。该楼建于 20 世纪 70 年代，属于 D 级危房（整栋危房），占地面积 342.4 m²，建筑面积 1726.64 m²，建筑首层有 16 间商铺同属 1 户业主，2~5 层有 24 户住宅，9 户属私人产权，15 户属区属国有企业花都城投集团资产。2023 年 9 月，广州北站东侧片区作为广州市首批老旧小区成片连片改造项目正式开工，集群街 2 号楼位于该片区内，其改造项目被提上议程。花都区住房和城乡建设局决定开启产权人自主更新的探索，按照"原拆原建、增加公服"的规划思路，将集群街 2 号楼作为危旧房屋拆除重建试点推进，业主承担改造成本并自行委托花都城投集团下属企业作为代建单位，政府给予适度激励。项目在不减少原户型套内面积、满足规范标准的基础上，加装两部内置电梯，适度增加厨卫面积，实现户型成套化。

出资模式上，项目预估拆建投资 785 万元，由业主共同承担改造成本，社区居委会、居民业主代表和产权单位开设共管账户，按照 4600 元 / m² 的标准筹集预缴资金，最终居民和产权单位实际出资比例大致持平，区属国有资产出资改造后仍保持公房性质。对于经济比较紧张的家庭，在花都区政府的支持下，银行可提供最长 10 年期的低息贷款。财政激励包括三方面：一是区财政按照房屋物业维修资金实际缴存费用的 50% 给予激励，支持长效管理；二是按照实际出资 50% 的比例对业主进行基础数据调查费、房屋鉴定费、土地勘测定界费、实施方案编制费、工程设计方案编制费、建设单位管理费、工程建设监理费以及其他工程建设费用激励，估算 50 余万元；三是对经认定的低保家庭、特困职工家庭等

给予 1000 元 / m² 的补助 [170]。

　　项目推进整体较为高效，在不到 3 个月的时间内所有业主即达成共识，这一方面是由于该楼栋产权人数量较少，且很多业主已不在此居住，另一方面得益于政府将其作为试点项目高度关注，并投入人力进行介入协商。区住房和城乡建设局、街道和社区居委会搭建沟通议事平台，利用线上线下手段，先后召开居民大会 9 次，入户走访 48 次，在居民动员、项目筹备以及流程审批中发挥了重要作用。同时，政府积极创新财政补贴形式，畅通各类流程办理路径，为项目的顺利推进提供了重要支撑 [171]。

　　从三个居民自筹、自拆自建的老旧小区改造成功案例来看，其基本特征有：均为 C 或 D 级危旧楼房，房屋质量严重影响居住安全；项目落成得到规划增容或政府资金有力支持两者中至少其一，浙工新村主要依赖增容，虎踞北路 4 号05 幢楼和集群街 2 号楼主要依赖政府资金支持，后者对于政府注资的依赖度更低；改造强调全方位优化，包括户型优化、加装电梯、设施完善甚至停车位增设等，且项目整体规模越大，越有利于系统性推进外部空间改造，居住环境水平提升越明显。

　　三个案例的不同点集中在规模、周期、政府介入程度等。浙工新村规模最大，影响其项目周期的关键主要是居民意愿的统一；虎踞北路 4 号 05 幢楼是最早的居民自下而上推动的项目，项目周期受制于政府相关程序不清晰；集群街 2 号楼本身规模小、产权结构简单，又具备政府的支持介入，所以项目进程最为高效。由此可以看出，居民端在意见领袖组织下的意愿达成、政府端的介入协商和政策助力是推进"自拆自建"项目的两大核心因素，而政府的政策支持不外乎规划容积率调整和资金补贴（或税费减免）两种。

　　案例表明，当前即便居民自主出资，其获益亦远高于成本。例如浙工新村改造后，小区二手房均价升至 6 万元 /m²（居民按市场价 34 520 元 /m² 购买新增面积）。因此，推进居民主导、资金自筹的老旧小区改造是推进利益分配公平化的必然要求。通过培育居民出资意识，也能够降低社会资本介入的资金平衡难度与对区域内经营性资源的依赖度。未来，对于商品房小区的自拆自建，应加强出资计价方式与市场价格的关联性，可以按照"原有面积以成本价购买、新增面积以市场价购买"的思路执行；对于含有公房的社区，可激励合适的产权单位作为实施主体承接建设，形成产权人"利益共同体"。同时，政府需要严格把控规划容积率调整限度，以满足基本的功能型和合理的改善型需求为标准，规范审批流程、完善配套政策，减少无止境"讨价还价"带来的极高交易成本。

8.5　总结与展望

本章首先探讨了优化生产成本、降低交易成本、稳定建设收益、扩大运营收益四方面社会资本参与老旧小区改造的激励措施。具体到北京，社会资本参与案例表现出"资金－规划－主体"维度的制度困境，因此研究提出了"资金供给""规划引导""主体协同"三类政策细化建议，为社会资本参与北京老旧小区改造提供政策设计方向参照，具体包括：

在资金供给型政策方面，针对资金运作模式不可持续带来的"成本－收益"不平衡困境，一是要加大金融财税支持力度，包括对社会资本投资阶段的基金支持、更新阶段的信贷支持、运营阶段的证券化支持；二是要统筹政府资金使用，包括设立专项资金池、发放补贴、政府购买服务、税费减免政策支持等；三是要以多种方式吸引居民出资，包括建立共有资金筹集与管理制度、公有住房出售归集资金制度、物业收费制度等，来共同降低社会资本参与改造中融资、运营等环节的成本投入，提升建设及运营环节的收益支持。

在规划引导型政策方面，针对规划引导政策缺位带来的高交易成本与空间增值收益受限，一是要加快完善产权变更支持，包括支持公有住房出售，对公房抵押与转租机制、新增设施产权认定机制的持续探索；二是要加大空间资源统筹支持力度，包括用途调整方面的灵活变更及手续补办、规模定投方面的"容量增减平衡挂钩"与"补充公服配套不计容"、街区统筹更新的路径探索等；三是要完善建设管理流程支持，包括简化审批流程与完善设计标准细则的支持政策，降低社会资本参与环节的交易成本投入，扩大建设环节的收益来源。

在主体协同型政策方面，针对多元主体协调的复杂性推高交易成本这一问题，一是要建立街区更新平台制度，搭建集合"属地协调、资源统筹、运营服务"三项关键机制设计的街区更新平台；二是要深化责任规划师在"前期研究、项目申报、建设实施、运营维护"四个阶段的参与机制设计；三是要完善居民自治制度，包括建立党建引领的工作机制、深化业委会／物管会等居民自治组织参与的制度设计，在降低交易成本的同时，提高社会资本在运营环节的收益。

　　此外，老旧小区的产权性质也是影响改造模式的重要基础因素。虽然本书并没有针对性地展开对于公房老旧小区改造的差异化特点研究，但是实际上这一内容在实践中的重要性亦十分突出。北京央产和军产老旧小区建筑面积总量达到 6000 万 m^2，约占全市老旧小区的 40%[33]，国有企业参与老旧小区改造需求突出、任务艰巨。2022 年颁布的《北京市老旧小区改造工作改革方案》已经明确指出要完善央产老旧小区改造的"双纳入"工作机制，《在京中央企业老旧小区综合整治工作方案》（国资发改革〔2023〕9 号）、《中央国家机关老旧小区（危旧楼）改建试点工作方案》（国管办发〔2022〕21 号）相继出台。考虑到央产、军产老旧小区改造不能仅仅依靠政府投入，同样需要探讨社会资本如何参与，这就需要明确中央资金支持渠道，各级配套资金、规划、建设指标等支持政策如何对接等问题，完善其社会资本参与改造的机制，可供研究的典型案例包括中关村东区、西便门 10 号院、百万庄等央产危旧楼房改建试点。期待未来有更多的研究能够深入探讨这一领域，为完善不同产权属性的老旧小区改造提供新的思路和方法。

　　在讨论以国企和民企为代表的社会资本参与老旧小区改造之余，本书也介绍和分析了当前居民出资、自拆自建的相关政策与实践。尽管当前居民主导的老旧小区改造项目仅有个例，但这些或大或小的落地实践能够说明"自主更新"路径已经打通，未来需加快相关制度完善，探索更具可复制性的模式。在此基础上，可推动居民主导模式与社会资本参与模式相融合，取长补短，一方面动员居民深度参与，形成以人为本的精细化、定制化改造设计；另一方面让社会资本更多地以轻资产模式参与进来，实现更合理的成本分担与收益分配。

　　结合《北京市城市更新条例》及配套政策细则的落地实施情况、《北京市老旧小区改造工作改革方案》的具体推进与社会资本参与城市更新的新特征，未来研究需要进一步思考如何在"街区统筹"及"统筹主体"的框架下探索社会资本参与老旧小区改造的相关路径。特别是在街区更新平台制度的构建过程中，应进一步深入思考如何通过国有企业和民营企业的协同合作，共同推进北京老旧小区在街区一体化更新背景下的改造进程。这不仅涉及资金、空间、技术、管理等多方面的资源整合，还需要探讨如何构建有效的合作机制，以充分发挥社会资本在老旧小区改造中的积极作用，从而实现改造工作的高效和可持续发展。

参考文献

[1] 阳建强，杜雁．城市更新要同时体现市场规律和公共政策属性 [J]. 城市规划，2016，40(1)：72-74.

[2] 唐燕．城市更新制度建设：广州、深圳、上海的比较 [M]. 北京：清华大学出版社，2019.

[3] 唐燕，张璐．北京街区更新的制度探索与政策优化 [J]. 时代建筑，2021(4)：28-35.

[4] 丁凡，伍江．城市更新相关概念的演进及在当今的现实意义 [J]. 城市规划学刊，2017(6)：87-95.

[5] 王蒙徽．王蒙徽：实施城市更新行动 [EB/OL]. (2020-11-17)[2022-03-11]. https://mp.weixin.qq.com/s/xE578Yd6IeN-Ak2o-uj0Lw.

[6] 丁怡婷，范昊天．新时代十年，全国累计开工改造老旧小区 16.3 万个 [EB/OL]. (2022-11-16)[2024-02-07]. https://politics.gmw.cn/2022-11/16/content_36162025.htm.

[7] 中华人民共和国住房和城乡建设部．2021 年中国城市建设状况公报 [EB/OL]. (2022-09-30)[2024-02-07]. https://www.mohurd.gov.cn/gongkai/fdzdgknr/sjfb/tjxx/index.html.

[8] 黄鹤，钱嘉宏，刘欣葵，等．北京老旧小区更新研究 [M]. 北京：中国建筑工业出版社，2021.

[9] 世界银行．政府和社会资本合作 (PPP) 参考指南 [M]. 北京明树数据科技有限公司，译．北京：中国电力出版社，2018.

[10] 徐晓明，许小乐．社会力量参与老旧小区改造的社区治理体系建设 [J]. 城市问题，2020(8)：74-80.

[11] 李婕．"旧改"大幕拉开 惠及上亿人 [EB/OL]. (2019-07-18)[2024-02-07]. https://www.gov.cn/guowuyuan/2019-07/18/content_5410733.htm?cid=303.

[12] 杜雨萌．老旧小区改造指导意见出台 投入或超 4 万亿元 [EB/OL]. (2020-07-21)[2024-02-07]. http://house.people.com.cn/n1/2020/0721/c164220-31791298.html.

[13] 蔡云楠，杨宵节，李冬凌．城市老旧小区"微改造"的内容与对策研究 [J]. 城市发展研究，2017，24(4)：29-34.

[14] 燕妮，高红．国内老旧小区治理研究现状与热点主题分析：基于 CiteSpace 知识图谱的可视化分析 [J]. 哈尔滨市委党校学报，2019(3)：58-63.

[15] 陈一全．山东省城镇老旧小区改造机制创新探索 [J]. 城乡建设，2020(13)：72-74.

[16] 徐峰．社会资本参与上海老旧小区综合改造研究 [J]. 建筑经济，2018，39(4)：90-95.

[17] 刘贵文，胡万萍，谢芳芸．城市老旧小区改造模式的探索与实践：基于成都、广州和上海的比较研究 [J]. 城乡建设，2020(5)：54-57.

[18] 姜洪庆，马洪俊，刘垚．基于"资产为本"理念的社会力量介入城市既有住区微改造模式探索 [J]. 城市发展研究，2020，27(11)：87-94.

[19] 李嘉珣．新形势下老旧小区更新的资金筹措模式探究 [J]. 现代城市研究，2021(11)：

115-120.

[20] 徐文舸. 城镇老旧小区改造亟待创新投融资机制 [J]. 中国经贸导刊，2021(3)：64-67.

[21] 夏冰洁. 杭州市老旧小区综合改造提升资金筹措情况及问题分析 [J]. 建设科技，2020(24)：12-14.

[22] T.W. 舒尔茨. 制度与人的经济价值的不断提高. 陈剑波，译 [M]//R. 科斯，A. 阿尔钦，D. 诺斯，等. 财产权利与制度变迁：产权学派与新制度学派译文集. 上海：上海三联书店，上海人民出版社，1994：251-265.

[23] 唐燕. 城市设计运作的制度与制度环境 [M]. 北京：中国建筑工业出版社，2012.

[24] 唐义琴. 制度设计视角下的上海城市更新实施机制研究 [D]. 北京：清华大学，2018.

[25] 王彬武. 老旧小区有机更新的政策法规研究 [J]. 中国房地产，2016(9)：57-66.

[26] 梁传志，李超. 北京市老旧小区综合改造主要做法与思考 [J]. 建设科技，2016(9)：20-23.

[27] 谢海生. 老旧小区有机更新权责划分和资金筹措机制 [J]. 中国房地产，2016(36)：70-77.

[28] 徐晓明. 社会资本参与老旧小区改造的价值导向与市场机制研究 [J]. 价格理论与实践，2021(6)：17-22.

[29] 李志，张若竹. 老旧小区微改造市场介入方式探索 [J]. 城市发展研究，2019，26(10)：36-41.

[30] 王书评，郭菲. 城市老旧小区更新中多主体协同机制的构建 [J]. 城市规划学刊，2021(3)：50-57.

[31] 冉奥博，刘佳燕. 政策工具视角下老旧小区改造政策体系研究：以北京市为例 [J]. 城市发展研究，2021，28(4)：57-63.

[32] 洪田芬. 城市更新"帕累托改进"的阶段逻辑与价值创新 [J]. 城市发展研究，2020，27(8)：74-80.

[33] 游鸿，王崇烈，陈思伽，等. 北京城市更新行动的制度挑战与优化策略 [J]. 规划师，2022，38(9)：22-30.

[34] AALBERS M B，VAN LOON J，FERNANDEZ R. The financialization of a social housing provider[J]. International Journal of Urban & Regional Research，2017，41(4)：572-587.

[35] 上海市国资委. 百亿上海城市更新引导基金正式启航 助力上海可持续更新和发展 [EB/OL]. (2022-02-28)[2023-08-02]. http://www.sasac.gov.cn/n2588025/n2588129/c23389974/content.html.

[36] 中国平安保险（集团）股份有限公司 . 2023 年中期报告 [EB/OL]. (2024-01-07). https://www.pingan.cn/ir/financial-report.shtml.

[37] 中国信托业 . 2021 年信托业专题研究报告 [M]. 北京：中国财政经济出版社，2022.

[38] 高慧珂 . 老旧小区改造专项债密集发行 有效拓宽项目建设资金来源 [EB/OL]. (2020-07-29)[2023-11-09]. https://baijiahao.baidu.com/s?id=1673514721639416802.

[39] 中国地方政府债券信息公开平台 . 2023 年厦门市思明区老旧小区改造项目专项债券（一期）—2023 年厦门市政府专项债券（八期）实施方案 [EB/OL]. [2023-11-28]. https://www.governbond.org.cn/uploadFiles/3502/attachFiles/202302/1aada8ee-4425-41bc-894d-743a10e3dbf5.pdf.

[40] 住房和城乡建设部办公厅 . 住房和城乡建设部办公厅关于印发城镇老旧小区改造可复制政策机制清单（第一批）的通知 [EB/OL]. (2020-12-15)[2023-11-09]. https://www.gov.cn/zhengce/zhengceku/2020-12/17/content_5570417.htm.

[41] 袁馨缘，叶霞，许光耀，等 . 破解老旧小区改造瓶颈：资金筹措及融资方案：以武汉市为例 [J]. 中国房地产，2022(31): 8-14.

[42] 蒋勇，马欢 . 国家开发银行："十四五"预计投放 2 万亿用于城镇老旧小区改造 [EB/OL]. (2020-11-26)[2023-11-09]. https://finance.cnr.cn/jjgd/20201126/t20201126_525343885.shtml.

[43] 胡杨 . 农行为老旧小区改造添砖加瓦 [EB/OL]. (2023-04-23)[2023-11-29]. http://www.cbimc.cn/content/2023-04/23/content_482503.html.

[44] 林光明 . 新加坡城市建设经验及对中国的启示 [EB/OL]. (2023-03-19)[2023-08-11]. https://www.sohu.com/a/656205395_121123919.

[45] 张威，刘佳燕，王才强 . 新加坡公共住宅区更新改造的政策体系、主要策略与经验启示 [J]. 国际城市规划，2022，37(6): 76-87.

[46] 黄经南，杨石琳，周亚伦 . 新加坡组屋定期维修翻新机制对我国老旧社区改造的启示 [J]. 上海城市规划，2021(6): 120-125.

[47] 李俊夫，李玮，李志刚，等 . 新加坡保障性住房政策研究及借鉴 [J]. 国际城市规划，2012，27(4): 36-42.

[48] 沙永杰，纪雁，陈婉婷 . 新加坡城市规划与发展 [M]. 上海：同济大学出版社，2021.

[49] 张天洁，李泽 . 优化住宅存量下的新加坡公共住宅翻新 [J]. 建筑学报，2013(3): 28-33.

[50] 贾梦圆，臧鑫宇，陈天 . 老旧社区可持续更新策略研究：新加坡的经验及启示 [C]// 中国城市规划学会 . 规划 60 年：成就与挑战——2016 中国城市规划年会论文集 . 北京：中国建筑工业出版社，2016：331-340.

[51] 刘珊，吕斌."团地再生"的模式与实施绩效：中日案例的比较 [J]. 现代城市研究，2019(6)：118-127.

[52] 张朝辉. 日本老旧住区综合更新的发展进程与实践思路研究 [J/OL]. 国际城市规划，2022，(2)：1-17. http://kns.cnki.net/kcms/detail/11.5583.TU.20211116.0845.002.html.

[53] 冉奥博，刘佳燕，沈一琛. 日本老旧小区更新经验与特色：东京都两个小区的案例借鉴 [J]. 上海城市规划，2018(4)：8-14.

[54] 施媛."连锁型"都市再生策略研究：以日本东京大手町开发案为例 [J]. 国际城市规划，2018，33(4)：132-138.

[55] 于海漪，文华. 国家政策整合下日本的都市再生 [J]. 城市环境设计，2016(8)：288-291.

[56] 迟英楠. 上海旧区更新改造的规划策略与机制研究 [J]. 上海城市规划，2021(4)：66-71.

[57] 林盛丰. 都市再生的 20 个故事 [M]. 台北：台北市都市更新处，2013.

[58] 李建国. 日本的城市社区管理模式：东京都中野区地域中心考察 [J]. 城市问题，2000(3)：5，59-61.

[59] 张宜轩. 重识日本都市更新 [EB/OL]. (2015-07-29)[2022-03-11]. https://mp.weixin.qq.com/s/nsGbtgnlkdH19AjIfpNDdw.

[60] 公益社团法人，日本都市计划学会. 解读日本城市规划：60 年获奖实例回顾 [M]. 翟国方，何仲禹，高晓路，等译. 北京：中国建筑工业出版社，2017.

[61] 许阳，曹双全，张之菡. 部分发达国家的经验借鉴 [M]// 张佳丽，刘杨. 城镇老旧小区改造实用指导手册. 北京：中国建筑工业出版社，2021.

[62] 陆卓玉. 日本老旧公寓小区改造的政策体系、推进措施与经验启示 [J]. 国际城市规划，2023，38(3)：42-53.

[63] 李昊昱，姚之浩. 英美社区更新的社会化转型趋势及其启示 [J]. 规划师，2023，39(5)：137-142.

[64] 丛蕾. 美国历史住区的自我更新机制研究 [J]. 规划师，2012，28(11)：117-122.

[65] 杨昌鸣，张祥智，李湘桔. 从"希望六号"到"选择性邻里"：美国近期公共住房更新政策的演变及其启示 [J]. 国际城市规划，2015，30(6)：41-49.

[66] 谢宇，扈茗，何潇. 多元利益诉求下的旧城改造机制与体制创新：向美国加州"社区重建"机制学习 [C]// 中国城市规划学会. 多元与包容：2012 中国城市规划年会论文集. 昆明：云南科技出版社，2012.

[67] 巴里·卡林沃思，罗杰·凯夫斯. 美国城市规划：政策、问题与过程 [M]. 吴建新，杨至德，译. 武汉：华中科技大学出版社，2016.

[68] 姚之浩，曾海鹰. 1950 年代以来美国城市更新政策工具的演化与规律特征 [J]. 国

际城市规划，2018，33(4)：18-24.

[69] 沈毓颖．社区更新的多方协作机制：美国社区发展机构的启示 [J]．住区，2021(6)：138-145.

[70] 吴伟，林磊．从"希望六"计划解读美国公共住房政策 [J]．国际城市规划，2010，25(3)：70-75.

[71] 任荣荣，高洪玮．美英日城市更新的投融资模式特点与经验启示 [J]．宏观经济研究，2021(8)：168-175.

[72] MUSTERD S，OSTENDORF W. Integrated urban renewal in the Netherlands: a critical appraisal[J]. Urban Research & Practice，2008，1(1): 78-92.

[73] 唐燕，范利．西欧城市更新政策与制度的多元探索 [J]．国际城市规划，2022，37(1)：9-15.

[74] 萨科·穆斯特尔德，维姆·奥斯滕多夫，刘思璐．荷兰城市更新政策回顾和述评 [J]．国际城市规划，2022，37(1)：22-28，39.

[75] 刘伯霞，刘杰，王田，等．国外城市更新理论与实践及其启示 [J]．中国名城，2022，36(1)：15-22.

[76] BOELHOUWER P. Social housing finance in the Netherlands: the road to independence[J]. Housing Finance International，2003，17(4): 17-21.

[77] 焦怡雪．政府监管、非营利机构运营的荷兰社会住房发展模式 [J]．国际城市规划，2018，33(6)：134-140.

[78] 焦怡雪．荷兰社会住房的维修与维护管理经验借鉴 [C]// 中国城市规划学会，东莞市人民政府．持续发展 理性规划：2017 中国城市规划年会论文集．北京：中国建筑工业出版社，2017：13.

[79] 惠晓曦，戴俭．"为社区建造！"：荷兰鹿特丹结合住房保障的旧城更新 [J]．北京规划建设，2013(3)：45-51.

[80] STRAUB A. Housing management and maintenance practise of Dutch housing associations[J]. OTB Research Institute for Housing, Urban and Mobility Studies Delft University of Technology，2004.

[81] 黄子愚，严雅琦．社会福利导向的租赁住房：阿姆斯特丹社会住房发展与规划建设经验 [J]．住区，2020(4)：43-47.

[82] 惠晓曦．寻求社会公正与融合的可持续途径：荷兰社会住宅的发展与现状 [J]．国际城市规划，2012，27(4)：13-22.

[83] 郑小东，邓牧云，王小玲．多方参与 渐替更新：阿姆斯特丹约丹区的复兴 [J]．北京规划建设，2021(1)：49-53.

[84] 焦怡雪．荷兰社会住房"租转售"机制探索 [J]．国际城市规划，2020，35(6)：31-

37，44.

[85] 林艳柳，刘铮，王世福. 荷兰社会住房政策体系对公共租赁住房建设的启示 [J]. 国际城市规划，2017，32(1)：138-145.

[86] 阳建强，陈月. 1949—2019 年中国城市更新的发展与回顾 [J]. 城市规划，2020，44(2)：9-19，31.

[87] 王振坡，刘璐，严佳. 我国城镇老旧小区提升改造的路径与对策研究 [J]. 城市发展研究，2020，27(7)：26-32.

[88] 李莉. 多渠道引入社会资本参与老旧小区改造 [J]. 北京规划建设，2022(1)：109-111.

[89] 施建刚. 积极引入社会资本参与上海旧区改造 [J]. 科学发展，2020(3)：98-106.

[90] 张松. 积极保护引领上海城市更新行动及其整体性机制探讨 [J]. 同济大学学报（社会科学版），2021，32(6)：71-79.

[91] 王坤，李志强. 新中国土地征收制度研究 [M]. 北京：社会科学文献出版社，2009.

[92] 华霞虹，庄慎. 以设计促进公共日常生活空间的更新：上海城市微更新实践综述 [J]. 建筑学报，2022(3)：1-11.

[93] 上海市人民政府发展研究中心. 引入社会资本参与上海市旧区改造政策研究 [EB/OL]. (2023-02-14)[2024-02-06]. https://www.fzzx.sh.gov.cn/13_sdj/20230214/743c16d8b144478bbb6944f348cbe1c4.html.

[94] 万玲. 广州市老旧小区可持续微改造的困境与路径探析 [J]. 城市观察，2019(2)：65-71.

[95] 代欣，王建军，董博. 社区更新视角下广州市老旧小区改造模式思考 [J]. 上海城市管理，2019，28(1)：26-31.

[96] 黄文灏，吴军，闫永涛. 从环境整治、内涵提升到社区治理：广州微改造的实践探索 [J]. 城乡规划，2022(1)：28-37.

[97] 赵楠楠，刘玉亭，刘铮. 新时期"共智共策共享"社区更新与治理模式：基于广州社区微更新实证 [J]. 城市发展研究，2019，26(4)：117-124.

[98] 张微. 广州永庆坊城市更新模式及其启示 [J]. 探求，2019(5)：52-58.

[99] 冯萱，吴军，庞晓媚. 老旧小区改造的清单管理探索：以广州市为例 [C]// 中国城市规划学会. 面向高质量发展的空间治理：2021 中国城市规划年会论文集. 北京：中国建筑工业出版社，2021：419-427.

[100] 严东，郭源园，梁勇林. 城市旧住宅区改造三方利益关系探讨：以深圳市为例 [J]. 地理研究，2021，40(3)：779-792.

[101] 缪春胜，邹兵，张艳. 城市更新中的市场主导与政府调控：深圳市城市更新"十三五"规划编制的新思路 [J]. 城市规划学刊，2018(4)：81-87.

[102] 林辰芳，杜雁，岳隽，等．多元主体协同合作的城市更新机制研究：以深圳为例 [J]. 城市规划学刊，2019(6)：56-62.

[103] 李翔，向立群．老旧小区改造中的多元主体协同机制研究：基于深圳市场化政策改革的经验 [J]. 建筑经济，2022，43(8)：15-21.

[104] 深圳市规划和自然资源局．深圳市城中村 (旧村) 综合整治总体规划 (2019—2025)[EB/OL]. (2019-03-27)[2023-08-12]. http://www.sz.gov.cn/cn/xxgk/zfxxgj/ghjh/csgh/zt/content/post_1344686.html.

[105] 住房和城乡建设部建筑杂志社，住房和城乡建设部科技与产业化发展中心，长城物业集团股份有限公司．深圳长城二花园：阳光物业服务让业主当家做主 [J]. 城乡建设，2022(8)：51-53.

[106] 石美施．成都大慈寺周边地区商业绅士化研究 [D]. 广州：华南理工大学，2019.

[107] 贺海霞，陈勇，左育龙．成都城市更新创新实践：以华兴街、八里庄和抚琴街道西南街更新项目为例 [J]. 城乡建设，2021(19)：50-52.

[108] 四川省住房和城乡建设厅．《成都市城镇老旧院落改造"十四五"实施方案》出炉 [EB/OL]. (2022-02-11)[2023-08-11]. http://jst.sc.gov.cn/scjst/c101448/2022/2/11/3a651b20234b4969baa41641dcfe64ed.shtml.

[109] 成都市：创新老旧小区改造模式 助推公园城市建设 [J]. 城乡建设，2022(23)：60-61.

[110] 曲直．城市老旧住宅改造设计研究 [D]. 北京：清华大学，2011.

[111] 郭晋生，陈建明，董新华．我国城市住宅维修改造的历史与现状 [J]. 城市建筑，2008(1)：14-15.

[112] 董利琴．北京市老旧小区综合改造研究 [J]. 建设科技，2019(Z1)：36-38，95.

[113] 刘欣葵．北京城市更新的思想发展与实践特征 [J]. 城市发展研究，2012，19(10)：129-132，136.

[114] 刘佳燕，张英杰，冉奥博．北京老旧小区更新改造研究：基于特征 – 困境 – 政策分析框架 [J]. 社会治理，2020(2)：64-73.

[115] 唐燕，刘畅．存量更新与减量规划导向下的北京市控规变革 [J]. 规划师，2021，37(18)：5-10.

[116] 施魏策尔，特罗斯曼．企业盈亏平衡分析 [M]. 魏法杰，编译．北京：北京航空航天大学出版社，1994.

[117] 罗伯特·S. 平狄克，丹尼尔·L. 鲁宾费尔德．微观经济学 [M]. 李彬，译．北京：中国人民大学出版社，2020.

[118] 赵燕菁，宋涛．城市更新的财务平衡分析：模式与实践 [J]. 城市规划，2021，45(9)：53-61.

[119] 游鸿，王崇烈．新时代促进我国大城市租赁住房发展的建议：关于为什么、是什么和怎么做的思考 [J]．北京规划建设，2021(3)：11-15.

[120] 林强．城镇老旧小区改造中的成本和效率问题 [J]// 吴志强，伍江，张佳丽，等．"城镇老旧小区更新改造的实施机制"学术笔谈．城市规划学刊，2021(3)：1-10.

[121] COASE R H. The nature of the firm[J]. Economica，1937，4(16)：386-405.

[122] 江泓．交易成本、产权配置与城市空间形态演变：基于新制度经济学视角的分析 [J]．城市规划学刊，2015(6)：63-69.

[123] R.H. 科斯．社会成本问题．刘守英，译 [M]// R. 科斯，A. 阿尔钦，D. 诺斯，等．财产权利与制度变迁：产权学派与新制度学派译文集．上海：上海三联书店，上海人民出版社，1994：3-58.

[124] 桑劲．西方城市规划中的交易成本与产权治理研究综述 [J]．城市规划学刊，2011(1)：98-104.

[125] OLIVER W. The economic institutions of capitalism[J]. Journal of Economic，1985，17(2)：279-286.

[126] 卢现祥．新制度经济学 [M]．武汉：武汉大学出版社，2004.

[127] NORTH D. Institutions, institutional change and economic performance[M]. Cambridge, Eng.：Cambridge University Press，1990.

[128] 杨槿，徐辰．城市更新市场化的突破与局限：基于交易成本的视角 [J]．城市规划，2016，40(9)：32-38, 48.

[129] 杨壮．交易成本视角下城市更新困境研究：以广东省为例 [J]．中国管理信息化，2020，23(10)：154-155.

[130] 黄卫东，杨瑞，林辰芳．深圳城市更新演进中的治理转型与制度响应：基于"成本 – 收益"的视角 [J]．时代建筑，2021(4)：21-27.

[131] 彭坤焘．城市更新目标预期的"负效应"解析 [J]．城市规划，2018，42(9)：62-69.

[132] 朱晨光．城市更新政策变化对城中村改造的影响：基于新制度经济学视角 [J]．城市发展研究，2020，27(2)：69-75.

[133] 姜玲，王雨琪，戴晓冕．交易成本视角下推动社会资本参与老旧小区改造的模式与经验 [J]．城市发展研究，2021，28(10)：111-118.

[134] 冯雯．旧居住区城市更新交易成本影响因素分析 [J]．城市住宅，2017，24(4)：39-42.

[135] 周霞，毕添宇，张攀，等．城市更新视角下房地产投资并购标的评价研究 [J]．会计之友，2018(6)：45-50.

[136] 钟运峰．老旧小区改造项目成本管理难点和措施研究 [J]．建筑经济，2021，

42(3)：60-63.

[137] 赵燕菁．城市化 2.0 与规划转型：一个两阶段模型的解释 [J]．城市规划，2017，41(3)：84-93，116.

[138] 唐燕．老旧小区改造的资金挑战与多元资本参与路径创建 [J]．北京规划建设，2020(6)：79-82.

[139] 周国艳．西方新制度经济学理论在城市规划中的运用和启示 [J]．城市规划，2009，33(8)：9-17，25.

[140] WEBSTER C.J. The new institutional economics and the evolution of modern urban planning：insights,issues and lessons[J]. Town Planning Review，2005，76(4)：471-501.

[141] E.G. 菲吕博顿，S. 配杰威齐．产权与经济理论：近期文献的一个综述．刘守英，译 [M]//R. 科斯，A. 阿尔钦，D. 诺斯，等．财产权利与制度变迁：产权学派与新制度学派译文集．上海：上海三联书店，上海人民出版社，1994：201-248.

[142] H. 德姆塞茨．关于产权的理论．刘守英，译 [M]//R. 科斯，A. 阿尔钦，D. 诺斯，等．财产权利与制度变迁：产权学派与新制度学派译文集．上海：上海三联书店，上海人民出版社，1994：96-113.

[143] 李仂．基于产权理论的城市空间资源配置研究 [D]．哈尔滨：哈尔滨工业大学，2016.

[144] 彭光细．新制度经济学入门 [M]．北京：经济日报出版社，2014.

[145] 黄军林．产权激励：面向城市空间资源再配置的空间治理创新 [J]．城市规划，2019，43(12)：78-87.

[146] 刘佳燕．可持续社区更新的实施策略与机制 [J]// 吴志强，伍江，张佳丽，等．"城镇老旧小区更新改造的实施机制"学术笔谈．城市规划学刊，2021(3)：1-10.

[147] 唐燕，张璐，殷小勇．城市更新制度与北京探索：主体—资金—空间—运维 [M]．北京：中国城市出版社，2023.

[148] 北京规划自然资源．城市更新系列 |"劲松模式"探索老旧小区试点改造 [EB/OL]. (2019-08-23)[2022-03-11]. https://www.weibo.com/ttarticle/p/show?id=2309044408411419705554.

[149] 梁颖，江曼，刘楚，等．资金平衡导向下北京老旧小区改造的问题与策略研究：以劲松北社区改造为例 [J]．上海城市规划，2022(2)：86-92.

[150] 北京规划自然资源．规划解读 | 坚持民意导向，系统化有机更新，让老旧小区换新颜 [EB/OL]. (2021-02-10)[2022-03-11]. https://mp.weixin.qq.com/s/CaZa6GEVUATM1TTAWrtk0A.

[151] 愿景明德．愿景更新 | 老旧小区"疑难杂症"如何解 鲁谷改造巧"破题"[EB/

OL]. (2021-10-26)[2022-03-11]. https://mp.weixin.qq.com/s/ZoQMD2MjeEoA-JqNO-aCrrA.

[152] 愿景明德.愿景更新 | 北京真武庙：开创全市首例"租赁置换"模式，老旧小区变身人才公寓 [EB/OL]. (2021-08-10)[2022-03-11]. https://mp.weixin.qq.com/s/AYvFKkfD7mrC3_u6pUc4rg.

[153] 社区营造师.玉桥社区："玉"事好商量，协商"全"模式 [EB/OL]. (2021-12-02)[2022-03-11]. https://mp.weixin.qq.com/s/TRFvQLjepVTKNW6lmOR9GA.

[154] 清华同衡规划播报.建筑专场 | 北京东城首个签约 100% 危旧楼房拆除重建试点工程 [EB/OL]. (2021-05-21)[2022-03-11]. https://mp.weixin.qq.com/s/21dZ4nkZE-JZ6FFcCiFVdnQ.

[155] 北京晚报.每户增加独立厨卫！首都功能核心区首个危旧楼房改建试点交房 [EB/OL]. (2022-12-02)[2024-02-20]. https://mp.weixin.qq.com/s/lAeaY_qww5jZic15fW-MJuw.

[156] 张佳丽.老旧小区改造市场化融资问题与思考 [J]// 吴志强、伍江、张佳丽，等."城镇老旧小区更新改造的实施机制"学术笔谈.城市规划学刊，2021(3)：1-10.

[157] 司马晓.城镇老旧小区共有部分的长效治理 [J]// 吴志强，伍江，张佳丽，等."城镇老旧小区更新改造的实施机制"学术笔谈.城市规划学刊，2021(3)：1-10.

[158] 周刚华.引入社会资本参与老旧小区改造研究：以杭州市为例 [J]. 中国房地产，2020(36)：63-70.

[159] 惠晓曦.沙龙实录 | 老旧小区改造的国际经验：欧洲住房保障与住区更新的两个案例"汇智沙龙 No.5" [EB/OL]. (2021-06-29)[2022-03-11]. https://mp.weixin.qq.com/s/wFVg1bc3pz7DkT-7etkOZQ.

[160] KOH B S，AHMED M，MEALIN P. Toa Payoh，our kind of neighbourhood: the HDB 40th anniversary commemorative publication[M]. Singapore：Times Media for Housing & Development Board，2000.

[161] 安德鲁·塔隆.英国城市更新 [M]. 杨帆，译.上海：同济大学出版社，2017.

[162] 姚瑞、于立、陈春.简化规划程序，启动"邻里规划"：英格兰空间规划体系改革的经验与教训 [J]. 国际城市规划，2020，35(5)：106-113.

[163] 王学勇、刘志明、周岩，等.美国停车受益区解析与借鉴 [J]. 城市交通，2018，16(6)：25，75-82.

[164] 明源地产研究院.掘金存量地产：房地产存量经营新生态 [M]. 北京：中信出版集团，2017.

[165] 秦虹.城市有机更新的金融支持政策 [J]. 中国金融，2021(18)：16-18.

[166] 王健、孙光波.城镇老旧小区改造：扩大内需新动能 [M]. 北京：中国城市出版社，

2020.

[167] 杭州市住房保障和房产管理局 . 浙工新村自主更新探索新路，亮点有这些 [EB/OL]. (2024-02-20)[2024-04-13]. http://fgj.hangzhou.gov.cn/art/2024/2/20/ art_1229268440_58876926.html.

[168] 虢妍君，陈敏慧 . 虎踞北路 4 号的人们：难走首例自筹翻建之路 [EB/OL]. (2024-03-25)[2024-04-14]. https://www.thepaper.cn/newsDetail_forward_26775793.

[169] 扬眼 . 历经 9 年方圆梦 南京首个危房翻建产权人自筹自建项目今天交付 [EB/ OL]. (2022-05-30)[2024-04-14]. https://new.qq.com/rain/a/202205 30A0CP9D00.

[170] 赵思远，叶小钟 . 为"旧改"蹚路，多地探索"自主更新"新办法 [EB/OL]. (2024-04-10)[2024-04-14]. https://www.163.com/dy/article/IVCR0DK30550TYQ0. html.

[171] 苏赞，李天研，符颖杨 . 广州首例 | 业主自掏腰包筹资，拆下危房建新楼 [EB/ OL]. (2024-03-19)[2024-04-14]. https://zfcxjst.gd.gov.cn/xwzx/tpxw/content/post_439 2923.html.

附录

老旧小区改造相关政策汇编

国家层面

（1）《关于全面推进城镇老旧小区改造工作的指导意见》（国办发〔2020〕23 号）

（2）《关于加强城镇老旧小区改造配套设施建设的通知》（发改投资〔2021〕1275 号）

（3）《关于进一步明确城镇老旧小区改造工作要求的通知》（建办城〔2021〕50 号）

《城镇老旧小区改造可复制政策机制清单》（共八批）：

（4）《城镇老旧小区改造可复制政策机制清单（第一批）》

（5）《城镇老旧小区改造可复制政策机制清单（第二批）》

（6）《城镇老旧小区改造可复制政策机制清单（第三批）》

（7）《城镇老旧小区改造可复制政策机制清单（第四批）》

（8）《城镇老旧小区改造可复制政策机制清单（第五批）》

（9）《城镇老旧小区改造可复制政策机制清单（第六批）》

（10）《城镇老旧小区改造可复制政策机制清单（第七批）》

（11）《城镇老旧小区改造可复制政策机制清单（第八批）》

其中有关社会资本参与老旧小区改造的内容梳理：

附表　"成本－收益"视角下前七批《城镇老旧小区改造可复制政策机制清单》要点汇总

"成本－收益"作用路径		内容定位			举措名称	政策工具类型
优化生产成本投入	降低建设成本	第一批	机制三	举措五	推动专业经营单位参与	资金供给型政策 主体协同型政策
		第二批	机制三	举措三	应用新技术	规划引导型政策
		第四批	问题四	举措三	统一招标采购工程大宗材料	规划引导型政策
		第五批	机制三	举措三	引导专业经营单位参与	主体协同型政策
		第五批	机制四	举措一	与城市燃气管道等老化更新改造、排水设施建设统筹实施	规划引导型政策 主体协同型政策
		第六批	机制六	举措三	加强科技创新和技术攻关	规划引导型政策
		第六批	机制八	举措一	统筹同步实施各类市政专业管线改造	规划引导型政策 主体协同型政策
		第七批	机制二	举措一	统筹专项改造"综合改一次"	规划引导型政策 主体协同型政策
		第七批	机制三	举措二	落实管线专营单位责任	资金供给型政策 主体协同型政策

"成本-收益"作用路径	内容定位			举措名称	政策工具类型
优化生产成本投入	降低融资成本	第一批	机制三	举措六	加大金融支持	资金供给型政策
		第三批	机制三	举措三	探索创新融资模式	资金供给型政策
		第三批	机制三	举措四	创新金融产品和服务	资金供给型政策
		第三批	机制三	举措五	与金融机构建立协同工作机制	资金供给型政策
		第五批	机制三	举措五	争取金融支持	资金供给型政策
		第六批	机制三	举措一	提高政府资金使用绩效	资金供给型政策
		第六批	机制三	举措二	加大金融支持力度	资金供给型政策
	降低运营成本	第一批	机制三	举措七	落实税费减免政策	资金供给型政策
		第四批	问题五	举措二	统筹合并小区物业管理	规划引导型政策
		第四批	问题五	举措三	建立老旧小区住宅专项维修资金机制	资金供给型政策
		第五批	机制五	举措二	建立老旧小区住宅专项维修资金归集、使用、续筹机制	资金供给型政策
		第六批	机制三	举措四	健全住宅专项维修资金补建续筹政策制度	资金供给型政策
降低交易成本投入	优化信息获取环节	第三批	机制二	举措一	开展调查评估	规划引导型政策
		第三批	机制二	举措二	编制专项规划	规划引导型政策
		第三批	机制二	举措四	建立改造项目库	规划引导型政策
		第三批	机制二	举措五	竞争优选年度计划实施项目	规划引导型政策
		第四批	问题一	举措一	建立城镇老旧小区改造项目库	规划引导型政策 主体协同型政策
		第四批	问题一	举措二	居民申请纳入改造计划	规划引导型政策 主体协同型政策
		第五批	机制一	举措三	提前开展前期工作	规划引导型政策
		第五批	机制四	举措二	实施精细化管理	规划引导型政策 主体协同型政策
		第六批	机制二	举措一	建设老旧小区信息大数据平台	规划引导型政策
		第六批	机制二	举措二	加强老旧小区改造计划管理	规划引导型政策
		第七批	机制一	举措一	建立"先体检、后改造"工作机制	规划引导型政策 主体协同型政策
	优化协商谈判环节	第二批	机制一	举措一	明确责任主体	主体协同型政策
		第二批	机制一	举措二	制定实施方案	主体协同型政策
		第二批	机制一	举措三	引导居民协商	主体协同型政策
		第二批	机制一	举措四	化解意见分歧	主体协同型政策

"成本－收益"作用路径	内容定位			举措名称	政策工具类型
降低交易成本投入	优化协商谈判环节	第三批	机制一	举措一	加强党建引领	主体协同型政策
		第三批	机制一	举措二	先自治后改造	主体协同型政策
		第三批	机制一	举措三	加强基层协商	主体协同型政策
		第三批	机制一	举措四	推进"互联网＋共建共治共享"	主体协同型政策
		第三批	机制二	举措三	制定小区改造方案	规划引导型政策 主体协同型政策
		第三批	机制三	举措一	培育规模化实施运营主体	主体协同型政策
		第三批	机制三	举措二	编制一体化项目实施方案	规划引导型政策 主体协同型政策
		第四批	问题二	举措二	强化方案联合审查和内容统筹	规划引导型政策
		第四批	问题三	举措一	多轮征询居民意见	主体协同型政策
		第四批	问题三	举措二	运用信息技术提高群众工作效率	主体协同型政策
		第四批	问题三	举措四	搭建街道社区协商议事平台	主体协同型政策
		第五批	机制一	举措一	线上征询群众意愿	主体协同型政策
		第五批	机制三	举措一	培育规模化实施运营主体	主体协同型政策
		第五批	机制四	举措二	实施精细化管理	规划引导型政策 主体协同型政策
		第五批	机制五	举措一	同步建立健全多方参与的联席会议机制	主体协同型政策
		第五批	机制六	—	持续加大对优秀项目、典型案例的宣传力度	主体协同型政策
		第六批	机制四	举措二	健全群众参与机制	主体协同型政策
		第六批	机制四	举措三	完善责任规划师、建筑师参与机制	主体协同型政策
		第六批	机制八	举措二	细化楼内上下水管线改造措施	主体协同型政策
		第七批	机制四	举措一	强化党建引领	主体协同型政策
		第七批	机制四	举措二	发挥小区居民主体作用	主体协同型政策
	优化审批管理环节	第一批	机制一	举措一	联合审查改造方案	规划引导型政策
		第一批	机制一	举措二	简化立项地规划许可审批	规划引导型政策
		第一批	机制一	举措三	精简工程建设许可和施工许可	规划引导型政策
		第一批	机制一	举措四	实行联合竣工验收	规划引导型政策
		第二批	机制二	举措一	方案联合审查	规划引导型政策
		第二批	机制二	举措二	专项设计和审查	规划引导型政策
		第二批	机制三	举措二	联合竣工验收	规划引导型政策
		第三批	机制四	举措二	简化审批流程	规划引导型政策

"成本－收益"作用路径	内容定位			举措名称	政策工具类型
降低交易成本投入	优化审批管理环节	第三批	机制五	举措一	盘活存量房屋用于公共配套服务	规划引导型政策
		第三批	机制五	举措二	明确存量资源授权使用方式	规划引导型政策
		第三批	机制五	举措三	明晰新增设施权属	规划引导型政策
		第四批	问题二	举措一	领导小组＋工作专班组织领导模式	规划引导型政策
		第五批	机制一	举措二	精简优化审批	规划引导型政策
		第五批	机制四	举措二	实施精细化管理	规划引导型政策主体协同型政策
		第六批	机制一	举措一	建立政府统筹、条块协作工作机制	规划引导型政策
		第六批	机制二	举措三	分类细化老旧小区改造内容和标准	规划引导型政策
		第六批	机制五	举措二	创新规划建设审批管理	规划引导型政策
		第六批	机制六	举措一	压减规划建设审批时限	规划引导型政策
		第六批	机制六	举措五	实施全过程跟踪审计	规划引导型政策
		第六批	机制七	举措一	健全老旧小区适老化改造和无障碍环境建设管控机制	规划引导型政策
		第七批	机制二	举措二	优化项目审批流程	规划引导型政策
		第七批	机制二	举措三	完善改造项目推进机制	规划引导型政策主体协同型政策
	优化运作维护环节	第二批	机制三	举措一	落实质量安全责任	主体协同型政策
		第二批	机制四	举措一	日常维护保养	主体协同型政策
		第二批	机制四	举措二	质量保修责任	主体协同型政策
		第二批	机制四	举措三	引入保险机制	规划引导型政策
		第三批	机制四	举措三	加强监督管理	规划引导型政策
		第三批	机制六	举措一	落实建设单位主体责任	主体协同型政策
		第三批	机制六	举措二	落实工程质量安全部门监管责任	主体协同型政策
		第三批	机制六	举措三	强化行政督导检查	主体协同型政策
		第三批	机制六	举措四	发挥社会监督作用	主体协同型政策
		第四批	问题二	举措三	统筹专营单位参与改造	主体协同型政策
		第四批	问题二	举措四	统筹各类施工主体	主体协同型政策
		第四批	问题三	举措三	畅通投诉举报渠道	主体协同型政策
		第四批	问题四	举措一	压实参建各方质量主体责任	主体协同型政策
		第四批	问题四	举措一	动员群众参与施工监督	主体协同型政策

续表

"成本－收益"作用路径		内容定位			举措名称	政策工具类型
降低交易成本投入	优化运作维护环节	第四批	问题四	举措四	加强改造工程质量保修管理	规划引导型政策
		第四批	问题五	举措一	健全小区长效管理机制	主体协同型政策
		第五批	机制四	举措一	与城市燃气管道等老化更新改造、排水设施建设统筹实施	规划引导型政策 主体协同型政策
		第五批	机制四	举措二	实施精细化管理	规划引导型政策 主体协同型政策
		第五批	机制四	举措三	动员居民参与监督	主体协同型政策
		第五批	机制四	举措四	开展改造项目工程质量回头看	规划引导型政策
		第五批	机制五	举措三	引导居民协商确定改造后小区的管理模式、管理规约及业主议事规则	主体协同型政策
		第六批	机制六	举措二	健全工程组织实施和质量安全管理机制	规划引导型政策
		第六批	机制九	举措一	持续推进业委会组建	主体协同型政策
		第七批	机制四	举措二	加强改造后长效管理	主体协同型政策
稳定建设收益来源	提升外部资金补贴	第一批	机制三	举措一	完善资金分摊规则	资金供给型政策 主体协同型政策
		第一批	机制三	举措二	落实居民出资责任	资金供给型政策 主体协同型政策
		第一批	机制三	举措三	加大政府支持力度	资金供给型政策
		第二批	机制五	举措一	合理分担建设资金	资金供给型政策 主体协同型政策
		第三批	机制七	—	建立改造资金统筹与绩效评价考核机制	资金供给型政策
		第四批	问题六	举措二	统筹涉及住宅小区的各部门条线资金	资金供给型政策
		第五批	机制三	举措二	积极发行地方政府专项债券	资金供给型政策
		第六批	机制三	举措三	明确使用住房公积金支持老旧小区改造的操作办法	资金供给型政策 主体协同型政策
		第七批	机制一	举措二	完善"一老一小"服务设施	规划引导型政策
		第七批	机制三	举措三	引导小区居民出资	资金供给型政策 主体协同型政策
	提升资产交易收入	第一批	机制二	举措一	制定支持整合利用政策	规划引导型政策
		第五批	机制二	举措一	推进相邻小区及周边地区联动连片改造	规划引导型政策

续表

"成本－收益"作用路径		内容定位			举措名称	政策工具类型
稳定建设收益来源	提升资产交易收入	第六批	机制四	举措一	健全社会资本参与机制	规划引导型政策
		第七批	机制一	举措三	推进连片联动改造	规划引导型政策主体协同型政策
扩大运营收益来源	提升出租租金收入	第一批	机制二	举措一	制定支持整合利用政策	规划引导型政策
		第五批	机制二	举措一	推进相邻小区及周边地区联动连片改造	规划引导型政策主体协同型政策
		第五批	机制二	举措三	加强闲置资源盘活利用	规划引导型政策
		第六批	机制四	举措一	健全社会资本参与机制	规划引导型政策
		第六批	机制五	举措一	完善存量资源整合利用机制	规划引导型政策
		第七批	机制一	举措三	推进连片联动改造	规划引导型政策主体协同型政策
	提升经营服务收入	第一批	机制二	举措一	制定支持整合利用政策	规划引导型政策
		第二批	机制五	举措二	探索创新运营模式	综合型政策
		第三批	机制五	举措二	明确存量资源授权使用方式	规划引导型政策
		第五批	机制二	举措一	推进相邻小区及周边地区联动连片改造	规划引导型政策
		第五批	机制二	举措二	完善"一老一小"服务设施	规划引导型政策
		第五批	机制二	举措三	加强闲置资源盘活利用	规划引导型政策
		第六批	机制四	举措一	健全社会资本参与机制	规划引导型政策
		第六批	机制七	举措二	积极探索"物业＋养老"服务模式	规划引导型政策
		第六批	机制九	举措二	完善通过"先买后补"方式引入专业化物业服务工作机制	规划引导型政策
		第六批	机制九	举措二	开展物业服务"信托制"试点	规划引导型政策
		第七批	机制一	举措二	完善"一老一小"服务设施	规划引导型政策
综合降成本、提收益		第一批	机制三	举措四	吸引市场力量参与	综合型政策
		第二批	机制二	举措三	明确支持政策	规划引导型政策
		第三批	机制四	举措一	多种方式引入社会资本	综合型政策
		第四批	问题六	举措一	多渠道筹措资金，拓宽收益来源	综合型政策
		第五批	机制二	举措五	积极破解加装电梯难题	综合型政策
		第五批	机制三	举措四	吸引社会力量参与	综合型政策
		第六批	机制一	举措二	健全分区分类考核机制	规划引导型政策
		第六批	机制七	举措三	着力破解老楼加装电梯难题	综合型政策
		第七批	机制三	举措一	引入社会力量以市场化方式参与	综合型政策

资料来源：住房城乡建设部网站。

北京层面

（1）《关于老旧小区更新改造工作的意见》（京规自发〔2021〕120 号）

（2）《关于引入社会资本参与老旧小区改造的意见》（京建发〔2021〕121 号）

（3）《关于解决"老旧小区改造项目推进难"问题工作方案》（京建发〔2021〕175 号）

（4）《北京市"十四五"时期老旧小区改造规划》（京建发〔2021〕275 号）

（5）《北京市城市更新行动计划（2021—2025 年）》

（6）《北京市城市更新专项规划（北京市"十四五"时期城市更新规划）》（京政发〔2022〕20 号）

（7）《北京市老旧小区改造工作改革方案》（京政办发〔2022〕28 号）

（8）《关于进一步加强老旧小区改造工程建设组织管理的意见》（京建发〔2022〕67 号）

综合整治类相关政策

（9）《北京市老旧小区综合整治工作实施意见》（京政发〔2012〕3 号）

（10）《老旧小区综合整治工作方案（2018—2020 年）》（京政办发〔2018〕6 号）

（11）《关于加快推进老旧小区综合整治规划建设试点工作的指导意见》（京规划国土发〔2018〕34 号）

（12）《关于老旧小区综合整治市区财政补助政策的函》（京财经二〔2019〕204 号）

（13）《老旧小区综合整治中养老、托育、家政等社区家庭服务业税费减免工作指引》

（14）《北京市老旧小区综合整治工作手册》（京建发〔2020〕100 号）

（15）《2020 年老旧小区综合整治工作方案》（京建发〔2020〕103 号）

（16）《关于老旧小区综合整治实施适老化改造和无障碍环境建设的指导意见》（京老旧办发〔2021〕11 号）

（17）《关于完善老旧小区综合整治项目申报工作的通知》（京老旧办发〔2021〕17号）

（18）《北京市老旧小区综合整治标准与技术导则》（京建发〔2021〕274号）

（19）《2021年北京市老旧小区综合整治工作方案》

（20）《北京市老旧小区综合整治工作手册》（京建发〔2020〕100号）

（21）《北京市老旧小区综合整治市政专业管线改造统筹工作方案（试行）》（京老旧办发〔2020〕2号）

（22）《关于建立北京市责任规划师意见反馈机制的通知》（京规自发〔2021〕218号）

（23）《关于责任规划师参与老旧小区综合整治工作的意见》（京规自函〔2021〕1568号）

（24）《关于住房公积金支持北京老旧小区综合整治的通知》（京房公积金发〔2022〕1号）

（25）《关于使用住房公积金及住宅专项维修资金用于老楼加装电梯工作的通知》（京房资金发〔2022〕1号）

（26）《关于进一步做好既有多层住宅加装电梯业主协商工作指引》（京建发〔2022〕11号）

拆除重建类相关政策（危旧楼房和简易楼）

（27）《关于开展危旧楼房改建试点工作的意见》（京建发〔2020〕178号）

（28）《支持首都功能核心区利用简易楼腾退建设绿地或公益性设施实施办法》（京发改规〔2021〕7号）

（29）《关于危旧楼房改建项目审批工作有关问题的通知》（京建发〔2021〕220号）

（30）《关于进一步做好危旧楼房改建有关工作的通知》（京建发〔2023〕95号）